溫伯格^的
Quality Software Management
軟體管理學

第 **1** 卷 ｜ Systems Thinking

系統化思考

傑拉爾德‧溫伯格（Gerald M. Weinberg）◎著

曾昭屏◎譯

Quality Software Management, Volume 1: Systems Thinking
by Gerald M. Weinberg (ISBN: 0-932633-22-6)
Original edition copyright © 1992 by Gerald M. Weinberg
Chinese (complex character only) translation copyright © 2006 by EcoTrend Publications,
a division of Cité Publishing Ltd.
Published by arrangement with Dorset House Publishing Co., Inc. (www.dorsethouse.com)
through the Chinese Connection Agency, a division of the Yao Enterprises, LLC.
ALL RIGHTS RESERVED

經營管理 42

溫伯格的軟體管理學：系統化思考（第1卷）

作　　　者	傑拉爾德・溫伯格（Gerald M. Weinberg）
譯　　　者	曾昭屏
總　編　輯	林博華
責 任 編 輯	林博華

發　行　人	涂玉雲
出　　　版	經濟新潮社
	104台北市民生東路2段141號5樓
	電話：(02) 2500-7696　傳真：(02) 2500-1955
	經濟新潮社部落格：http://ecocite.pixnet.net
發　　　行	英屬蓋曼群島商家庭傳媒股份有限公司城邦分公司
	台北市中山區民生東路二段141號2樓
	客服服務專線：02-25007718；25007719
	24小時傳真專線：02-25001990；25001991
	服務時間：週一至週五上午09:30-12:00；下午13:30-17:00
	劃撥帳號：19863813；戶名：書虫股份有限公司
	讀者服務信箱：service@readingclub.com.tw
香港發行所	城邦（香港）出版集團有限公司
	香港灣仔駱克道193號東超商業中心1樓
	電話：(852) 25086231　傳真：(852) 25789337
	E-mail: hkcite@biznetvigator.com
馬新發行所	城邦（馬新）出版集團 Cite(M) Sdn. Bhd.
	41, Jalan Radin Anum, Bandar Baru Sri Petaling,
	57000 Kuala Lumpur, Malaysia.
	電話：(603) 90578822　傳真：(603) 90576622
	E-mail: cite@cite.com.my
印　　　刷	宏玖有限公司
初 版 一 刷	2006年9月1日
初 版 四 刷	2015年3月20日

ISBN-13：978-986-7889-48-5
ISBN-10：986-7889-48-7

售價：650元

Printed in Taiwan

作者簡介

傑拉爾德・溫伯格（Gerald M. Weinberg）

　　溫伯格主要的貢獻集中於軟體界，他是從個人心理、組織行為和企業文化的角度研究軟體管理和軟體工程的權威。在40多年的軟體事業中，他曾任職於IBM、Ethnotech、水星計畫（美國第一個載人太空計畫），並曾任教於多所大學；他主要從事軟體開發，軟體專案管理、軟體顧問等工作。他更是傑出的軟體專業作家和軟體系統思想家，因其對技術與人性問題所提出的創新思考法，而為世人所推崇。1997年，溫伯格因其在軟體領域的傑出貢獻，入選為美國計算機博物館的「計算機名人堂」（Computer Hall of Fame）成員（有名的比爾・蓋茲和邁克・戴爾也是在溫伯格之後才入選）。他也榮獲J.-D. Warnier獎項中的「資訊科學類卓越獎」，此獎每年一度頒發給在資訊科學領域對理論與實際應用有傑出貢獻的人士。

溫伯格共寫了30幾本書，早在1971年即以《程式設計的心理學》一書名震天下，另著有《顧問成功的祕密》、《你想通了嗎？》、《領導的技術》（以上三書由經濟新潮社出版）、一共四冊的《溫伯格的軟體管理學》、《探索需求》等等，這些著作主要涵蓋兩個主題：人與技術的結合；人的思維模式與解決問題的方法。在西方國家，溫伯格擁有大量忠實的讀者群，其著作已有12種語言的版本風行全世界。溫伯格現為 Weinberg and Weinberg 顧問公司的負責人，他的網站是 http://www.geraldmweinberg.com

譯者簡介

　　曾昭屏，交大計算機科學系畢，美國休士頓大學計算機科學系碩士。譯作有《顧問成功的祕密》。

　　專長領域：軟體工程、軟體專案管理、軟體顧問。

　　最喜歡的作者：Tom DeMarco, Gerald Weinberg, Steve McConnell.

　　Email: marktsen@hotmail.com

〔出版緣起〕

千載難逢的軟體管理大師——溫伯格

經濟新潮社編輯部

在陸續出版了《人月神話》、《最後期限》、《與熊共舞》、《你想通了嗎？》等等軟體業必讀的經典之後，我們感覺，這些書已透徹分析了時間不夠、需求膨脹、人員流失、管理不當，每每導致軟體專案的失敗。這些也都是軟體產業永遠的課題。

究竟，這些問題有沒有解答？如何做得更好？

專案管理的問題千絲萬縷，面對的偏偏又是最（自以為）聰明的程式設計師（知識工作者），以及難纏（實際上也不確定自己要什麼）的客戶，做為一個專案經理，究竟該怎麼做才好？

軟體能力，於今已是國力的指標；縱然印度、中國的軟體能力逐漸凌駕台灣……我們依然認為，這表示還有努力的空間，還有需要補強的地方。如果台灣以往的科技業太「硬」（著重硬體），那麼就讓它「軟一點」，正如同軟體業界的達文西—— Martin Fowler 所說的：Keeping Software Soft（把軟體做軟），也就是說，搞軟體，要「思維柔軟」。

因此，我們決定出版軟體工程界的天王巨星——溫伯格（Gerald M. Weinberg）集40年的軟體開發與顧問經驗所寫成的一套四冊《溫

伯格的軟體管理學》（*Quality Software Management*），正由於軟體專案的牽涉廣泛，從技術面到管理面，得要面面俱到，而最重要的關鍵在於：你如何思考、如何觀察發生了什麼事、據以採取行動、也預期到未來的變化。

前微軟亞洲研究院院長、現任微軟中國研究開發集團總裁的張亞勤先生，為本書的簡體版作序時提到：「溫伯格認為：軟體的任務是為了解決某一個特定的問題，而軟體開發者的任務卻需要解決一連串的問題。……我們不能要求每個人都聰明異常，能夠解決所有難題；但是我們必須持續思考，因為只有如此，我們才能明白自己在做什麼。」

這四冊書的主題分別是：

1. 系統化思考（Systems Thinking）
2. 第一級評量（First-Order Measurement）
3. 關照全局的管理作為（Congruent Action）
4. 擁抱變革（Anticipating Change）

都將陸續由經濟新潮社出版。四冊書雖成一系列，亦可單獨閱讀。希望藉由這套書，能夠彌補從「技術」到「管理」之間的落差，協助您思考，並實際對您的工作、你所在的機構有幫助。

致台灣讀者

傑拉爾德・溫伯格

2006 年 8 月 14 日

　　最近，我很榮幸地得知，台灣的經濟新潮社要引進出版拙著的一系列中譯本。身為作者，知道自己的作品將要結識成千上萬的軟體工程師、經理人、測試人員、諮詢顧問，以及其他相信技術能為我們帶來更美好的新世界的人們，我感到非常驚喜。我特別高興我的書能在台灣出版，因為我有個外甥是一位中文學者，他曾旅居台灣，並告訴過我他的許多台灣經驗。

　　在我早期的職業生涯中，我寫過許多電腦和軟體方面的技術性書籍；但是，隨著經驗的增長，我發現，如果我們在技術應用和建構之時對於其人文面向沒有給予足夠的重視，技術就會變得毫無價值－－甚至是危險的。於是，我決定在我的作品中加入人文領域的內容，並希望讀者能注意到這個領域。

　　在這之後，我出版的第一本書是《程式設計的心理學》(*The Psychology of Computer Programming*)。這是一本研究軟體開發、測試和維護當中關於人的過程。該書現在已經是 25 週年紀念版了，這充分說明了人們對於理解其工作中人文部分的渴求。

　　各國引進翻譯我的一系列作品，讓我有機會將這些選集當作是一

個整體來思考，並發現其中一些共通的主題。自我有記憶開始，我就對於「人們如何思考」產生了濃厚的興趣；當我還很年輕時，全世界僅有的幾台電腦常常被人稱為「巨型大腦」（giant brains）。我當時就想，如果我搞清楚這些巨型大腦的「思考方式」，我或許就可以更深入地了解人們是如何思考的。這就是我為什麼一開始就成為一個電腦程式設計師，而後又與電腦共處了50年；我學到了許多關於人們如何思考的知識，但是目前所知的還遠遠不夠。

我對於思考的興趣都呈現在我的書裏，而在以下三本特別明顯：《系統化思考入門》（*An Introduction to General Systems Thinking*，這本書已是25週年紀念版了）；它的姊妹作《系統設計的一般原理》（*General Principles of Systems Design*，這本書是與我太太Dani合著的，她是一位人類學家）；還有一本就是《你想通了嗎？》（*Are Your Lights On? : How to Figure Out What the Problem Really Is*，這本書是與Donald Gause合著的）。

我對於思考的興趣，很自然地延伸到如何去幫助別人清晰思考的方法上，於是我又寫了其他三本書：《顧問成功的祕密》（*The Secrets of Consulting: A Guide to Giving and Getting Advice Successfully*）；《*More Secrets of Consulting: The Consultant's Tool Kit*》；《*The Handbook of Walkthroughs, Inspections, and Technical Reviews: Evaluating Programs, Projects, and Products*》（這本書已是第三版了）。就在不久前，我寫了《溫伯格談寫作》（*Weinberg on Writing: The Fieldstone Method*）一書，幫助人們如何更清楚地傳達想法給別人。

隨著年齡的增長，我逐漸意識到清晰的思考並不是獲得技術成功

的唯一要件。就算是思維最清楚的人，也還是需要一些道德和情感方面的領導能力，因此我寫了《領導的技術》（*Becoming a Technical Leader: An Organic Problem-Solving Approach*）；隨後我又出版了四卷《溫伯格的軟體管理學》（*Quality Software Management*），其內容涵蓋了系統化思考（Systems Thinking）、第一級評量（First-Order Measurement）、全面關照的管理作為（Congruent Action）和擁抱變革（Anticipating Change），所有這些都是技術性專案獲得成功的關鍵。還有，我開始寫作一系列小說（第一本是《*The Aremac Project*》預計2006年秋天出版）是關於專案及其成員如何處理他們碰到的問題——根據我半個世紀的專案實務經驗所衍生出來的虛構故事。

　　在與各譯者的合作過程中，透過他們不同的文化視野來審視我的作品，我的思考和寫作功力都提升不少。我最希望的就是這些譯作同樣也能幫助你們——我的讀者朋友——在你的專案、甚至你的整個人生更成功。最後，感謝你們的閱讀。

Preface to the Chinese Editions

Gerald M. Weinberg

14 August 2006

Recently, I was honored to learn that EcoTrend Publications from Taiwan intended to publish a series of my books in Chinese translations. As an author, I'm thrilled to know that my work will now be within reach of thousands more software engineers, managers, testers, consultants, and other people concerned with using technology to build a new and better world. I was especially pleased to know my books would now be available in Taiwan because my sister's son is a Chinese scholar who has spent much time in Taiwan and told me many stories about his experiences there.

Early in my career, I wrote numerous highly technical books on computers and software, but as I gained experience, I learned that technology is worthless—even dangerous—if we don't pay attention to the human aspects of both its use and its construction. I decided to add the human dimension to my work, and bring that dimension to the attention of my readers.

After making that decision, the first book I published was *The Psychology of Computer Programming*, a study of the human processes that enter into the development, testing, and maintenance of software. That book is now in its Silver Anniversary Edition (more than 25 years in print), testifying to the desire of people to understand that human dimension to their work.

Having my books translated gives me an opportunity to reflect on them as a collection, and to perceive what themes they have in common. As long as I can recall, I was interested in how people think, and when I was a young boy, the few computers in the world were often referred to as "giant brains." I thought that I might learn more about how people think by studying how these giant brains "thought." That's how I first became a computer programmer, and after fifty years of working with computers, I've learned a lot about how people think—but I still have far more to learn than I already know.

My interest in thinking shows in all of these books, but is especially clear in *An Introduction to General Systems Thinking* (now also in a Silver Anniversary edition); in its companion volume, *General Principles of Systems Design* (written with my wife, Dani, who is an anthropologist); and in *Are Your Lights On?: How to Figure Out What the Problem Really Is* (written with Don Gause).

My interest naturally extended to methods of helping other people to think more clearly, which led me to write three other books in the series— *The Secrets of Consulting: A Guide to Giving and Getting Advice Successfully; More Secrets of Consulting: The Consultant's Tool Kit;* and *The Handbook of Walkthroughs, Inspections, and Technical Reviews: Evaluating Programs, Projects, and Products* (which is now in its third edition). More recently, I wrote *Weinberg on Writing: The Fieldstone Method*, to help people communicate their thoughts more clearly.

But as I grew older, I learned that clear thinking is not the only requirement for success in technology. Even the clearest thinkers require moral and emotional leadership, so I wrote *Becoming a Technical Leader: An Organic Problem-Solving Approach*, followed by my series of four *Quality Software Management* volumes. This series covers *Systems Thinking, First-Order Measurement, Congruent Action,* and *Anticipating Change*—all of which are essential for success in technical projects. And, now, I have begun a series of novels (the first novel is *The Aremac Project*) that contain stories about projects and how the people in them cope with the problems they encounter—fictional stories based on a half-century of experiences with real projects.

I have already begun to improve my own thinking and writing by working with the translators and seeing my work through different cultural eyes and brains. My fondest hope is that these translations will also help you, the reader, become more successful in your projects—and in your entire life. Thank you for reading them.

〔導讀〕

從技術到管理，失落的環節

曾昭屏

　　「軟體專案經理」可說是所有軟體工程師夢寐以求的職務，能夠從「技術的梯子」換到「管理的梯子」，可滿足所有人「鯉魚躍龍門」的虛榮感。不過，就像有人諷刺結婚就像在攻城，「城外的人拼命想要往裏攻，城裏的人卻拼命想要往外逃」，這也是對做軟體專案經理這件事的最佳寫照。何以至此，我們來看看其中的一些問題。

　　據不可靠的消息說，麥當勞為維持其一貫的品質，成立了一所麥當勞大學。當有人要從炸薯條的工作換到煎漢堡的工作，必須先送到該所大學接受完整的養成訓練後，才能去煎漢堡。軟體管理的工作比起煎漢堡來，絕對不會更簡單，但是有哪位軟體經理或明日的軟體經理，有幸在你就任之前，被送到這麼一所「軟體管理大學」去接受完整的「軟體經理養成教育」呢？

　　幾乎沒有例外，軟體經理都是從技術能力最強的工程師所升任。若說在軟體工程師階段所培養的技能有相當的比例可為軟體管理工作之所需就罷了，但事實是，兩種技能大相逕庭。

　　軟體工程師的工作對象是機器。他們的專長在程式設計、撰寫程式、除錯、將程式最佳化。他們大部分的時間花在跟電腦打交道，而

電腦是最合乎邏輯的，不像人類偶爾會有些不理性的情緒反應。程式設計時最好的做法是將之模組化，也就是說所設計出來的模組要有黑箱的特性，至於模組的內部是如何運作，使用者可不予理會，只要能掌握標準界面即可。同樣的思維用到與人有關的事物上，反而會成為最壞的做法。

軟體經理的工作對象是「人」。在化學反應中的催化劑，其本身並不會產生變化，而只是促成其他的物質轉變成為最終產品。經理人員就猶如專案中的催化劑，他最大的責任在於營造出一個有利的環境，讓專案成員有高昂的士氣，能充分發揮所長，並獲得工作的成就感。這是軟體工程師的技能中付之闕如的一環，當他們成為經理之後，慣常以管理模組的方式來管理專案成員。以致，出現 1997 年 Windows Tech Journal 的調查結果，[1] 其讀者對管理階層的觀感是：他們痛恨管理階層、對無能上司所形成的企業文化與辦公室政治深惡痛絕、管理階層不是助力而是阻力（獨斷、無能、又愚蠢）。

你還記得，或想像，你剛上任專案經理的第一天，自己是抱著怎樣的心情？狄馬克有一篇名為〈Standing Naked in the Snow〉的文章最讓我印象深刻。[2] 他描述自己第一天上任的感覺猶如「裸身站在雪地中」，中文最貼近的形容詞是「沐猴而冠」，那種孤立無援、茫然不知所措的心境，也正是我上任第一天的寫照。想要彌補軟體工程師與軟體經理之間的這段差距，方法不外找到這類的課程或書籍。但軟體

---

[1] M. Weisz, "Dilbert University," *IEEE Software* (September 1998), pp. 18-22.

[2] Tom DeMarco, "Standing Naked in the Snow" (Variation On A Theme By Yamaura), *American Programmer*, Vol. 7, No. 12 (December 1994), pp. 28-30.

專案管理的課程在大學裏不開課，坊間的顧問公司也無人提供。至於書籍，在美國，軟體技術類書籍與軟體管理類書籍的比率是200比1，在台灣的情況則更糟，或許是我見識淺陋，我至今都未能找到一本談軟體專案管理的中文書。

　　幸好，溫伯格為我們補上了這個失落的環節。在這一套四冊的書中，他教導我們要如何來培養軟體經理所必備的四種能力：

1. 專案進行中遇到問題時，有能力對問題的來龍去脈做通盤的思考，找出造成問題的癥結原因，以便能對症下藥，採取適切的行動，讓專案不但在執行前有妥善的規劃，在執行的過程中也能因應狀況適時修正專案計畫。避免以管窺豹，見樹不見林，而未能窺得問題的全貌，或是，頭痛醫頭，腳痛醫腳，找不到真正的病因，而使問題益形惡化。

2. 有能力對專案的執行過程進行觀察，並且有能力對你的觀察結果所代表的意義加以解讀。猶如在駕駛一輛汽車時，若想要安全達到正確的目的地，儀表板是駕駛最重要的依據。此能力可讓專案經理在專案的儀表板上要安裝上必不可缺的各式碼表，並做出正確解讀，從而使專案順利完成。

3. 專案的執行都是靠人來完成，包括專案經理和專案小組的成員。每個人都會有性格缺陷和情緒反應，這使得他們經常會做出不利於專案的決定。在這種不理性又不完美的情況下，即使你會感到迷惘、憤怒、或是非常害怕，甚至害怕到想要當場逃離並找個地方躲起來，你仍然有能力採取能關照全局的行動。

4. 為因應這不斷改變的世界，你有能力引領組織的變革，改變企業文化，走向學習型的組織。

李斯特（Timothy Lister）在《*Peopleware*》中談組織學習[3] 時說了個小故事：我有一位客戶，他們的公司在軟體開發工作上有超過三十年的悠久歷史。在這段期間，一直都養了上千名的軟體開發人員，總計有超過三萬個「人年」的軟體經驗。對此我深感嘆服，你能想像，若是能把所有這些學習到的經驗都用到每一個新的專案上，會是怎樣的結果。因此，趁一次機會，我就向該公司的一群經理人請教，如果他們要派一位新的經理去負責一個新的專案，他們會在他耳邊叮嚀的「智慧的話語」是什麼？他們不假思索，幾乎異口同聲地回答我說：「祝你好運！」

希望下次當你上任軟體經理時，不會再有沐猴而冠的感覺，也不會僅帶著他人「祝你好運」的空話，而是有《溫伯格的軟體管理學》這套書做為你堅強的後盾。

---

[3] T. DeMarco and T. Lister, *Peopleware: Productive Projects and Teams* (New York: Dorset House Publishing, 1999), p. 210.

謹將本書獻給 Les Belady, Fred Brooks, Tom DeMarco,
Tom Gilb, Ken Iverson, Jean-Dominique Warnier，
以及其他成千上萬
在軟體工程方面曾經教導過我的人

目錄

第一部　品質的模式

第五部　壓力的模式

前言

拙劣的管理所造成軟體成本上的增加，遠超過任何其他的因素。

—— Barry W. Boehm[1]

　　本書是某種形式的週年紀念禮，可用以慶祝我與電腦之間長達四十年的愛情長跑。早在1950年時，我讀到某一期《時代雜誌》的封面故事，[2] 它所談的主題是電腦，或者可以說是「會思考的機器」。該期的封面是由《時代雜誌》最受歡迎的一位封面設計師 Artzybashef 所設計，封面上畫著一個由擬人化的電了設備所組成的盒子。它的一隻眼睛盯著右手上拿著的打孔紙帶，同時用左手在一台電傳打字機上打出一些輸出的資料。這個盒子的上端戴了一頂海軍軍帽，上面放了許多個「炒蛋」，標題寫著：「Mark 二號，人類能夠製造出超人嗎？」

　　稍微搧情了些，沒錯，不過它卻在一個即將從高中畢業的十六歲學生的腦海中留下了深刻的印象。或許我對該篇文章中的許多細節已不復記憶，但是，我仍然清楚地記得，我當場就下定決心這輩子要跟定電腦。

　　這篇文章中最讓我感到印象深刻的一件事，就是在電腦製造這個行業裏，IBM 佔有舉足輕重的地位。到了1956年我發現，還沒有一所大學能教授電腦方面的課程，於是我毅然決然地投效 IBM。

　　IBM 在我的眼中是一家頗值得尊敬的公司，有十四年之久，特別

是對於該公司的座右銘「THINK（思考）」。IBM 在這一點上是對的。思考是非常重要的一件事。但是，在那兒工作一陣子之後，我卻發現 IBM 和該公司的客戶們經常是在表面上把思考二字奉為神明，但實際上卻從來不去實踐 —— 這現象在公司的軟體部門尤其嚴重，思考在 IBM 的最高主管心目中總是被排在最後一位。

就我所知，擺在我辦公桌上的那個「THINK」的牌子似乎從未能幫助我們把軟體給早點送出門。不過，IBM 的經理人員似乎也從未能在改善工作的流程上有什麼新的作為。後來，當我離開 IBM 去開始我獨立的顧問生涯，我才發現，IBM 的經理人員並不會比其他公司的經理人員表現得更差。

軟體的經理人員對於思考這件事都只是耍耍嘴皮，卻沒有多少實際上的作為，這個現象舉世皆然。究其原因，主要是因為他們從來都不曾明瞭，為什麼一般人在他們該思考的時候卻不去思考。當然啦，我本人也是不甚明瞭。

事後回想起來，我突然領悟為什麼當年《時代雜誌》對我會造成這麼大的震撼。在學校裏，人人都誇我是多麼的聰明。的確，我在各種考試上都有極其優異的表現，但是，我在思考自己的生命時，卻似乎從未能想出個所以然。我是一個充滿煩惱的少年，而我認為一旦有了那種會思考的機器，或許就能幫助我解決我所有的問題。

結果，這種會思考的機器並沒有解決我所有的問題；它反而把問題搞得更難解決。當我試圖要用它來建造新軟體的時候，電腦總是毫不留情地把我所有的錯誤都突顯出來。當我為了一個程式而苦思時，在我的思路上若有任何一丁點的瑕疵，程式就跑不起來。我學到的經驗是，電腦是一面鏡子，它會忠實地反映出我的智慧，而我很不喜歡這面鏡子中的那個我。

　　後來，每當我有機會與他人合作來寫一個較大的程式時，我得到的經驗是，電腦不僅是一面鏡子，它還是一個有放大效果的鏡子。無論何時，只要我們無法有條不紊地為我們的軟體專案做思考，我們立刻就會製造出一個巨大的怪獸。我開始學到一件事：我們若是想有朝一日能夠把「會思考的機器」的功用充分地發揮，首先我們就得從改善我們自己的思考方式下手。

　　於是，我開始把「思考」本身當作我的研究主題，特別是可以應用到軟體問題上的思考方式。由於IBM的慷慨大度，我得以重回學校去唸書，還寫了一篇論文，專門探討如何拿電腦當工具來反映我們的思維方式。我的足跡曾踏遍世界各地，拜訪過許多個軟體機構，並研究他們在開發軟體時是如何去思考。我與別人分享與此有關的各種想法，並試圖能夠在軟體專案中加以實踐。對於哪些想法可行，哪些不可行，我加以觀察，然後再回頭修正我的想法。我將部分的想法出版成書，然後再利用數以百計的讀者給我的指教，繼續修正我書中的某些看法。本書即是總結到目前為止，在如何能有效地管理一個軟體專案一事上，我所學習到的經驗。

　　管理一個軟體專案的能力為什麼這麼重要呢？多年前《時代雜誌》的那篇文章上所做的諸多預言中，有一個是這麼說的：

　　環繞在每一台全速運轉的電腦四周的，是一群帶著夢幻般眼神的年輕數學家。桌上擺滿了許多冰冷的數字，他們將現實生活中的問題都轉換成以數字來表達的語言。通常，若是用這樣的方法來解決問題，他們為某個問題預做準備所花的時間，比起電腦解決該問題所花的時間，還要多出許多。

　　提出問題的人類必然會落後給要回答問題的機器，而且會落後得愈來愈多。[3]

這篇文章中的預言並未全部實現（截至目前為止），然而，這一個預言卻真的說對了。自從我加入那群帶著夢幻般眼神的年輕的「回答問題的人」那一天起（「程式設計師」這個名詞在那個時候還沒發明出來），我就學會了一件事，你如果不想落後給能夠回答問題的機器愈來愈多的話，你需要擁有三項基本的能力：

1. 有能力對發生了什麼事進行觀察，並且有能力對你的觀察結果所代表的意義加以解讀。

2. 在複雜的人際關係中，即使你會感到迷惘、憤怒、或是非常地害怕，甚至害怕到想要當場逃離並找個地方躲起來，你仍然有能力採取能關照全局的行動。

3. 有能力了解各種複雜的狀況（此項能力讓你能為專案做好事前的規劃，並準此來進行觀察及採取行動，以保持專案可依計畫進行，或再回頭去修正原本的計畫）。

對高品質的軟體管理工作而言，這三項能力缺一不可，但是我不想將本書寫成一本皇皇巨著。因此，如同任何一位稱職的軟體經理一般，我將寫書的計畫拆成三個小計畫，在每一個小計畫中都針對這三項基本能力中的一項來討論。我將從第三項能力開始寫起：*有能力了解各種複雜的狀況*，其原因將在本書的內文中做清楚的交代。

換句話說，這是一本談論如何去思考的書。本書的座右銘正是IBM公司的座右銘，這是我回報IBM和許多曾經幫助過我的人的一種方式，感謝我在軟體這個行業四十年來從他們身上所學習到的諸多美好的經驗。我實在想不出還有什麼禮物會比幫助他人（就像我曾接受過許多人的幫助）更為美好，我希望幫助他人在思考某個關乎其個人，也關乎這個世界的極其重要的課題時，能夠以更有效的方式來思考。

謝詞

在此我要感謝下列人士對於本書能更臻完善所做的貢獻：

Bill Curtis

Tom DeMarco

Ed Ely

Peter Morse

Eileen Cline Strider

Wayne Strider

Linda Swirczek

Dani Weinberg

Janice Wormington

在本書中，提供我一些事關機密資訊的人士和客戶，我都用了化名。

第一部
品質的模式

　　在與品質奮戰的過程中，生產與維護軟體的工作有時看來像是隨機發生的一系列事件。若是你的工作負荷已然大到會讓你發狂的程度，這倒是個可以安撫人心的想法。因為這些事件若真的是隨機發生的，那麼你就無須把時間浪費在思考你該如何做才是正確的問題上。你只須竭盡所能地奮戰，這樣就沒有人可以將失敗的責任怪到你的頭上。

　　但是，如果你能暫時放下手上的工作，省思片刻，你將會發現，生產與維護軟體的工作並不是一系列隨機發生的事件。其中存在著某些固定的模式，而這些模式讓我們有機會去取得對於我們的產品、我們所屬的機構、以及我們的生活方式上的控制權。

　　假使你在軟體產業中，個人的生活方式已長期處於十萬火急的狀態，使得你無法自行發現以上的事實真相，那麼我將利用本書的前幾章帶領你來探討文化模式的觀念、介紹軟體產業中主要的幾種文化模式、以及檢查一下如欲從一種模式變換到另一模式時，有哪些事是必要的先決條件。

1
何謂品質？
品質的重要性何在？

或許你可以一時騙過所有的人；甚至你可以永遠騙過少數人，但是，你無法永遠騙過所有的人。

——亞伯拉罕・林肯

軟體行業中人對於消除「模稜兩可的用詞」可說是不遺餘力，作家亦復如此。不過，有時作家會故意把用詞弄得模稜兩可，就像本書的書名。「高品質軟體管理」（Quality Software Management）的意思可以是「高品質軟體的管理」，也可以是「軟體業的高品質管理」，因為我認為這兩者是無法分割的。兩者的意思都著重於「高品質」一詞，因此我們若想在合理的範圍內保持用詞的模稜兩可，首先我們必須將這個經常受到誤解的術語之真正涵義弄清楚。

1.1 與軟體品質有關的故事

我的妹妹有個女兒名叫泰拉，她是她們家中唯一步我後塵，以作家為業的。她寫的是有關醫藥史方面頗具趣味性的書籍，而我對她所寫每一本書的進展都很關心，就像那是我自己的書一樣。為了要提拔自家人的這份私心，當她第一本書《美國大眾傳播媒體上的疾病》[1]完成後，竟然發現一大堆嚴重的打字錯誤和整段的文字遺漏，這讓我感到非常難以忍受（參看圖1-1）。讓我更不能忍受的是，那些錯誤都是因她所使用的文字處理軟體——CozyWrite（輕鬆寫）——中的一個bug所造成，而該軟體是由我的一個客戶MiniCozy（迷你輕鬆）軟體公司所發行。

泰拉請我在下一次拜訪MiniCozy公司時，能夠和該公司討論一下這個問題。我找到CozyWrite的專案經理，他承認該產品中存在此一錯誤。

「這個bug很難碰得到，」他說。

「我可不這麼認為，」我反駁道。「在我外甥女的書中，我可以找出25個例子。」

「可是這類錯誤要在寫作計畫的規模有一本書這麼大的文件上才會發生。我們的產品有超過10萬個用戶，當中可能不出10個用戶，其寫作計畫單一檔案的大小有到那麼大的。」

「不過，偏偏被我的外甥女給碰上了。這是她的第一本書，也把她給嚇壞了。」

「當然我為她感到抱歉，不過，要我們只為了10個顧客就要大費周章來改這個bug，也有點說不過去。」

「怎麼會說不過去呢？你們在廣告上不就強調CozyWrite足以應

The next day, too, the *Times* printed a letter from "Medicus," Objecting to the misleading implication in the microbe story that diphtheria could ever be inoculated against; the writer flatly asserted that there would never be a vaccine for this disease because, unlike smallpox, diphtheria re-

Because *Times* articles never include proof—never told *how* people knew what they claimed—the uninformed reader had no way to distinguish one claim from another.

（翌日，《時代雜誌》上也刊出醫療機構Medicus寄來的一封信，對白喉可望藉打預防針予以防止的錯誤報導提出抗議；該文作者強烈主張對於此一疾病永遠不會有任何的疫苗出現，因為白喉與天花不同，重

因為《時代雜誌》的相關文章中從未加入任何的證明──從未說明一般人要如何去判別他們在文中所作的主張是否正確──資訊不足的讀者無法分辨各個不同的主張孰是孰非。）

圖 1-1　摘自泰拉書中的某一段，顯示 CozyWrite 文字處理軟體將「重」之後的文字給刪掉了。

付到一本書規模這麼大的寫作計畫。」

「這是我們努力想要達成的目標，但我們的產品卻一直無法提供這樣的新功能。到最後，或許我們能將這個 bug 改正過來，不過，照目前的情勢來看，改動程式之後很可能會引發另一個更為嚴重的新 bug ── 這個新 bug 會對數百甚至數千的顧客造成不良的影響。我認為我們目前的決定是對的。」

當我聽完專案經理的這番話後，我發現自己落入了一個情緒的陷

阱。站在MiniCozy軟體顧問的立場，我不得不同意他的說法，但是
站在一位作者叔叔的立場，對於他分析事理的邏輯我完全不能苟同。
此時若是有人問我說：「CozyWrite是一個品質很好的產品嗎？」我
會張口結舌，不知該如何作答。

　　若換作是你，你會怎麼回答？

1.2　品質的相對性

我之所以會兩面為難，問題就出在品質有相對性。如同在MiniCozy
的故事中清楚呈現的，對某人而言品質還可以的，對其他人而言卻有
可能是品質不合格。

1.2.1　找出相對性

你若仔細檢視品質的各種定義，總是可找出這樣的相對性。然而，或
許你必須很細心地去檢視才能分辨出來，因為相對性通常都很隱晦，
至多也只會是暗示性的。舉例而言，菲力普‧克勞斯比（Philip
Crosby）對品質的定義是：

　　品質即「符合需求」。[2]

除非你的品質是直接由老天所賜予的（某些開發人員似乎就做如是
觀），對於品質較精確的聲明會是：

　　品質即符合某人的需求。

對每一個人來說，同一個產品通常會有不同的「品質」，好比在我的
外甥女所用的文字處理軟體的那個例子。對泰拉來說，所謂「某人」

指的是她的讀者；對MiniCozy的專案經理來說，「某人」指的是他絕大多數的顧客；一旦我能認清這一點，我對MiniCozy的兩難狀況即可迎刃而解。

1.2.2 那個蒙面俠到底是誰？

簡言之，品質在無人的真空中並不存在。

每一種對品質所做的聲明，都是對某（個／些）人的聲明。

這樣的聲明可以是明示的，也可以是暗示的。絕大多數的時刻，所涉及到的「某人」是暗示的，而有關品質的聲明聽起來則像是摩西從西奈山頂帶下來刻在石版上的十誡般不容質疑。這是為什麼對於軟體品質的諸多討論都會流於空談：這是我的石版（來自上帝的神諭）對抗你的金牛犢（人們私自所造的神像）。

我們若是為品質的相對性所苦，有一組工具可以讓我們彼此間的討論能有一個好的結果。每當某人堅持他對軟體品質所下的定義時，我們只須問他一個問題：

誰是隱身於品質聲明背後的那個人？

利用這種啟發的方法，讓我們來看看組成軟體品質的因素中有哪些是我們習以為常，但往往相互矛盾的想法。

零缺點即高品質

　　a.　適用於其工作會因這些錯誤的出現而造成進展受阻的使用者

　　b.　適用於會因這些錯誤的出現而受到責難的經理人員

產品有許多的新功能（features）即高品質

a. 適用於其工作會因這些新功能而得利的使用者——只要他們
知道產品具有這些新功能

b. 適用於認為其產品的新功能多將有助於產品銷售的行銷人員

程式寫得簡單俐落即高品質

a. 適用於非常重視同儕對其工作成果之評價的軟體開發人員

b. 適用於很欣賞程式之簡單俐落的計算機科學系教授

高性能（performance）即高品質

a. 適用於很在乎其工作能否利用到電腦之最大負載容量
（capacity）的使用者

b. 適用於不得不將其所欲推銷的產品與其他引為標竿（bench-
marks）的競爭產品加以比較的推銷員

低開發成本即高品質

a. 適用於所欲購買之某軟體產品的數量高達數千份拷貝的顧客

b. 適用於經費吃緊的專案經理

開發快速即高品質

a. 適用於其工作正等著某軟體產品才能繼續進行的使用者

b. 適用於亟欲趁競爭者尚未切入之前即開拓其市場的行銷人員

對使用者友善（user friendliness）即高品質

a. 適用於每天要花八個小時在電腦螢幕前使用某項軟體產品的
使用者

b. 適用於無法記得要如何由某一畫面跳至下一畫面之介面細節
的使用者

1.2.3 *政治上的兩難*

能認清品質的相對性，往往可以化解這類語意上的兩難（semantic dilemma）。對於一本談品質的書，能夠在書的一開始即弄清楚這一點，可說是一個不朽的貢獻，不過，即使做到這一點還是無法化解政治上的兩難（political dilemma）：

> 對某人而言具有較高品質的，對其他人而言卻可能意味著較低的品質。

比方說，我們的目標若設定為「全面品質」（total quality），那麼我們必須兼顧到所有相關的人的需求。因此，推動全面品質的工作必須從制定出一套完整的需求過程（requirements process）為開端，以便找出所有相關的人並讓他們都能充分參與。[3] 然後，對於每一種設計的方法，亦即對每一種軟體工程的做法，我們必須為每一個參與設計的人都訂立一套品質的評量方式。最後，把這些評量值加總起來就得到每一種不同做法的整體品質。

當然，在實務上，從未有任何軟體開發專案曾經使用這麼複雜的過程。反之，在大家會優先採用的過程中，多數的參與者卻被忽略了，此過程決定了：

> 在做決定的那一刻，哪些人對品質所持的意見才算數？

比方說，MiniCozy 公司的專案經理，在尚未接到泰拉所提出的意見之前，即已決定，對於他該如何去做軟體工程方面的決定，她的意見是無足輕重的。由此一案例可知，軟體工程絕不是一個講民主的行業。不幸的是，軟體工程也不是一個講道理的行業，因為誰說的話才

算數的決定，通常都是基於個人的主觀情緒。

1.3 品質是在某人心目中的價值

利用品質在定義上的些許不同，就可以將品質的政治面向及情緒面向給突顯出來。在專案這麼早的階段即對需求抱持這樣的想法是有些太過天真而不實際，因為此一想法完全未觸及誰的需求最該受到重視。一個較為可行的定義如下：

品質即在某人心目中的價值。

我用「價值」的意思是，人們為了符合其需求而願意付出的（或做的）是什麼？比方說，假使泰拉的身分不是我的外甥女，而是MiniCozy軟體公司總經理的外甥女。專案經理也知道MiniCozy的總經理是出了名的脾氣不好、情緒衝動，那麼他對該文字處理軟體的品質就會有截然不同的定義。在這樣的情況下，泰拉所提出的意見在決定哪些錯誤應予修正時將會佔有極重的份量。

　　簡言之，品質的定義總是充滿了政治性與情緒性，因為當中總是會牽涉到心中一系列的決定，諸如誰的意見才算數，以及某人的意見比其他人的意見更應受到重視。當然啦，多數的時刻這類具政治性和情緒性的決定——正如所有重大的政治性和情緒性決定一樣——一般人是看不出來的，這樣的評論對軟體從業人員很貼切，因為他們喜歡在表面上顯出一副很理性的樣子。這是為什麼很少有人會對此一品質定義的威力覺得有什麼了不起的地方。

　　會讓我們的工作變得更加棘手的，是在大多數的時候，在做決定的當事人的意識中也難以察覺之所以如此決定的原因何在。這是為什

麼對一位講求品質的經理而言，最重要的事就是能夠清楚地意識到自己何以做出這樣的決定，若是能每次都讓其他人也知道那就更好了。這將是我們最主要的一項任務。

1.4 Precision Cribbage牌戲

為了測試我們是否了解此一定義，以及此一定義是否可加以應用，讓我們來看另一個故事：在我年輕時，我最喜歡的一項休閒活動是跟我的父親一起玩cribbage牌戲（譯註：一種由二至四人玩的紙牌遊戲，每人發給六張牌，以先湊足一百二十一分或六十一分者為贏家）。Cribbage牌戲是由英國詩人索克令爵士（Sir John Suckling, 1609-1642）發明，這種撲克牌遊戲在世界上某些地方非常受到歡迎，但是在其他很多地方就很少人知道。在我父親過世後，我依然懷念與他玩cribbage牌戲的時光，但已很難再找到固定的牌搭子。因此，當我發現在麥金塔電腦上有cribbage的共享軟體時，讓我感到興奮莫名，此一程式是由美國加州聖荷西市的道格（Doug Brent）所免費提供，正式的名稱是Precision Cribbage™。

我覺得Precision Cribbage是一個製作相當精緻的軟體，與絕大多數的共享軟體相較尤然。最令我高興的是我發現跟它玩起遊戲來還能勢均力敵，只是十次裏它還沒有贏我超過兩次的記錄。於是，我如同該軟體作者所期望的，從我的家鄉寄了一張名信片給道格，附上些許共享軟體的使用費，以感謝他讓我得到多次愉快的遊戲經驗。

但是沒有多久，我發現Precision Cribbage的計分規則上有兩個明顯的錯誤。第一個錯誤是，當一副牌中有三張的點數相同且剩下的兩張點數亦相同（撲克牌的術語為「葫蘆」）時，在分數的計算上偶爾

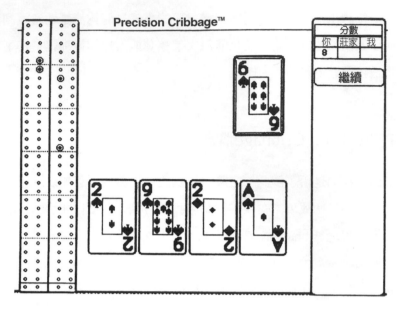

圖1-2　Cribbage的一副牌計分錯誤的一個實例。正確的分數是4，而不是8。

會出現錯誤。顯然這是一個無心之過，因為有的時候這樣的一副牌又會算對。

　　然而，第二個錯誤可能是因為對計分規則有誤解而造成（對一個以玩撲克牌遊戲為號召的程式而言，計分規則當然是需求的一部分）。一手牌若是前三張牌是同一門花色，而第四張牌又抽到相同的花色，此時就會計算錯誤。在此情況下，我可以用數學的方法確實地證明計分的規則是錯的。[4] 我舉這個故事為例的原因在於，此遊戲即使犯了兩個分數計算上的錯誤，我對Precision Cribbage的品質還是相當滿意，我每週至少會花上好幾個小時的寶貴時間來玩這個遊戲，還經常性的捐些錢給共享軟體的提供者，即使我不付錢也用不著耽心會受到任何的懲罰。

　　簡言之，Precision Cribbage對我而言是很有價值的東西，為了顯

示其重要性，我願意賠上我的時間和金錢（如果提供者有要求的話）。再者，道格即使將這些錯誤都改正過來，對此軟體能夠增加的價值也非常有限。

1.5 要改善品質為何如此困難

Precision Cribbage的故事給我們的啟發是，符合需求並不是對品質的一個最恰當的定義，除非你樂於接受一個對需求最不合傳統的定義。這個故事的另一個啟發是，以錯誤為基準來為品質下定義是不當的，下面的這個定義就是一個例子：

品質即沒有任何的錯誤。

這樣的定義很容易就可以駁倒它，但是，多年來這類的定義卻主宰了我們對高品質軟體的看法。這樣的結果使得軟體的開發人員和經理人員對旁人改善軟體品質的要求充耳不聞。不過，即使沒有任何人提出要求，僅僅是為了滿足他們自己的榮譽心，還不足以讓他們想要改善品質嗎？他們當然想，卻又不採取任何的行動。原因何在呢？

1.5.1 「這不算太壞」的效應

CozyWrite和Precision Cribbage這兩個故事是我所能舉出的數以百計的實例中最有代表性的兩個，而毫無疑問你也可以再加上許多你親身經歷的例子。如果你去問那些開發人員：「你想做出高品質的產品嗎？」我敢打包票他們專業上的自尊心會促使他們回答：「當然啦！」

但是，假如你問他們改善CozyWrite或Precision Cribbage有哪些具體的做法，開發人員可能的回答是：「但是，那個產品已經算不錯

的了。當然，它是有一些小bug，不過，所有的軟體不都有幾個bug。況且，它比競爭對手的產品要好多了。」此外，下列的三種說法當然都可以證明是對的：

1. 有許多人在使用他們的產品，而且大家都很滿意，因此那是一個品質很好的產品。
2. 所有的軟體都有bug（至少我們無法證明沒有）。
3. 有人會捨競爭對手的產品而來買我們的產品，足以證明在大家的眼中我們的產品是比較好的。

在這樣的局勢下，不太會有動機想去改善品質，除非有來自外界的壓力。如果大家都不再使用或購買他們的產品，或許才能迫使開發人員下定決心要改善品質，但是，事情惡化至此可能已經來不及了。當所面對的競爭者能夠以更有效的方式來經營其公司，靠販售軟體為業的機構就只有走上沒落一途。

　　如果機構所生產的軟體僅供母公司的內部來使用，則所面對的競爭壓力就小得多，這會使得他們停滯不前。這種停滯不前的心態是否會影響該機構的前途，就要看母公司對「品質」是怎麼定義的。如果母公司能夠得到自己所需要的價值，而對於品質也沒有什麼更好的想法，那麼這種停滯不前的現象會持續下去。不過，等到母公司開始感到不滿意的那一天，危機已迫在眉睫。

1.5.2 「不可能有這種事」的效應

你知不知道，如果你有兩百六十公分的身高，就有資格到NBA的球隊去當個先發中鋒，坐擁超過三百萬美金的年薪？既然你知道，那麼你為什麼不開始進行增高的計畫呢？這個問題很蠢，因為你不知道如

何可以讓自己長高幾十公分。

　　你知不知道，如果你能把軟體的錯誤減少到每百萬行程式少於一個錯誤，就可以將你的薪資行情拉高到每年三百萬美金？既然你知道，為什麼你不開始進行品質的提升計畫？這個問題很蠢，因為你不知道如何可以讓軟體的錯誤減少到每百萬行程式少於一個錯誤。

　　菲力普・克勞斯比在《*Quality Is Free*》[5] 一書中提到，改善品質的動機通常來自對品質成本（cost of quality）的研究。（我則比較喜歡用「品質的價值」〔value of quality〕一詞，兩者所表達的意思是一樣的。）在我執行顧問業務的時候，我經常會碰到許多的經理人員看起來對於節省軟體的成本、減少開發的時間等非常重視，但是我很難遇到一個經理對於改善品質同等的重視。要他們告訴我節省成本或縮短時程可換算成多少錢是件輕而易舉的事，不過當被問到改善品質後可帶來多少的價值，你會發現，他們似乎從來不曾想過這種東西該如何去量度。

　　然而，當我建議他們去量度品質的價值時，通常他們的反應就像我在要求他們去量度「長到兩百六十公分高」的價值似的。對於一件你完全不知道要如何才能做到的事，為什麼還要浪費力氣去量度這件事所可能產生的價值呢？此外，你若不覺得某件事的價值可貴，為什麼還要設法去完成它呢？圖1-3以效應圖的形式來表現這樣的惡性循環，在之後的章節中我將會解釋何謂效應圖，並在全書中都會用到它。目前，我們只須把注意力放在此圖是如何來解釋「想要改善品質為何會如此困難」的現象。

　　圖1-3有兩種解讀的方式，樂觀的或悲觀的。從樂觀的角度來看，該圖要說的是，一個機構一旦開始了解品質的真正價值，改善的動機就會大增，這會使該機構迫切想要知道該如何去改善，知道之後

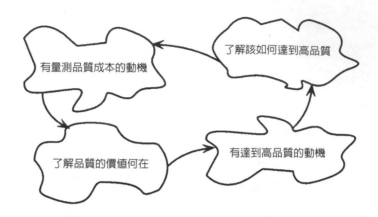

圖1-3 妨礙機構走上品質改善之路的惡性循環。

又可導致對於品質的價值有更透徹的了解。這正是為什麼克勞斯比在從事組織變革的工作時，總是愛從品質成本的研究下手。

不過，若是從悲觀的角度來看，此一循環就被解讀為是它阻礙了尋求改變的道路，以致無法獲致更高的品質。如果沒有對品質價值的了解，就沒有動機要達到高品質，這樣的話就不會想要多了解該如何去達到高品質。而不知道該如何達到高品質，又怎麼會有人試圖去量度品質的價值呢？

1.5.3 「死守現狀」的效應

圖1-3正好也是「死守現狀效應」的一個最簡單的例子。一個死守現狀的系統往往會讓自己困守在一個現有的模式當中，即使非得改變不可的理由有千百個也都置之不理。死守現狀最好的一個例子就是該如何去選擇一個標準的程式語言。一個機構一旦用慣了某一種程式語言——不論有何歷史上的原因——其結果是，改變（換用新語言）的成本會增加，研究其他替代性語言之價值的動機卻降低，而在如何去取

得其他替代性語言方面的專業知識則幾乎等於零。因此，該機構會死守在一個使用慣了的語言，就好像行車應靠左還是靠右，一個國家會堅持大家已習慣用來開車的那一邊才是對的。

在這本書中，我們將會看到許多死守現狀的例子，不過我們現在只需注意一件事——死守現狀的現象會在許多事物上出現。當你死守某一特定的程式語言時，往往你也會死守下列的事項：

- 可支援該語言的整套軟體工具
- 可支援該語言的某一特殊方言的硬體系統
- 特定在某個學校受過訓練的人
- 特定從某些機構招募來的人
- 對該語言及工具擅長的那一類顧問
- 公司外由該語言使用者所組成的社團
- 以該語言為主體的專業性書籍或訓練
- 與該語言有關的軟體工程原理
- 與該語言有關的使用者介面原理

這些特化現象中的每一個都會使機構陷入死守另一組新的特化現象。意圖要改變此一標準程式語言的作為因而會造成一波波的漣漪影響到整個機構，而每一個漣漪的波谷都會遇到各式各樣的機制想要來阻擋改變的發生。

改變使用的語言對於機構是否會帶來好處，倒不是大家所關切的。正如家庭治療學家薩提爾（Virginia Satir）女士曾說的：

「人們總是會選擇自己所熟悉的，勝於讓自己感到舒適的。」

1.6 軟體文化與次文化

所有這一切互相糾結的現象會產生一個固定的型態。每一次丹妮（我那人類學家的太太）與我有機會到一個新的機構去提供顧問的服務，研究該如何管理軟體機構時，我們會立刻發現兩件重要的事：

1.　沒有任何兩所軟體機構是完全相同的。
2.　沒有任何兩所軟體機構是完全不同的。

由於第一點的存在，對於軟體的管理工作上一些真正重要的問題，若想撿現成的解決方案那是絕無可能；幸好，還有第二點，對一個新的機構我們無須每次都要從零開始做起。對於不同的軟體機構，即使他們的規模不一、所處的產業不同、所使用的程式語言不一、所在的國家不同、甚至所在的年代大不相同，仍然會有許多的共同點。本書即是完全針對這些共同點而寫的。

　　人類學家用以表達此類觀察結果的方式是，有某種形式的軟體文化能夠跨越時間、空間、以及環境的藩籬。你可以找出許多方法來證明這樣的軟體文化是存在的。舉例來說，用英文書寫的軟體類書籍到全世界任何地方都可以賣得很好。軟體文化是一種英語色彩濃厚的文化。本書的翻譯本銷售成績也很好，而同一個軟體業的笑話走到全世界都會引人發噱。軟體業所開的會議有世界的共通性，針對與會人士所做的調查顯示，與會者的特質可跨越產業別與年齡層的障礙。我們很幸運能有這樣的軟體文化，因為有了它我們才能夠向彼此學習。因此，我們從客戶那兒學習到的經驗對於你和你的機構可能也很有價值。

　　丹妮和我學習到最有用的一個經驗是，可將所有的軟體文化劃分

成數種不同的模式（patterns）──各機構所共有的特徵都是呈區塊狀的。分辨這些模式所用的方法是，去觀察他們所生產之軟體的品質如何。我們漸漸相信，軟體機構會死守著某一固定的品質水準，且任何的改變都會受到文化中的保守天性所阻撓。這樣的保守心態在下列的行為中表露無遺：

- 安於他們目前的品質水準
- 害怕在嘗試做得更好的過程中反而會喪失目前的水準
- 缺乏對其他文化的認識
- 看不清自己目前的文化是怎麼回事

品質很重要，因為品質就是價值。控制品質的能力就等於控制軟體工作成果之價值的能力。要達到一個高品質軟體的嶄新文化層次，做為開發人員或經理人員的你必須學習能有效地處理這些因素。這也是本書所欲探討的主題。

1.7 心得與建議

1. 找出你的軟體的潛在使用者，並確認他們心目中的價值為何，當然這樣的工作不管你再怎麼努力也無法做到完美。事實上，很可能你只要有心想要把它做好就能讓自己獲益良多。一旦你親身經歷過這些益處，或許你就會下定決心，至少要拜訪幾位主要的使用者以找出在他們心目中的價值是什麼。

2. 因為文化具有保守的天性，想要有所改變的企圖總是會遇到其他人的抗拒。當這樣的抗拒行為披著「試圖保持舊有做事方式的優良傳統」的外衣出現時，你最好能分辨得出來才有利於工作的推

動。更高明的做法是，在一個以改變現狀為目標的專案一開始時，要先感謝舊有的方法有其價值，並確立當中有哪些特點是你希望能夠保留的，即使所要改變的對象是文化模式時也要這麼做。

1.8　摘要

✓　品質是相對的。對某個人而言品質好的，對另一個人而言卻有可能是品質不良。

✓　想要找出相對性，就得在對品質所做的聲明中查出其所暗示的那一個或那一些人是誰，方法是直接問：誰是隱身於品質聲明背後的那個人。

✓　品質是在某一個或某一些人心目中的價值，不多也不少。這樣的觀點讓我們能夠從下列分歧的陳述中找出一致性：

- 零缺點即高品質
- 有許多的新功能即高品質
- 程式寫得簡單俐落即高品質
- 高性能即高品質
- 低開發成本即高品質
- 快速開發即高品質
- 對使用者友善即高品質

所有這些陳述都可同時為真。

✓　品質可以說永遠都是一個充滿政治性與情緒性的問題，雖然我們很喜歡裝作可以用理性的方式來解決它。

✓ 品質不等同於沒有錯誤。一個連基本的需求都不符合的軟體產品，在部分使用者的眼中仍可能是高品質的產品。

✓ 改善品質的工作非常艱難，因為多數的機構習慣於死守著某一特定的工作模式。他們已適應於目前的品質水準，以致不知該如何改變方能提升至新的品質水準，而且他們也不會認真地去找方法。

✓ 多數軟體機構所採行的工作模式往往會落在少數的幾個區塊，或可稱之為次文化，每一區塊所產生的工作結果各有其獨特性。

✓ 文化天生就是保守的。在多數的軟體機構中，這類保守的作為主要是展現在：

- 安於他們目前的品質水準
- 害怕在嘗試做得更好的過程中反而會喪失目前的水準
- 缺乏對其他文化的認識
- 看不清自己目前的文化是怎麼回事

1.9 練習

1. 我在寫給道格的信上說，我非常地感謝他的軟體帶給我的樂趣，並說明我所碰到的兩個軟體上錯誤的例子，可惜我至今仍未得到他的回覆。即使 Precision Cribbage 出了修正版，我也不會為修正版再破費，因為我一旦有了大致上正確的 Caribbage 遊戲程式可玩，修正版的價值就大幅降低。對某一個軟體產品，試就其初版或競爭性產品的使用情形，討論該產品的價值將會如何隨著時間而變化。同上，試討論品質的定義將會如何隨著時間而變化。

2.　當某一既定的硬體架構標準化之後，一個機構可能會有哪些僵化的特質，請列出清單。

3.　請指出，有哪些證據可證明你所屬機構的同事確實是安於他們目前工作的品質水準？對於表現出滿足於此一水準的員工，你所屬的機構如何處置？

2
軟體次文化

我曾經與數百種不同產業中不同性質的公司最高主管交換過意見。
不論其國籍、產品、服務、或所屬團體有何不同，我還從來沒有碰
到有例外的。這些公司的最高主管總是會強調說：「你必須了解，
我們這個行業的性質與其他行業不同。」通常他們所看到的只有自
己的行業，因此他們不曾領悟多數的行業有多麼地類似。商品流通
的方法與技術當然大不相同。然而，執行工作的那批人——他們會
有的動機與反應——卻完全相同。

——菲力普·克勞斯比[1]

克勞斯比對各行業所做的一般性評論，對軟體業而言當然也成
立。在本章中，我將對軟體模式（或可稱為次文化）的主要分
類加以說明，並將之與克勞斯比的「品質管理成熟度座標格」
（Quality Management Maturity Grid）加以比對。

2.1 克勞斯比的想法應用於軟體業

你們當中讀過《*Quality Is Free*》一書的人會發現，我對軟體品質的看法與克勞斯比對品質的一般性看法是多麼的相近。尤其是你會發現我們兩人有一個共同的看法，那就是如克勞斯比所說的，關鍵的因素總是在於「執行工作的那批人——他們的動機與反應」。即使如此，很少有人能夠成功地把克勞斯比的說法直接應用到軟體工程的做法上。如我曾說過，原因在於：

1.　沒有任何兩所軟體機構是完全相同的。
2.　沒有任何兩所軟體機構是完全不同的。

我已經把克勞斯比看問題的方法稍加改變，以說明各機構的不同之處，因此我必須解釋清楚，我對軟體品質問題的看法中與克勞斯比不同的地方在哪裏。

2.1.1 光是符合需求還不夠

克勞斯比很清楚地將品質定義為「符合需求」。

> 一輛高級豪華的凱迪拉克（Cadillac）大轎車若能符合凱迪拉克所有的需求，那麼它可稱為是一輛高品質的車。而一輛廉價的花斑（Pinto）小汽車若能符合花斑所有的需求，那麼它也可稱為是一輛高品質的車。[2]

只要需求正確無誤，這將是一個絕佳的定義。我並不是製造業的專家，因此我無法告訴你需求在製造業裏面既清楚又正確的機率。不過，我確實是軟體工程的專家，因此我很有把握地斷言，軟體方面的

需求即使只求近乎正確，也是很少有的。顧客要的若是一輛花斑小汽車，你卻做出一輛符合凱迪拉克所有需求的大轎車，這就不是一輛高品質的汽車了。

　　有許多談軟體品質的作者都忽略了一個重點：軟體開發的工作不是製造業生產線的運轉。它確實包含了製造業生產線的運轉，比方說在軟體開發完成後的複製工作即是。我的客戶有些的確能夠把克勞斯比對於品質所下的定義和做法，成功地應用在軟體完成後的拷貝製作的工作上。然而，軟體的複製工作一般而言並不是軟體開發工作中最困難的部分（圖2-1）。

　　因此，在軟體開發的工作上，我們必須將品質的定義加以擴大，成為我們在前一章中所得到的：

品質即在某（個／些）人心目中的價值。

需求本身並不是目的，而只是為了達成目的的一個手段──其目的在於替某（個／些）人帶來價值。需求若能正確地指出主角是哪些人，並且能掌握他們認為真正有價值的是哪些事，則此一定義又可縮小範圍而恰好成為克勞斯比的符合需求。然而，在軟體的工作上，我們不可認定有此理想狀況的存在，因為過程（process）中大部分的工作都是與能更為接近「真實的」需求有關。[3] 因此，我們對於高品質軟體的管理工作必須有的認識，大部分都與需求和軟體兩者的開發工作能夠保持同步有關。

2.1.2 零缺點在多數的專案中都不適用

軟體的開發工作中只有一小部分是屬於製造過程的範疇，因此克勞斯比的「零缺點」目標就顯得不切實際。這個目標只適用於過程中具製

設計／創新工作	假性的製造工作＊	製造工作
需求	低階設計	碟片複製
高階設計	程式撰寫	手冊印製
文件撰寫	程式轉換	

＊ 假性的製造工作之作業方式具有製造工作的某些特質再混合
　 了設計／創新工作的某些特質。

圖2-1　軟體開發的工作中，某些過程是屬純製造的作業，而某些過程則在部
　　　　分層面上近似於製造工作。這類性質的工作就絕對可以採用克勞斯比
　　　　的做法以達到高品質的要求。

造特質的部分，比方說，程式的複製以及程式撰寫的本身或許可以算
是（當設計完成且被認為可真實地代表真正的需求時）。此外，或許
在十年或二十年之內，此目標將可適用於整個的設計過程，最起碼也
可適用於低階設計（圖2-1）。

　　然而，在我從事軟體的建造與顧問三十五年的經驗中，我從未在
訂定需求的工作上見過有幾近零缺點這種事發生。你如果仔細查驗那
些號稱做到零缺點的軟體專案，你會發現那些專案一無例外在一開始
時即有一份雙方皆同意的需求文件，例如：

1.　將一個程式由某個語言轉換成另一種語言，而在轉換之後還能夠
　　保持原有程式的所有功能，這是新程式要達到的基本需求。如今
　　已有許多公司可十拿九穩地在一定的時限內、用一定的價格完成
　　這樣的轉換工作——而且保證是零缺點。
2.　為一個新的操作環境開發出一套新的程式，而且能符合標準需
　　求，例如去開發出一套全新的COBOL編譯器。[4]

因此，在可預見的未來，我們當中大多數的人仍必須在一個「骯髒的」

環境下來管理軟體的開發工作，在這樣的環境中絕不可假設需求是完全正確的。若枉顧此一現實條件，你只能做個逃避現實的人，而不是一個高品質的軟體經理。

2.1.3 品質有經濟的一面

克勞斯比在書上是這麼寫的：

> 第三個錯誤的假設是，有一種品質的「經濟學」存在。經理們對於沒有任何的作為，所持的藉口最常見的就是「我們這個行業與其他的行業不同」。次常見的藉口即為：品質的經濟學不容許他們採取任何的行動。他們說這話的用意是，要做到那麼好，他們可負擔不起……他們若是想要弄清楚自己所採用的工作過程是不是能夠既達成任務又花費最少，那麼他們就要對工作過程的認證和產品的合格條件有更深入的了解。[5]

此段文字又一次假設，啟動工作過程的那一刻，已經得到一組正確的需求。這些需求若是正確無誤，那麼要決定其中哪些功能只是鍍金性質，而哪些功能才是不可或缺的，這就不在開發經理的權責範圍之內了。需求可以一次就回答上述所有的問題。正確的做法若只有一種，對於品質的經濟學就不會再有任何的疑問了。正如克勞斯比所強調的：

能夠在第一次就用正確的方法來做事，總是比較便宜的。

然而，如果我們不知道顧客心目中的價值為何，或者更糟的情況是，如果我們連顧客是誰都不知道的話，那麼我們更不會知道該做的「東西」是什麼。或許我們可以用正確的方法來生產東西，但到頭來卻發現這些東西都不是正確的。這正是為什麼需求的過程可以產生價值，

也可以摧毀價值，而且這也是為什麼在任何一個包含了需求過程的軟體專案中，都會有品質經濟學的考量。

此一需求品質的經濟學當然主張要在第一次就找到正確的需求。如果這是你能做得到的，那麼你大可照這個方法去做。可是，如果你無法做到，那麼協商出價值（品質）所引發的政治鬥爭或情緒將會侵蝕你的專案，使得專案更難以進行。

2.1.4 任何一種模式都可成功

從前一章所舉的例子可知，第一，在「符合正式的需求」這件事上即使發生錯誤，也不一定會破壞軟體的價值。第二，一有新的需求就設法滿足它，所造成的結果反而會破壞掉為一部分顧客所帶來的價值。這正是為什麼有那麼多軟體開發經理的口頭禪都是：

不准碰這個程式！

或者，更謹慎的說法是：

不准碰這個（軟體的開發）過程！

雖然這種「不准碰」的態度經常遭到軟體工程的理論專家的嘲笑，但從經濟學的角度來看，這樣的反應卻很合理。如果你對於目前軟體生產與維護的做法甚覺滿意，就不必著手做改變；而是著手去維持它。如果你的顧客使用起來都很愉快，去改變它將是一件愚蠢的事。

如我們將會看到的，一個程式或一個過程會突然變得一無是處，對於大多數的軟體經理這樣的可能性永遠存在。如果你的顧客只是稍微不太滿意，很可能你所用的工作模式是恰當的，只是你並未盡你所能的把它做好。此時，不要改變你基本的模式，只須做小幅度且安全

的改善，這樣就不會有突然變得一無是處的風險。

　　如果你目前所用的工作模式是不恰當的，那麼只做小幅度的改善猶如在替一趟錯誤的旅程繪製更詳細的地圖一般。如果你原本打算要從邁阿密前往克里夫蘭，那麼洛杉磯大都會區的詳細地圖非但毫無用處，還會讓人分心。如果你的顧客已感到不悅，那麼不做改變將會有致命的後果。如果你所用的模式並不恰當，就應選擇一個可為你帶來所需之品質與成本的模式，並在該模式下努力以求能充分達成目標。

　　品質即具有每一次皆能滿足人之所需的一種能力。這句話的意思是，能夠生產人們認為有價值的東西，而不去生產人們認為沒有價值的東西。不要用長柄的大鐵鎚去剝花生殼。不要用胡桃鉗去敲碎一堵牆。應該選擇一個可為你帶來所需之品質與成本的模式，並在該模式下努力以求每一次皆能達成目標。

　　能夠有穩定的工作表現，這是一個模式或次文化的根本要件。能夠穩定地替你的顧客帶來價值，這是成功的根本要件。因此，任何一種次文化都有成功的時候。

2.1.5　「成熟度」不是個恰當的字眼

當寫到有關文化方面的東西時，往往會參雜一種批判的情緒。比方說，有些人會覺得「任何一種軟體文化都有成功的時候」是種令人難以接受的說法。他們就像歐威爾的政治寓言小說《動物農莊》[6] 裏的那些豬，樂於接受「所有的動物生而平等……但是，某些動物較其他的動物更該得到平等的對待」這類的觀念。有些人會同意「任何一種軟體文化都有成功的可能……但是，某些種類的文化較其他的文化更有可能成功」。

　　諸如此類的想法十有八九都是藏在心中祕而不宣的。例如，克勞

斯比在他的「品質管理成熟度座標格」中描述了品質管理的五種不同
的階段。這樣的座標格是一種極有用的工具，不過，若簡化為「品質
管理座標格」將會是個更貼切的名稱。「成熟度」這個字眼所傳達的
並非一個事實，而是一種價值的判斷——對於事實所做的一種詮釋。
最起碼，它並不符合事實。成熟的變化通常只會朝一個方向來進行，
而克勞斯比卻舉出幾個機構成熟度倒退的例子，試引用他書中的一段
話：

> 我們處於啟蒙狀態（五個成熟度階段中的一個）達數年之久，後
> 來，新的總經理上任，他認為品質是一件浪費金錢的事。我們必
> 須倒退一或兩個階段，直到他得到了充分的教育。[7]

在日常的說法中，「成熟」的涵義是「已達到自然成長與發育的平均
高點」。在克勞斯比的五階段論中向前推進，並沒有什麼事是「自
然」。的確，克勞斯比頗費了一番唇舌來強調，想要從一個階段改變
成另一個階段是需要投入大量心力的。

　　此外，我還觀察到，有許多的軟體機構在某種意義上來說已達到
了「平均高點」，因而他們將樂於停留在他們目前所處的狀態，除非
有某些不正常的事件發生。他們做的已經夠好了，若還繼續投資在推
進到更高的階段或模式，將無助於機構長遠目標的達成。正如我們所
親眼見到的，文化的模式無所謂較成熟或較不成熟，而只有更合適或
更不合適。當然啦，有些人對於追求完美有其情感上的需要，而他們
會將此情感上的需要加諸在他們所做的每一件事上。他們會做這樣的
比較，完全與機構所面臨的問題無關，而只與他們自己的問題有關。

　　追求不必要的完美並不是成熟，而是幼稚。

希特勒對於誰是「最優秀的民族」非常清楚。他將亞利安民族定義為全人類歷史上成熟的最終產品，而此一定義給了希特勒和納粹黨人一個合理的藉口，可以對諸如吉普賽人、天主教徒、猶太人、波蘭人、捷克人、以及妨礙了他們去路的任何人施以殘暴的行為。在軟體工程界有許多所謂的改革者，其改革工作的第一步是要求他們要改革的「對象」先承認自己從前是低劣的。這些小希特勒皆未能遂行其願。

　　正常人很少有願意承認自己是低劣的，即使集中營也無法讓絕大多數的人改變心意。這不是「只是一個用語的問題」。用語是否恰當對任何以改變為目標的專案都非常重要，因為這些用語塑造出這個世界在我們心目中的模型，過去的以及我們希望它改變之後的模樣。因此，你的目標如果是要去改變一個機構，開始時請不要用有比較優劣意味的用語，例如「成熟」這類偏頗的字眼。

2.2　軟體次文化的六種模式

就我所知，克勞斯比是首先提出「過程成熟度有不同階段」的想法的人。他發現，他的研究對象大多是以製造為主業的機構，要了解這樣的機構可從其產品的品質下手。克勞斯比若是知道他們的產品的品質狀況，就能夠推測在該機構的內部會有怎樣的工作習慣、工作態度、以及工作默契。

　　克勞斯比所觀察到的現象，正是我們這些組織顧問經常會引用的「波定的反向基本原理」[8]，它是這麼說的：

**　　事物會演變成今日的樣貌，乃日積月累的結果。**

換句話說，你可以經由研究最終的產品而得知生產該產品的過程，所

用的方式近似考古學家由考古遺跡中出土的遺物來研判當時的工藝水準。如考古學家一般，克勞斯比發現，組成一項工藝技術的各種流程，其出現絕非隨機的組合，而是一些可前後呼應的模式。克勞斯比為他的五種模式或階段所取的名稱，主要是以在每一模式或階段中所看到的管理階層的態度為基礎：

1.　半信半疑（Uncertainty）
2.　覺醒（Awakening）
3.　啟蒙（Enlightenment）
4.　明智（Wisdom）
5.　確信（Certainty）

在 Radice 等人所著的〈對程式設計流程之研究〉（A Programming Process Study）[9] 一文中，則以品質結構為著眼點，將克勞斯比的層級加以修正，以適用於軟體的開發工作。韓福瑞（Watts Humphrey）[10] 再將他們的成果加以擴展，並訂出過程成熟度（process maturity）的五個等級，這是一個軟體開發機構成長過程中必經的五個等級。這五個等級分別被稱為：

1.　啟始（Initial）
2.　可重複（Repeatable）
3.　加以定義（defined）
4.　加以管理（Managed）
5.　最佳化（Optimizing）

這樣的名稱與在每一種模式中可見到的流程的類型比較有關，而與管理階層的態度無關。

其他的觀察者很快發現了韓福瑞的成熟度等級的妙用。例如，軟體工程學會（Software Engineering Institute）的寇蒂斯（Bill Curtis）發現，以某機構內對待員工的方式為基礎，可輕易得到一種類似的分類法。他所提出的軟體人力資源成熟度模型[11]也有五個等級：

1.　加以聚集（Herded）
2.　加以管理（Managed）
3.　加以調教（Tailored）
4.　制度化（Institutionalized）
5.　最佳化（Optimizing）

我們平素在組織顧問方面的工作都是以人類學中參與式觀察[12]的模型為依歸，利用此法我們去觀察的是員工的所言所行，而非只在意管理階層的所言所行。我們會特別注意在同一機構的不同部門間言行一致的程度如何。將所有的機構以其言行一致的程度來加以分類，我們加了一個模式（渾然不知型）並找出其餘的五個模式（大致上與別種的模式分類系統類似），而成為如下的模式：

✓　渾然不知（Oblivious）型：我們都不知道我們正循著一個過程在做事。
✓　變化無常（Variable）型：我們全憑當時的感覺來做事。
✓　照章行事（Routine）型：我們凡事皆依照工作慣例（除非我們陷入恐慌）。
✓　把穩方向（Steering）型：我們會選擇結果較好的工作慣例來行事。
✓　防範未然（Anticipating）型：我們會參照過往的經驗制定出一套

工作慣例。

✓ 全面關照（Congruent）型：人人時時刻刻都會參與所有事務的改
善工作。

這是我在本書中從頭到尾在描述各種不同的機構時所會用到的一套分
類法。

2.3 模式 0：渾然不知型

模式0並不是用以描述次文化模式的一種專業性用語，不過我們還是
把它加了進來，因為它是許多新開發程式最常見的起源，此外，它還
可做為與其他次文化模式相比較的基礎。在模式0的狀態下，軟體開
發機構與軟體使用者之間並無明確的分野。舉些模式0的實例，如為
了記錄我個人的心跳和血壓，我開發出一個特別的迷你資料庫；為了
記錄我玩 Precision Cribbage 的得分狀況，我開發出一個試算表；或是
為了在我所舉辦的研討會上進行一個模擬比賽，我寫了一個 BASIC 的
程式。在這類的工作中，我沒有經理，沒有顧客，也沒有明訂的過
程。的確，很可能我完全沒有意識到（或只稍微意識到）我正在從事
的工作就是所謂的軟體開發，這就好像莫里哀（Molière, 1622-1673，
法國喜劇作家、演員及劇場經理）筆下的那位偽君子，渾然不知他一
輩子都在用散文體對人說話。你若是問我，很可能我會說我正在解決
一個問題。這正是為什麼我們稱模式0為「渾然不知」。

不僅利用模式0來進行軟體開發工作的人是處於渾然不知的狀
態，多數寫軟體開發相關書籍的作者亦然。我曾請一個我的客戶，他
是一家大型軟體公司的資訊系統部門經理，幫忙調查該公司在每一種

模式下工作的人數。所得的預估值是：

0	渾然不知	25,000
1	變化無常	300
2	照章行事	2,600
3	把穩方向	250
4	防範未然	0
5	全面關照	0

這位資訊系統經理告訴我，他從未去認真對待機構中這25,000個有權使用PC或分時電腦系統的人。他不禁擔心，一旦他們覺悟自己在做的事亦屬於軟體開發的一環，會不會有什麼不良的後果。要是他們跑到他的部門來請求幫助，這是他份內的事嗎？

　　當然，一旦他們對品質感到無法接受，他們就會開始覺悟。能夠拯救資訊系統經理脫離「渾然不知」模式的，要靠一種心理現象，我們稱之為認知失調──為先前的決定找出證據以證明其為正確的一種癖性。所謂敝帚自珍，有多少人會承認，他們毫不珍惜由他們自己的雙手和頭腦所製作出來的成果？的確，此一模式亦可稱為「超個體的」（Superindividual）模式。

　　若是有人問他們為什麼要使用此一模式，模式0的人很可能會說：「我想要的東西別人都無法提供，或者，根本沒有人能理解我真正要的是什麼。」此一模式自認法力無邊的心態好像自己是上帝一般：全知且全能。能偶爾扮演一下上帝是很好玩的。

　　不論是出於好玩、認知失調、或是其他的因素，模式0在製造滿意的使用者一事上可說是非常成功。在本書中我們對模式0將不會特別著墨，除了經常會以它為標準來與其他的模式相比較。

2.4 模式 1：變化無常型

當負責解決問題的人開始發覺自己的能力有限，不論這樣的覺悟是對是錯，通常就從模式 0 進入到模式 1，也就是「變化無常」的階段。這是把開發人員和使用者區隔開來的第一個模式，因此開發人員很難再對軟體開發的過程保持渾然不知的心態。這是把品質的責任做如此區隔的第一個模式，因此這也是第一個模式把責備人當作一項重要的軟體開發活動。

2.4.1 超級程式設計師的形象

克勞斯比在談到此一模式時是這麼說的：「管理階層完全不知該如何化品質為一正面的管理工具。」不過，我對此一模式的批評還要更加嚴苛。模式 1 的最大特徵即：

> 管理階層完全不知該如何化管理為一有助於開發工作的工具。

對此模式亦可稱之為是「單打獨鬥的程式設計師」的模式。此時我們心目中的理想人選是「超級程式設計師」，而我們的口號是「我們若要成功，就得找到一個無所不能的超級程式設計師」。此模式的另一個變形所喊出的口號則是「我們若要成功，就得找到一個無堅不摧的超級團隊（當然是由一個無所不能的超級程式設計師來帶領）」。這是將密爾斯（H.D. Mills）「總程式設計師的觀念」（chief programmer concept）[13] 理想化的一個模式。所謂的「總程式設計師的觀念」，即是由一位超級程式設計師所帶領的一個精簡的「外科手術團隊」（surgical team）。這也是基德（Tracy Kidder）在《*The Soul of a New Machine*》一書中所描述之用於硬體開發工作的那種工作模式。[14]

2.4.2 模式1得以成功的條件

與所有其他的模式一樣,模式1經常能獲致成功。通常,在以生產供微電腦所需用之軟體產品為主的年輕公司,可以見到此一模式。只要一有機會,此類機構的任何一位成員就會詳述該公司開朝元老們的豐功偉業,以及他們精采刺激的「開國神話」。當這家新興公司成長之後,通常都會進化到模式2,但那些模式1年代的神話仍然會流傳不息。於是,有一位我的客戶很愛提起當年與他在某一專案中同甘共苦的那個「小團隊」——不久之後,我發現該專案進行的三年期間前前後後有超過250個人曾經參與。

可見到模式1大為成功的另一個場合,就是一家大型機構有一個程式設計師的聯合調度中心,其服務的對象是某個由專家所組成的重要單位。通常資訊中心的結構就是程式設計師的聯合調度中心,只是其成員通常要有更專門的技術。在許多飛機製造公司裏,我見到過這樣的聯合調度中心隸屬於工程師;在某保險公司裏,則隸屬於精算師;在某銀行裏,則隸屬於外匯專家。這些聯合調度中心在滿足專家的需求一事上非常有效,並且能為公司增加很多的價值。

2.4.3 理想的開發結構

模式1最理想的開發結構即我所謂的「藏在衣櫃裏的明星」。專案的規模若顯然超出了王牌高手所能應付的範圍,最理想的做法就是將專案定位成「臭鼬鼠任務」(skunkworks)——為激發創意,在現行的組織架構之外祕密成立一個規模小、結構鬆散的研發單位或子公司,以避免官僚制度的羈絆。模式1類型的機構或許有一些工作用的程序,但這些程序並不能涵蓋絕大部分實際工作所需的流程。此外,這類機

構一遇到危機的徵兆，總是會立刻放棄所有的程序。

　　根據寇蒂斯的說法，在模式1的機構中，典型人事方面的實務做法包括了：

- 選才：詢問應徵者是否看了昨天的運動比賽。
- 績效考核：趕在出差前草草與當事人討論他的績效評核結果。
- 組織發展：下班後藉著喝啤酒來提升士氣。

照寇蒂斯的說法，「軟體員工被當作是一種隨處都可買到的商品，」不過，我認為「商品」這個字眼用得不夠精確。說員工是「隨處都可買到的」，比較接近職業運動員是隨處都可買到的。如同我們稍後將會看到的，商品模式在模式2中經常可見。

　　在模式1中，高薪挖來一個「明星」是某機構想要改善其品質唯一的希望。這樣的信仰體系與巫毒教（取得大牌球員、專案負責人、或程式設計師的頭髮或指甲）或吃人肉的習俗（你吃掉某個人的腦袋，把那個人的法力轉到你身上）非常相像。

　　韓福瑞說，要達到統計管制的第一步就是要能對時程與成本做基本的預測。模式1機構的績效好壞幾乎完全取決於員工個人的努力，因此，專案在時程與成本上的差異幾乎完全取決於專案成員個人的能力。對於員工個人能力的研究一直都顯示，不同的專業程式設計師在時程、成本、和錯誤數量上表現的良窳可達超過20：1的差別，[15] 因此我們很有理由相信，這就是我們在模式1中會見到的表現好壞上的差異。

　　在模式1中，專案在時程、成本、或品質上的最佳指標，就是實際在做事的那位程式設計師，因此更強化了此一模式所特有的信仰體

系。專案若是成功，所有的功勞就全歸那個程式設計師，反之，若是失敗，所有的責備也全都指向他。

2.5 模式 2：照章行事型

模式 2 會出現的原因有幾個。一所機構或許對其在模式 1 狀態下工作表現的起伏不定甚感不滿；或許該機構雖尚未經歷過模式 1，而只是非得打造出一套軟體不可，而且顯然需要使專案團隊的規模遠超過「小團隊」方能成事；或者專案的規模雖沒那麼大，但確有與其他機構協調之必要。不論原因是什麼，經理人員下定決心，不能再放手不管程式設計師了。

2.5.1 *超級技術負責人的形象*

克勞斯比認為此模式的經理人員的特徵是「開始意識到品質的管理工作可帶來許多好處，但不願投注時間與金錢去實現」。他們不肯花費時間與金錢的原因有幾個：

- 他們不覺得完成這些事之後所帶來的價值有何可貴之處。
- 他們不知道要怎麼做才能完成這些改變。
- 他們深信緊盯程式設計師是完成專案唯一要做的事。

一個模式 2 的機構有位程式設計師對他的經理的評語如下：「他們認為他們在管理的是一間做義大利香腸的工廠。」這句話突顯了兩件事：管理的風格，以及那些喜歡在模式 1 工作的程式設計師的觀點。流行於模式 2 的一個迷思即是超級技術負責人（superleader）的迷思：「我們若是成功，那是因為有一位超級經理（不過，這樣的經理不太

多）。我們若是失敗，那是因為我們的經理是個笨蛋。」此一態度表達得最貼切的就是下面從《程式設計之道》（*The Tao of Programming*）一書中所摘錄的一段文字：

> 程式設計師為什麼會毫無生產力？
> 因為他們的時間都浪費在開會上。
>
> 程式設計師為什麼有很強的叛逆性？
> 因為來自管理階層無謂的干擾太多。
>
> 程式設計師為什麼會一個接一個離職？
> 因為他們已心力交瘁。
>
> 替差勁的管理階層效命，
> 使得他們敬業之心不再。[16]

此模式的經理人員會制定一些工作用的程序，因為有人告訴他們，要控制程式設計師，程序是最重要的。比方說，寇蒂斯的觀察是，模式2的管理實務做法會改變成：

- 選才：經理人員都受過求職者面談的訓練。
- 績效考核：經理人員都受過特別的打考核訓練。
- 組織發展：設計出一套組織發展計畫，可供調查員工士氣。

經理人員與程式設計人員一般而言會遵守多數成文的工作程序。然而，這些程序的遵行多半僅止於形式上，因為他們對於這些程序背後的理論基礎並不了解。這正是為什麼我們稱此模式為「照章行事」。

　　例如，當寇蒂斯觀察到，經理人員雖然都受過特別的績效考核訓

練，這也只意味著經理人員有上過課。對於經理人員在打考核時實際遵循的流程為何，通常無法查核。我們若真的加以查核，我們會發現打考核的課堂上所教的與打考核實際上所做的，兩者之間並無多大的關聯。

2.5.2　模式 2 得以成功的條件

韓福瑞認為模式 2 的機構經由對於承諾、成本、時程、以及需求變更等實施嚴格的管理，即可在統計管制的可重複性上達到流程穩定的水準。然而，在此處操作上的關鍵字是「可重複」，而非「已重複」。模式 2 機構有一個顯著特徵，就是不一定會照著已知正確的方法去做事。一旦他們接連幾個專案似乎都很順利，就會在最需要照程序辦事的時刻省略掉那些程序，以致立刻會出現一個災情慘重的專案。更糟的是，管理階層還會採取一些讓事態更加惡化的行動。在此提供一位手下有 59 位成員的專案經理所發出的一封備忘信：

To:　　所有專案的成員
From:　鮑伯‧史密斯
Re:　　出入口（Gateway）專案

我們現在已到了讓「出入口」上市的最後時刻。從今天起到最後交付的這十週裏，以下的規定即刻生效：

1.　每個人每天的上班時間為十個小時，每週要上六天班。這是每週至少需工作的時數。
2.　不管任何理由都不得請假。所有的受訓課程一律取消。所有的休假一律停止。經理人員亦不得批准病假。

3. 我們必得交出一個高品質的產品。減少bug的數量是每一個人的責任。尤其是測試工作，必須要更有效率。產品每個部分現有的bug數量，到交貨日之前都要減為一半。

4. 我們必得準時交出產品。時程上不得有更多的延誤，現有的延誤必須在交貨日之前趕上。從今天起，時程上有任何的問題都要逐日向我報告。

開發人員、測試人員、或經理人員，如有違反上述任一規定者，皆須親自向我說明原因。切記：

靠著團隊合作，我們必可達成我們的承諾。

你將樂於見到，此產品準時交了貨，經理人員也為其了不起的管理能力受到獎賞。不過，有人還是違反這些命令，生病了。猶有甚者，bug的數目並未減少一半；反之，還超過兩倍多，而在交貨的四個月後，該產品突然從市場上撤回。

在模式2機構中，這樣的災難是無可避免的。（我們將會在後續的章節中以更為詳細的模型來說明何以致此。）當然，最主要的原因是，模式2的經理人員並不知道為什麼要照著已成慣例的程序所要求的來做事。因此，當事情開始不對勁時，他們就開始發出會招致反效果的命令——比方說，規定員工不可生病。

2.5.3 理想的開發結構

模式2機構有一個特徵，即他們會拼命地想要找到「銀彈」（silver bullet）[17] 以求他們的工作績效可以有巨幅的改變。例如，他們經常會引進非常嚴密的評量法，但該法在他們那不穩定的工作環境中完全沒

有用。或者，他們會買來一套極其複雜的工具，而那套工具要不就是被誤用，要不就是擺在架子上完全不使用。這樣的做法就是人類學家所謂的「呼名大法」（name magic）。若想施展呼名大法，你只消喊出某樣東西的名字——結構化程式設計、CASE工具、IBM——那樣東西所具有的法力即為你所用。

　　模式2的理想結構，就是一位經理有威力強大的開發工具以及程序的幫助。當工作都有慣例可循，專案經理唯一要做的就是確保每一個人都能照著正確的順序來執行每一個步驟。若想做到這一點，靠的就是「威望」，也就是一個人內在的個人魅力。我們只須「交給傑克負責」，一切就可以放心啦。除非事情的進展不如我們所願。

2.6 模式3：把穩方向型

2.6.1 有能力的經理

模式3的經理人員從不倚仗魔法，所倚仗的是了解。雖然會有許多的例外，一般的模式3經理比起一般的模式2經理來，有更多的技巧與經驗。模式2的經理人員經常是從成功的程式設計師升上來，但卻沒有管理的特殊天分、沒有管理方面的訓練、沒有強烈想要管理的欲望、沒有時間汲取管理工作上的經驗、並且沒有好榜樣讓他們學習該如何管理。這是為什麼模式2的經理人員經常會高估其職位能帶給他的力量。

　　有一次我為了顧問工作而出差到我的客戶那兒時，帶了一位朋友同行，他是組織方面的顧問，沒有與程式設計的經理人員打交道的經驗。我倆一同與該公司的人面談，以弄清楚該公司的組織狀態，三天

後，我問他對於這些人的管理風格有何感想。「很明顯地，」他說，「他們唯一知道的風格就是命令式管理。」

模式 3 的經理人員則與此不同。他們身懷許多掌控機構方向所需的技巧，因此當他們的專案遇上麻煩時，他們無須完全依賴不斷地下命令。

2.6.2 模式3得以成功的條件

模式 3 的經理人員或許具有較多的期望、訓練、經驗，或許他們是用與模式 2 的經理人員不一樣的模子所塑造出來的。他們所用的程序不一定都已完整地定義下來，但大家對這些程序都充分了解。或許是因為有了這樣的了解，模式 3 的經理人員通常會遵循他們所定義的流程來行事，即使在專案面臨危機時亦然。這正是他們之所以能夠以更高的成功率來有效地管理規模更大、風險更高的專案。

你若是對其「典型的」專案仔細檢視，你會發現模式 3 似乎未必比模式 1 或模式 2 有特別明顯的優異表現。然而，在模式 3 的機構中，有更多的專案屬於「典型的」之列，因為屬於徹底失敗的專案，數量要少了許多。當一個新的專案開工時，你大可跟人打賭它將會順利完成——既可替顧客創造價值，又可準時交貨，且能不超出預算。

2.6.3 理想的開發結構

當然啦，模式 3 的過程具有較高的適應性，因為經理人員會根據他們對實際發生情況所掌握到的最新資訊來選擇最適當的流程。這正是為什麼他們稱此模式為「把穩方向」的模式。

在模式 3 的機構中，日子遠不如模式 2 機構那般的一成不變，程式設計師對他們的工作通常也比較滿意。他們對於模式 1 的程式設計

師經常會顯露出鄙視的態度，因為後者不懂得珍惜在管理良善的環境中工作所得到的好處。

韓福瑞說，模式3的機構已將過程定義為可達到穩定之工作表現與增進對工作之了解的基礎。他還加了一項重要的觀察結果，那就是可有效地將先進技術引進到此模式中，但更早的模式卻無法辦到。在模式3，工具不但真正在使用，而且使用的效果很好。

2.7　模式 4：防範未然型

在最近一次座談會的演說中，韓福瑞提供了從美國國防機構和軟體承包商[18] 所蒐集來的資料，韓福瑞對這些單位的軟體過程都做過評估。韓福瑞與他在軟體工程學會的同僚發現，有85%的專案處於軟體成熟度的最低等級；有14%處於第2級；1%處於第3級。他們尚未看到有任何的專案處於第4或第5級。

我自己的經驗也大致相同。我曾看過許多的專案，或是專案的一部分，號稱擁有韓福瑞的第4級所需的元素，當然並非整個機構都達到這樣的水準。因此，我說的第4級（或模式4）只是部分的滿足要求，或是由間接的知識或理論而來。

根據克勞斯比的說法，模式4經理與模式3經理兩者相類似，不同之處在於前者在機構中有較高的地位，並且對品質管理的相關事宜了解的程度較高。對於不穩定的工作結果，模式4的機構不止是事後補救，還能預先研判其發生的可能性，並在事發前即採取防範的行動。

根據韓福瑞將克勞斯比的想法以外插的方式應用到軟體業所得的結果，模式4的經理人員有一套程序，而這套程序是他們充分了解且一致遵循的。此外，該機構對於流程已進行全面的評量與分析。這是

個別專案開始在品質上得到重大改善的時刻。

2.8 模式 5：全面關照型

克勞斯比認為，在模式 5 的環境下，品質管理的工作會移到機構中職位最高者或工作表現最佳者的身上。經理人員視追求高品質的管理工作為公司制度中最重要的一環，比方說，在美國運通卡公司，該公司的總裁（CEO）自稱是最高品質主管（Chief Quality Officer）。[19]

韓福瑞預言說，第 5 級的機構對程序會去了解並遵守，且每一個人隨時都會參與改善程序的工作。這麼一來為該機構的過程奠定了持續改善與達到最佳化的基礎。

2.9 心得與建議

1. 判斷一個機構的模式時，有時很容易被誤導。舉例而言，模式 1 機構幾乎少有重大經費超支的問題，這會使人誤認為他們是個模式 3 的機構。然而，他們的經費不會超支的原因在於經費超支通常與管理不善有關，而在模式 1 的環境中，基本上是完全不做管理的工作。因此，沒有任何人有權力做出像回力棒一樣有傷及自己之虞的行為而使得專案陷入經費超支的困境。

2. 當一個模式 2 機構一切進展順利時，很容易會讓人誤認為是一個模式 3 的機構。唯有從在不利環境下所做的反應方能明顯看出其間的差別。兩者皆會利用事先規劃好的程序，但唯有模式 3 的人才知道該如何針對與原定計畫間的差異做出有效的回應。

2.10 摘要

✓ 菲力普‧克勞斯比在《*Quality Is Free*》書中所提出的想法可應用於軟體業，雖然有必要做一些修正。

✓ 對軟體業而言，符合需求並不足以定義品質，因為軟體的需求無法如製造業的需求那般確定。

✓ 我們在軟體業的經驗告訴我們，在絕大多數的軟體專案中，講求零缺點是不切實際的，因為隨著缺點越來越少，所能帶來的邊際價值也會遞減。此外，一旦其他的錯誤皆消除後，需求上的瑕疵往往就變成主角。

✓ 對照於克勞斯比的主張，軟體有品質經濟學的問題。我們要追求的並不是完美，而是價值，除非我們自己有力求完美的心理需求，即使沒有價值上的正當性亦在所不惜。

✓ 任何一種軟體的文化模式都有成功的可能，只要遇到了對的顧客。

✓ 對次文化模式來說，成熟度不是一個恰當的形容詞，因為當它引申不出別的意思的時候，就只有較為優越之意。

✓ 我們至少可找出六種軟體的次文化模式：

- 模式 0：渾然不知
- 模式 1：變化無常
- 模式 2：照章行事
- 模式 3：把穩方向
- 模式 4：防範未然
- 模式 5：全面關照

✓　幾乎觀察不到有模式4與模式5的存在，因為所有的軟體機構幾乎全都落在其他四種模式之中。

✓　在本書中，我們將會把大部分的篇幅放在模式1到模式3之上，以及如何保持在一個令人滿意的模式上、或移到一個更令人滿意的模式上。

2.11　練習

1.　要記得這樣的忠告：如果你目前生產與維護軟體的方式令顧客非常滿意，就不要著手於改變它；要著手於維護它。如果你的顧客都很高興，試圖改變會是一種愚蠢的行為。

　　然而，若要此金玉良言能言之成理，你需要有辦法知道你目前生產與維護軟體所用的方法是否能令顧客非常滿意。試描述一個機構如何能夠如實地得知此事。試描述你的機構如何能夠十拿九穩地做到這一點。

2.　如果你無法保持你所生產的產品的穩定性，你又如何知道你是否能夠保持你的過程的穩定性？反之亦然。（試詳述之。）

3.　「等級」一詞也可用以取代克勞斯比所稱的「成熟度階段」。試討論用「等級」一詞來形容次文化模式的優缺點。

4.　品質即為使用者帶來的價值。試討論在經理人員與開發人員同時也是某軟體系統使用者的情況下，他們會採取比自掏腰包付錢的使用者更高或是不同的品質標準。還有試討論，若是讓他們為一個他們認為對品質的要求甚低的專案而工作，會令他們甚感不悅的情況，即使那樣的品質標準對客戶而言已算是夠好了。

3
怎樣才能改變模式？

一夥程式設計師正在啟奏當今聖上。「今年有何偉大的成就嗎？」皇上問道。

程式設計師們私下討論了一會兒，然後回話說，「比起去年，我們今年多修正了 50% 的 bug。」

皇上滿臉困惑地看著他們。顯然他並不知道「bug」是什麼。他低聲與宰相商量了一會兒，然後轉向這些程式設計師，面露慍色。「你們犯了品質管制不良之罪。明年起不得再有任何的 bug！」他當庭宣下這道聖旨。

當然啦，明年當這夥程式設計師再度向皇上奏報時，就完全不提 bug 的事了。

——詹姆士（*Geoffrey James*）[1]

對於那些深信呼名大法的皇帝來說，擺出一副要把模式改變過來的樣子是件輕而易舉的事。然而，你若想藉此法讓你的軟體文化有真正的改變，會被你騙過的人就只有你自己。不幸的是，你若身陷於某種次文化之中，你也會落入它的思維模式——總是想要讓那種

文化維持不變的一種慣性思維，而不是去改變它。

3.1 思維模式的改變

作為顧問的我們發現，想要將機構按照模式來分類，最快速又準確的
方法就是從他們思考和溝通的方式來下手。

3.1.1 在不同模式中的思維與溝通

渾然不知型（模式 0）。個人主義是核心。眾人只知是在寫程式，
而不知道他們在做程式設計的工作，並會斷然否認他們正在做程式設
計的工作。

變化無常型（模式 1）。情緒和神鬼之說主宰一切。眾人的用詞毫
無一致性，而且他們似乎不知如何計數。從模式 1 機構的修復報告中
經常可見到如下的一段話：「根據最新的消息來源研判這個做法很有
效……自這個版本發行以來，我已經針對應用程式碼改正了幾個
bug，並做了多處的改變，因此我相信這些做法把 bug 的問題解決
了。」用更準確的話來說，這段話的意思是：「我施展了許多的法
術，因此我把魔鬼趕走了。」

要認清這套思維模式的實際作為，就要去看問題是如何被處理
的。凡事都是消極被動且靠個人單打獨鬥，對於問題的定義太過草
率，而根據這樣的定義所產生的解決方案當然是漏洞百出。就像無頭
蒼蠅般，空有許多的動作，卻得不到多少實質的結果。

照章行事型（模式 2）。推理的方式大多是透過極端不嚴謹的用詞
而顯得粗糙，即便已開始使用一些常見且相當有用的名詞定義。會利
用統計的技術，但幾乎總是誤用或誤解了原意。有一個經理解釋說，

開發小組未能開始花更多的時間在需求和設計上的原因是「我們花了65％的時間在除錯（debug）工作上。」

在模式2的環境中，對於一件自認已經知道的事有多少的把握，無法給個合理的說明。比方說，經理人員並不知道比別人好上20倍（20:1）的程式設計師是哪些人，但是他們卻自以為知道。

另一個主要的思維模式即直線式的推理── A造成B。這種單一成因、單一結果的邏輯能夠運作無誤的唯一條件，就是凡事皆能保持一成不變。然而，如此過度簡化的思維方式所得到的結論經常與事實相反。通常當有不尋常的事發生時，就會出現這樣的現象，比方說，專案延誤了（其實這種事在模式2不能算不尋常，不過，大家都誤以為這是件不尋常的事而大驚小怪）。

問題獲得解決的情況比模式1也好不到哪裏。或許會派較多的人去應付重大的問題，因此在統計數字上顯示問題有較大的機會可獲得合理的解決。然而，只有偏短期的解決方案才會被採納，而這麼做往往對長期有負面的效果。

把穩方向型（模式3）。大家會使用準確的詞彙。他們在推理時也會利用圖表，而不侷限於直線式的思考方式。很少會遭到上司的責備，因此大家比較不怕坦然去面對問題。他們經常去考量所提的解決方案是否有什麼副作用。結果是，他們對緊急狀況會處理得更好，並且會試圖以更主動積極的態度來防止緊急狀況的發生。

模式3的人可能會花許多的時間為評量的數字而爭論，不過，他們還無法從他們在評量上所投注的大量心血得到太多真正的好處。偶爾，他們因所得到的評量結果是無意義的或是與事實相反的，而有可能替自己惹來麻煩。舉例而言，他們所用的過程還不足以穩定到可讓他們的評量數字具有實質的意義。

　　防範未然型（模式4）。目前機構已經達到過程和評量值上的穩定性，以及他們談論事情的方式上的穩定性。或許有危機發生仍會使他們驚慌失措，但是某個有如簧之舌的經理或顧客不再能夠哄誘、強迫、或訛詐他們，讓他們不循正軌來做事。

　　模式4的人習慣用未來的眼光做思考，會自問「採取這樣的行動會帶來什麼樣的效果呢？」因此，他們真正遇到的危機都不會是由於自己在管理上的做法不當所引發。

　　全面關照型（模式5）。據推測，屬於此模式的機構成員的一言一行都會具有合乎科學的精確度。想要觀察他們以怎樣的風格來解決問題不是一件容易的事，因為此類的機構會在問題發生前即防止了絕大多數的問題。

3.1.2 利用模型來改變思維模式

我寫這本書旨在幫助軟體的經理人員從某一模式轉變成另一個模式，尤其是從模式1或模式2轉變到模式3。為了促成這樣的轉變——甚至是確保你能保有你目前的模式——你必得從思考的品質上下手。經由對思考品質的研究，你可以判斷你的機構屬於哪一種模式，而經由想像思考是怎麼一回事，你可以想像你想要走向何方。切記：

　　當思考的方式改變，機構也會改變，反之亦然。

在本卷中，我將會說明每一次文化中的成員是如何利用模型——公開的或心照不宣的——來導引他們的思考方向。在所有等級的次文化中，模式都可以滿足清楚、正確溝通之所需。利用彼此心照不宣的模型是與人交談的另一種方式，可彌補以文字為溝通工具的不足之處，使溝通變得更生動、更活潑、而且可能是比較非線性的。

3.1.3　模型要有多精確？

在開發工作的某些高等的階段——相當於韓福瑞的成熟度第4及第5
等級——經理人員有能力利用這些動態的模型，先是去模擬機構的現
況，然後再替機構的未來做規劃。這些模擬的結果可用來預測專案的
可能結果，並以不同的策略來玩玩「如果……怎麼辦」的遊戲，為的
是求得軟體開發過程的最佳化。我原本的計畫是以這類精確的模擬做
為本書的主要內容；但是，在本書寫作的過程中，我發現模式1與模
式2的機構缺乏一個穩定的基礎，先要有這樣的基礎才能夠建構出這
類模擬的結果。因此，我決定把這個工作留給別人，轉而集中精神在
朝模式3邁進時要克服的那些實際的問題上。

　　在預想模式4及模式5的機構開始大量出現的日子是怎樣的光景
時，研究者已開始探索如何方能找出更為精確的模擬方式。舉例來
說，在我將本書的初稿交給出版社之後，我在蒙特瑞軟體研討會
（Monterey Software Conference）上遇到了阿布德哈密（Tarek Abdel-
Hamid），並發現他與我多年來研究的路線雖然不同但卻能互補。[2] 他
是從頂端開始下手——如何建立軟體專案的模型以符合韓福瑞較高等
級的成熟度。[3]

　　在另一方面，我則從底層開始下手——如何讓專案達到足夠穩定
的狀態，以期讓阿布德哈密較為精確的模型可以發揮更大的功用。我
所有客戶的開發流程無一能達到充分穩定的要求，更別談有充分精確
的數據，因而還無法模擬精確的預估與控制。這是為什麼在本書中的
模型都只探求大略的動態效應，如果你的目的是想要使自己的開發過
程能夠穩定下來，那麼你就必須對這些效應有所了解。

3.1.4 *模型可以為你做什麼*

為了有助於轉變成為另一模式，模型在幫助你與他人溝通上可提供許多方面的援助。首先，你可以及早發現你的想法與模型有何不同之處，以免因這樣的不同給專案帶來不良的後果。其次，可利用一種公開的媒介與大家一起研究出新的想法，並透過了解專案為何要採用不同的工作方法背後的理由，以有助於團隊建立的工作，這是一個成功的專案所不可或缺的。

　　其三，有了模型及幾張專案動態學的草圖，專案的新進人員可以提早開始有生產力。否則的話，在專案的過程中，雖有大量的溝通在進行，卻少有紀錄留下來，這會使得新進人員難以進入狀況。

　　其四，你所繪製的效應圖可提供紀錄，讓你能利用它來將你認為會發生的與實際上發生的兩者間的差異做比較。這樣的做法讓你在改善所用模型的工作上有個起點，然後你才能在下個專案中改善你所用的過程。最後，動態學模型讓你有一套威力強大的工具而變得更有創意，並能保持這樣的優勢。雖然你可不斷地改善你所用的過程，但軟體專案的控制工作絕不是一成不變的工作，你永遠都需要許多充滿創意的解決方案。

3.2 利用模型以選出較佳的模式

為了讓你所屬的機構可從某一模式轉變成另一模式，首先，你必須明訂這兩種模式是怎麼回事（你現在在哪裏，以及你打算往哪裏去）。然後，你需要為這兩個模式建立一般的模型，因為這些模型可提供你一條途徑來決定哪一種模式是比較合適的。例如，有一次我帶著一位

客戶去拜訪另一客戶，以觀摩學習做主人的是如何來馴服軟體的問題。「哦，真希望我們也能做得這麼好，」客人說。對此主人的回答是，「不過，這個做法爛透了。我們的當務之急是扔掉這個做法，並找出真正的好方法。」

3.2.1 你目前的模式夠好嗎？

在前一章中對於各種模式所做的描述，目的在於幫你判斷你目前處於哪一個模式。然後你必須判斷該模式是好是壞。下面的這個案例可幫助你建立一個有助於做此判斷的模型。

案例研究 A

紫山軟體公司已賣出 10,000 套的紫色問題預警器（Purple Problem Predictor,簡稱為3P），每套的售價是400美元。舊版的產品仍在銷售中，而公司目前收入的主要來源是靠販售新版的3P。不幸的是，新版產品的售後支援工作所費不貲，而公司絕大部分的開銷也都花在處理新版3P的客戶服務上（接電話以及拜訪大客戶）。預估每一版本售後服務的成本是每一顧客約需10美元。

　　一個新的版本正在籌劃當中。紫山公司認為，若能投資50,000美元於改變最新版本所採用的開發模式，將可減少產品錯誤及問題的數量，使得售後服務的成本可降到每一顧客約8美元。雖然紫山公司知道該如何去改變其開發模式，但公司卻不願去做，原因在於這最多也只能省下20,000美元（2美元×10,000個顧客，如果所有的顧客都肯升級的話）。

簡言之，紫山公司知道該如何以更好的方法來開發其最新的版本，然

而，在現有的經濟考量下，公司沒有理由要採用這樣的方法。

3.2.2 機構要求的難度

純經濟上的考量並不是決定是否需要改變軟體開發模式的唯一因素，經理人員在做決定時並不是基於純經濟的考量，而是基於經濟模型的考量，詳情如下：

案例研究 A（續）

紫山公司是否要改變其開發模式的另一重障礙，來自其內部的成本會計制度。改變開發模式所需的經費皆需由開發經理編列預算來支應，但所節省下來的經費卻是反映在服務經理的預算上。為了使這類跨部門的改變得以遂行，需要得到高階管理階層的諒解與同意，但沒有任何人膽敢去驚動高階管理階層。

管理階層的技術模型也會以其他方式來影響到模式的選擇。且看下面的案例：

案例研究 B

假設依照紫山公司目前的技術水準來評估，引進技術以轉變為新的開發模式所需的經費可能僅區區 10,000 美元，而非 50,000 美元。那麼，若模式改變後能節省 20,000 美元的售後服務成本，這就是個賺錢的買賣，這足以證明提升了開發技術的水準後會對選擇開發模式的決定有重大的影響。

案例研究 B 讓我們開始認識到：為什麼一個模式就是一組彼此有密切關係之特質的集合。在現有的經濟條件下，引進一項新技術的成本唯

有低於某一門檻時才會吸引我們。因此，經濟條件相近的兩個機構，其開發模式往往也將漸趨相同，但唯有當兩者皆能獲得充分的資訊時，才會有這樣的結果。世上沒有任何人敢去採用一項他或她一無所知的技術。

3.2.3 *顧客的要求*

還有哪些其他的因素會讓紫山的經理人員改變心意呢？且看兩個有些許不同的案例：

案例研究C

假設紫山的顧客當中有100,000個打算購買升級版。若對每一顧客可省下2美元，則總計可省下200,000美元，此一金額遠大於50,000美元的預估經費。在此情況下，為改變模式的所有花費都是值得的，儘管成本會計的問題仍然會妨礙改變的推動。

案例研究D

叫修服務不是只有紫山公司才有的一項成本支出。如果顧客將較少的叫修服務視為產品具有較高的品質，那麼他們或許願意增加對3P的採購，或是向朋友推薦此一產品。若是此一額外的附加價值可使3P增加1,000份的銷售量，那麼營業額上所增加的400,000美元（1,000 × $400每份產品）可提供充分的理由在改變模式上做50,000美元的投資，以改善最新版產品的品質。但是，管理階層懂得計算這些數字嗎？或是，管理階層看不看得出品質與銷量之間的關係？

顯然，對於該選擇何種模式來進行3P產品的開發工作，紫山的顧客有
很大的影響力，但前提還是該公司管理人員的感覺要敏銳到足以了解
顧客的想法是什麼。如果管理人員的感覺不夠敏銳，那麼影響他們選
擇何種開發模式的因素中，機構的現實面會超越顧客的要求。

3.2.4　問題的要求

還有哪些因素會改變紫山的決定呢？來看看下面這些稍許不同的案例：

> **案例研究E**
>
> 假設紫山有另一個產品——簡易持久整流器（Easy Everlasting
> Eliminator，簡稱3E）。紫山預計以每套4,000美元的售價可賣出
> 10,000套的3E產品。紫山必須達到這40,000,000美元的營收才有
> 利潤，但不幸的是，3E產品比3P要複雜許多。以公司目前所用
> 的模式來開發，紫山估計其開發成本將在10,000,000美元之譜，
> 且只有四分之一的機會可成功開發出一個顧客願意接受的產品。

顯然，紫山期望能夠切入3E的市場，只有兩條路可走：不是把市場
的規模擴大，就是採用另一全新的開發模式。如想擴大市場規模，就
得增加3E的功能特色，但這麼一來，除非能採用更有效的開發模
式，否則結果若不是增加開發的成本，就是降低開發成功的機會。

3.2.5　在模式的空間中選取一個點

圖3-1充分表現出從這五個案例研究中所得之教訓的要義。機構如果
擁有見多識廣、手段高明的管理階層，就會根據兩項因素來決定其軟
體的文化模式：

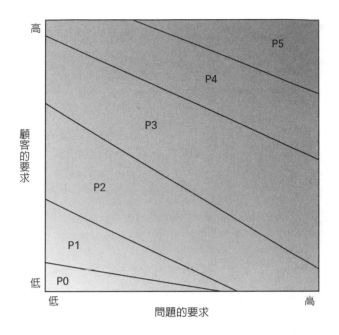

圖 3-1　由於顧客要求的改變、問題要求的改變、或是兩者同時而來的壓力，
　　　　機構可能被迫要移往另一個模式。

1.　公司顧客（或潛在顧客）的要求
2.　公司所欲解決之問題的要求

為回應這些要求，機構不必然需要做何改變。有些時候，機構可藉由
犧牲顧客的要求來滿足問題的要求，或者反向進行，以固守原有之模
式。

案例研究 F

假設紫山想要擴充 3P 的功能，但後來發現開發出來的擴充版無可
避免地會增加叫修服務的次數。其實，可採取如下的行動以放寬

顧客的要求條件：

- 降低 3P 的售價，因而有擴大市場佔有率的可能

- 降低服務的水準，比方說，收取叫修費用

圖 3-2 顯示，在模式空間中移到不同的點之後所達成的效果。若是成功地改變所處的位置，這樣的決定可讓讓紫山公司得以保持其傳統的開發模式。當然，紫山若是有強力的競爭者，降低產品的售價不一定可以擴大市場的佔有率，反倒是降低服務水準卻有可能讓顧客快速地棄你而去。

茲再提供一例，由另一個角度來做權衡取捨：

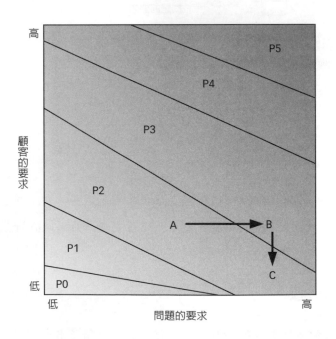

圖 3-2　藉著降低顧客要求的難度（C），一個機構可以維持其模式（如 P2 中之 A），以回應問題要求之難度升高的壓力（B）。

案例研究G

假設紫山企圖擴展3P產品的市場，卻發現公司無法以較低的成本來生產新型的3P產品，這會使產品喪失售價上的優勢。其實，公司可採取下列的措施，以放寬問題的要求條件：

- 外包給其他的軟體公司來開發新型產品
- 刪除需求中那些難以實現的功能

如果事後證明這樣的決定是對的，則紫山可維持其原有的開發模式（見圖3-3）。當然，公司所選擇的那家軟體公司在開發3P的能力上或

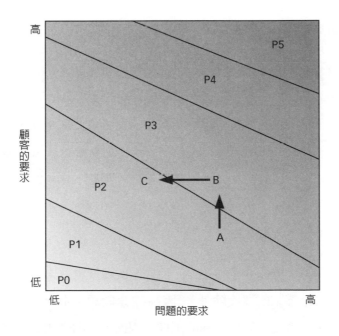

圖3-3 藉著減少問題要求的難度，一個機構可以維持其模式（如P2中之A）以回應增加的顧客要求。

許還不如紫山，此外，產品的功能若是不如競爭對手的產品，顧客也不會上門。

3.2.6 停滯的誘惑

最後，若有下列的情況，一個開發機構或許可長期維持其現有的模式：

1. 顧客的要求不多
2. 問題的困難度不會日益增加
3. 沒有競爭者提供顧客其他的選擇

例如：

案例研究H

假設紫山推出了3P最新的4.0版。該版的狀況連連，因此四個月之後又推出修訂的版本。有些功能特色因進度落後，未能趕在4.0版上推出，因而延後加在修訂版中，使得修訂版反而更有賣點。開發部門建議稱此版為3P 4.01，並可免費贈送給3P 4.0版的買主。行銷部門否決了這個想法，並更名為3P 5.0，售價標成45美元。紫山賣出了10,000份，總共賺到450,000美元，以做為先前開發工作不力的獎勵。

顯然，紫山顧客群的要求並不高，而問題的難度也並未日益增加（公司內部給自己帶來的難度除外）。因為3P是該類型中唯一的產品，尚無其他的競爭者提供客戶其他的選擇，因此，紫山毫無改善其軟體開發方式的誘因。的確，紫山反而有一個明確的誘因想要變得更糟，如

此客戶才會為每一個新的修訂版而感激莫名。

在道德上，或許你不贊成將紫山公司變成一個管制較為鬆散的軟體開發機構這樣的決策。我當然也不贊成，但是你不得不接受如下的事實：這種不求長進的心理是永遠都揮之不去的。若是少了外界的要求，軟體機構鮮少有出於純道德的動機而改變其開發的實務做法。長遠來看，品質或許可以是免費的，但就短期而言，成本的考量永遠都是改革工作最大的障礙。

再看另一個軟體產品的案例：

案例研究 I

雲市軟體公司有一個產品在市場上的佔有率居絕對優勢的地位（90%）。人們購買該產品的主因是，大家都知道這個名字，而人人都想與他們的同事相容，因為同事們都已購買此一產品。在一個討論主題是如何改善該公司軟體開發過程的會議上，行銷副總竟然說：「我們已擁有軟體業中佔主導地位的產品。我們為什麼還要去做任何的改變？」他的論點當場獲無異議通過。

在業務上欠缺要「跳越危機」的明確理由，雲市縱容其開發的實務做法可以原地踏步，甚至是某種程度的墮落。一旦有一個難纏的競爭對手出現，該行銷副總會突然要求公司的軟體開發過程要有所改善。受到了這樣的刺激，雲市公司將大量的盈餘資金挹注在這類的活動上，但是在它整頓其開發體質的兩年半當中，競爭對手搶走了47%的市場。在一個競爭激烈的產業中，短期的停滯將導致長期的沒落。

3.3 讓模式能夠接納新資訊

雲市軟體公司之所以不易為其開發過程注入新活力，問題在於文化是
有自主能力的一種模式，具有巨大的抗拒改變的力量。那股抗拒的力
量大多來自思考模式，而思考模式的本身往往會排斥自我文化之外的
新觀念。

3.3.1 循環式的論證

讓一個文化自絕於資訊之外的主要機制，就是循環式的論證。例如，
試看美國文化的歷史上一些最具代表性的實例：

✓   女人跑馬拉松沒有不讓自己受傷的。

    因此，為了她們自己好，不能讓女人跑馬拉松。

    因此，永遠不會發現女人有能力做好什麼事。

✓   一個族群的部分成員沒有能力學太多的東西。

    因此，不必浪費錢為他們設立學校。

    因此，永遠不會發現他們有能力學會什麼。

這種循環的論點在軟體業中每天都在重複。這種論證方式可保證經理
人員絕對不會去問其他的模式能夠為他們的機構做什麼。多年前，我
幫某一機構從模式2轉變成模式3。這樣的轉變是必要的，因為他們
生產的電話設備必須能夠用上四十年，而當機的時間不得超過一個小
時！他們在達成此一目標的工作上做得非常成功，以致開發部門的經
理還為其部門所用的過程發表了一篇詳盡的報告。[4] 能夠拿到這份書
面的報告讓我極為開心，因為我希望能夠以它為準則，供其他機構從

事類似的轉換工作時參考。

　　當我第一次把這篇文章拿給一位模式2的經理（在一家飲料配銷公司）看時，他立刻斷言，「那套做法在這兒絕對行不通。」

　　「為什麼會行不通，」我問道。「這應該是一件很簡單的事才對。說實話，他們所遇到的問題比你們要困難多了。」

　　「他們的問題不可能比我們的難。」

　　「為什麼呢？你們甚至沒用到線上系統，更別說要能即時回應的系統了。」

　　「即使是這樣，他們的問題還是不可能比我們的困難，因為我們從未能在我們的問題上有那麼好的表現。」

3.3.2 典型的軟體循環式論證

假如你認為他的反應只是一個特例，那麼我要告訴你，我想要以同樣的方式來利用那篇文章，總共又試了三次。每一次，我都得到相同的反應。我並不是個大笨蛋，於是我不再用那篇文章，而試著另謀他圖以破解這種典型的軟體循環：

✓　我們已竭盡所能把軟體開發的工作做到最好。
　　因此別人若是做得比我們好，必然是因為他們的問題比較容易。
　　因此，我們永遠不會發現別人在軟體開發的工作上能夠做什麼。

就是這樣的循環將外界的資訊拒於門外，而如下的例子可資證明：

✓　顧問是軟體開發不良實務做法的媒介。
　　因此，要讓顧問與其他的開發人員隔離開來。
　　因此，永遠不會發現其他顧問具有哪些軟體開發的知識。

他們也會讓機構變成不受內部資訊影響的狀態：

✓　我們的大英雄是無懈可擊的。

因此，一個專案若不幸失敗了，那必定是外人的錯。

因此，永遠不會去尋找我們的大英雄在哪些做法上或許會犯錯。

所謂外人通常即軟體的使用者、維護人員、操作人員、或是顧問。隨著模式之不同而會有不同的大英雄出現。在模式0，那就是使用者本人；在模式1，是程式設計師；在模式2，又變成了經理人員。

✓　我們的大英雄比任何人更知道該如何建造（build）軟體。

因此，我們若是必須去研究建造軟體的不同方法，這件任務要交付給大英雄。

因此，永遠不會發現新的軟體開發方法（那些我們的大英雄所不知道的）。

3.3.3　破除循環式推論的關鍵

這些與文化有關的錯誤觀念要加以反駁都不太容易，即使你使盡全力也需花費一段很長的時間來累積反駁的證據。要破除這些循環式的論證，只要提出一個最關鍵的問題：

你們的成功率還可以嗎？

非常不幸，身處於最需要問自己這個問題的模式（模式0，1，2）之中的那些機構，通常不會留下其成功率紀錄。對於專案所遇到的失敗以及因失敗而造成的損失，他們也不會留下任何的細節。正如賓姆（Boehm）的觀察：

為管理工作的品質狀況建立一套定義明確的生產力範圍，至今仍然沒有這方面的研究。造成此一結果的原因是，管理不善的專案很少會去收集與他們的經驗有關的任何資料。[5]

「讓文化能接近資訊」意味著，要打破一個文化模式的第一步是使之能接納資訊。丹妮與我在我們的顧問生涯中會運用各種的技巧以啟動資訊的流通：

1. 建立一套技術審查的系統，以便眾人皆能認清在他們的產品內部真正發生了什麼事。
2. 派遣幾位具影響力的人去參加一些公開的研討會，他們可以從那裏知道別人在面對面的互動上是怎麼做的，要否認親眼所見的比起否認文章中所談的想法會困難許多。
3. 向高階的管理階層提出如下的科學性問題：「你如何能一眼就看出失敗（或品質不良）？」一旦我們取得他們自己的定義，我們會拿出實例來一一以其定義來驗證。

3.3.4 培養信任感

當然，為能做到上述的任一事項，你必須先培養出某種程度的信任關係；否則的話，任何失敗的蛛絲馬跡都會被用來當作評判人或處罰人的理由。自模式 0 至模式 2 都是權力型的階級組織，其基礎是建立在對人的不信任之上：

- 模式 0。除了自己之外我們不信任任何人。
- 模式 1。我們不信任所有的經理人員。
- 模式 2。我們不信任所有的程式設計師。

然而，自模式3至模式5則是信任型的階級組織，這是為什麼他們能夠自我改善。模式的數字愈高並不表示成熟度的增加，但的確表示是由較封閉的系統邁向較開放的系統：

- 模式0的開放程度取決於個人的開放程度。
- 模式1對於資訊在開發人員與使用者之間的交換採取開放的態度。
- 模式2對於資訊由經理傳遞給開發人員與使用者採取開放的態度。
- 模式3對於與產品相關的各類資訊皆採取開放的態度。
- 模式4對於與過程相關的各類資訊皆採取開放的態度。
- 模式5對於與文化相關的各類資訊皆採取開放的態度。

能否成功轉換至較為開放的模式，端賴能否營造出你可信任的次級系統。為什麼信任能夠奏效？具備信任次級系統的能力可使完成某件工作所需的溝通量大為減少，因為查核工作可大幅減少。

既然信任可減少對於資料的需求，資料流通量的增加就變成一個開發機構已陷入困境的明顯特徵。這樣的機構什麼資訊都不缺，就是缺了可用以對付當前危機的資訊：

✓ 我們陷入了大麻煩之中（因為我們對於如何方能打造出好的軟體所知仍有不足）。
　因此，我們抽不出時間來學習如何開發軟體。
　因此，我們永遠學不會如何在下一次避免陷入大麻煩之中。

閣下若是還抽得出時間來閱讀本書，足證你尚未陷入此種的惡性循環（這是所有惡性循環中惡性最為嚴重的一個）之中。

3.4 心得與建議

1. 欲引進改變時最大的障礙即是由往日的成功所造成的惰性。惰性一如物理學上的質量。我們由往日延續而來的成功愈多，則我們往日的優點愈可能會變成我們今日的缺點。例如：

   - 可重複使用的程式碼雖能夠改善生產力，但也可能會阻斷解決方法的改善。
   - 程式碼的數量龐大雖可展示我們所提供的服務有很高的價值，但可能會難以維護。
   - 由大量經驗演變而成的實務做法可能會失之於僵化，使得新的做法失去一展身手的機會。
   - 人們對特定想法的態度可能會受到往日經驗的影響，而那些經驗是在稍微不大相同的環境中所產生的。

2. 不論你想要企及的模式為何，我們都必須完成三件事。在任何文化之下都必須完成這三件事，正如你可由研讀聖經或任何指導如何生活的宗教性書籍來得到印證。

   - 現在：今天要辛勤工作；不可退卻。（「我們日用的飲食，今日賜給我們。」）
   - 過去：維持昨日打下的基礎；不可忘卻你所知道的。（「尊敬你的父母。」）
   - 未來：建造下一個模式以指引改變的過程。（「在神不顯現異象的地方，人會開始敗壞。」）

   這六種軟體的次文化都會試圖維持其過去與現在，但是當你到達

了更高的模式之後，這樣的努力會變得更加困難，以致未來便被忽略掉了。

3. 由一個模式移動至另一模式必須做哪些事，亦取決於你所採取的移動是哪一種。在此僅提供每一種移動所需要特別加以學習的大致內容，以及可由何處學到這些東西：

- 模式0至1：謙虛，由接觸並了解其他人是怎麼做事而產生。
- 模式1至2：能力，由技術上的訓練與經驗而產生。
- 模式2至3：穩定性，由高品質的軟體管理工作而產生。
- 模式3至4：靈活性，由工具與技術而產生。
- 模式4至5：適應力，由人類的發展而產生。

3.5 摘要

✓ 每一模式皆有其獨特的思考與溝通方法。

✓ 要改變一個模式最根本的元素即改變已成為該模式特點的思考模式。

✓ 思考模式由各種模型所組成，而新的模型可用以改變思考模式。

✓ 在模式0到2這些較不穩定的模式中，模型不必很準確，只要具說服力即可。誠然，若不能先建立穩定性，即使有準確的模型也不具任何意義。

✓ 模型有助於：

- 找出思考方式的不同之處，在這些不同會造成不良的後果之前。

- 以集體的方式來構思新的想法，可加速團隊的建立。

- 專案中各種的實務做法都要了解其成因。

- 要記錄下溝通的結果，以便加入專案的新人可迅速發揮生產力。

- 可在下一專案用以改善過程的紀錄皆應予以保留。

- 要發揮創意，因為專案絕不會是一成不變的。

✓ 在你打算選擇一個更好的模式前，一定先要自問，「我們現在的模式夠好嗎？」

✓ 你應該選擇哪一個模式，是在機構的要求、顧客的要求、以及問題的要求三者間做權衡取捨後而定。這些權衡取捨的結果可以模式空間中所選取的一個點為代表。

✓ 對 個軟體機構而言，總是存在著停滯不前的誘惑，使之不願選擇一個新的模式，反之，卻設法要降低顧客要求的難度或問題要求的難度。

✓ 判斷一個新模式是否必要的過程會受到循環式論證的妨礙，使得機構排斥其所需的資訊。

✓ 要破解循環式推論的關鍵就是詢問，「你的成功率還可以嗎？」然而，循環式推論往往會使得連提出這個問題的勇氣都沒有。

✓ 缺乏信任往往會使此一關鍵問題得不到真實的答案，因此機構若想要有所改變，通常是以可培養信任關係的行動為開端。

3.6 練習

1. 回想一個與此一想法有關的老問題：「如果你現在生產及維護軟

體所用的方法令人大為滿意，那麼就不需浪費力氣去改變它；好好維護它即可。如果你的顧客很快樂，改變就是件愚蠢的事。」試描述貴機構所採用的循環中有哪些會有礙你們得知「你現在生產及維護軟體所用的方法是否能令人大為滿意」。

2. 貴機構用了哪些方法來降低顧客要求的難度？用了哪些方法來降低問題要求的難度？

3. 惡性循環並不侷限於資訊上。當因果關係的循環模式不斷強化目前的狀態，會產生鎖定的現象，否則會呈隨機的分布。例如，一個國家會鎖定道路的某一邊為「正確的」駕駛路線。英國鎖定在左邊，而法國則鎖定在右邊。在英國你若把車開到右邊去，所造成的後果很快即可說服你要遵守當地鎖定的開車習慣。換句話說，當你試圖做改變的時候，往往會激起抗拒改變的力量。

生活中有許多鎖定的例子，在在都會使一個軟體機構停留在目前的模式中。在本書中，當我們培養出可為這些例子建立模型並加以分析的技巧後，我們將會對許多這樣的例子詳加探討。在你繼續讀下去之前，請試試在你自己的機構模式中找出一些鎖定的現象，以及讓它們地位穩如泰山的是哪些力量。

第二部
管理的模式

軟體文化的模式不是隨便產生的。這些模式是來自軟體本身的天性與人類的天性間的交互作用。它們更是來自人類想要控制軟體過程所做的努力。

在接下來的幾章中,我們將會看到每一模式是如何由某一特定之人類行為模型而生成,而這些模型是用以描述如何讓過程受到控制。我們將會學習如何去描述這些模型,並分析其所產生的結果,尤其是分析其極易陷入的不穩定狀態有哪些。然後,我們要揭露幾種軟體機構中最常見的不穩定現象——它們是如何在運作,以及會產生怎樣的結果。

最後,我們將研究當經理人員試圖降低不穩定現象時,會使用哪些類型的控制行動,這包括可導致成功的行動,也包括會使情況更加惡化的行動。

4

管理用的控制模式

不做錯事，就不會有進步。

—— *Frank Zappa*

到目前為止可以明顯看出，本書是一本談如何自助的書。對於你所用的軟體開發及維護的模式，你若是不完全滿意，或你認為若是能換個模式會有更好的結果，那麼，本書就很適合你。例如，你可能落在圖 4-1 的 A 點上，且想要解決一些較為困難的問題（B點）；或許你是首度嘗試要架設一個網路。或者，你可能落在 D 點上，而必須減少專案失敗的次數（E點）；或許你正要把軟體燒錄到 ROM 上。或者，你可能落在 F 點上，而所面臨的問題難度與顧客要求日益增加（G點）。

或者，對於你目前的所在位置（S）你若確實很滿意，本書也能告訴你如何在災難迫在眉睫的情況下，仍能保持你的滿意。不論如何，你與「控制」脫不了關係，而本章就在談論每一種模式是如何展現其獨特的控制模式。

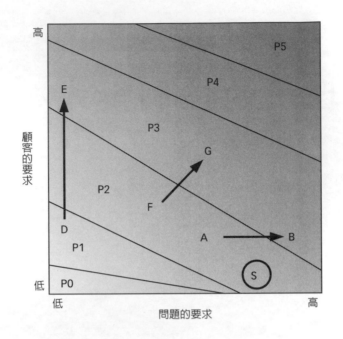

圖4-1　本書是有關如何從一個模式移動到另一模式（A到B，D到E，F到
　　　　G），或者，是有關如何確保你安處目前的位置（S）。

4.1 射擊移動的標靶

依照韓福瑞的發現，今天多數的機構是處在模式1或模式2。它們會
在那兒的原因是，它們所面臨的問題要求與客戶要求還不需要它們到
別的地方。然而，當這兩種要求的組合值改變時，這些機構就會感到
痛苦。當這種事發生時你一定會察覺到，因為這些機構往往會經歷到
典型的痛苦循環。[1]

它們控制痛苦的第一個反應通常是否認——控制住資訊使它們不
會被他人察覺。一旦否認的招數失效，它們可能會怪罪到別的事上，
因為人們通常寧可就「熟悉」而捨「舒適「或「效率」。當怪罪的招

數也不管用的話，它們可能會試圖停留在目前所站的位置上，方法是在這兩種要求的不同組合間做權衡取捨。若是權衡取捨也失敗了，它們可能會很不甘心地做出決定，那就是它們不得不接受一個新的模式以求能繼續保持控制。

這些要求何時會改變呢？關鍵的因素在於，軟體的成敗與機構的成敗兩者間的關係有多密切。例如，一家保險公司可能與一家模式1或2的軟體機構維持數十年的合作關係——直到競爭對手的經理提出更好的條件，願意提供與電腦主機直接連線的服務給所有的獨立推銷員。另一個極端，一家軟體公司可能幾乎每天都得滿足新的顧客要求，因為競爭對手增加令人難以抗拒的新功能來打進市場。

除了這些外在的影響力，總是會遇到顧客的胃口緩慢但持續地被養大。只要想一想五年前你所買的那個文字處理器，與你現在能買到的拿來對照一下你就知道了。想要知道這種要求的難度日漸增加是怎麼一回事，就拿你五年前開發軟體的方法，與你今天所用的方法來比較一下。因為種種的原因，軟體的品質和生產力都可說是移動的標靶。

當你要教某人如何對移動靶射擊時，你無法給他正確方向的射擊指令，因為標靶的方向隨時在改變。替代的辦法是，你必須給他如何做瞄準動作的可普遍適用的指令，這類的指令以後亦可應用在各式各樣的移動靶。這是為什麼研究軟體控制的可能模式時，要以如下的問題做為起步：你想控制每一樣東西的話，有哪些條件是必須的呢？

4.2 集成式的控制模型

想要射中移動的標靶，有一個可普遍適用的做法，就是集成法

（aggregation）的技巧。[2] 集成式的控制就像是用霰彈槍來射擊，或者說得更準確些，用榴霰彈來射擊。如果你只是想要在足夠隨機的方向裏讓更多的彈片飛過空中，此法可增加你打中標靶的機會，不管標靶是如何在移動。

4.2.1 以宏觀的眼光來看軟體產業的集成法

以集成式的做法來解決軟體工程上的問題，大概的意思是，為確保可得到一個好的產品，必須先從大量的專案下手，並從中選出可生產出最好產品的那一個專案。的確，如果我們把目光放在美國的軟體業上，要描述我們已有的一些成就，這樣的描述倒不失貼切。比方說，目前有三個麥金塔（Macintosh）的文字處理器在我看來算是相當好的產品。然而，為了生產這三個好產品，我們曾經做過幾次麥金塔的文字處理器專案？我個人所知的就有14個，而那些在我尚未發覺其存在之前即已陣亡的專案數量可能高達140個。

　　這是一個合理的策略嗎？對於像瑞士這種小而有效率的國家，答案可能是否定的，但是，如果將整個軟體業視為是一個產業而用更宏觀的眼光來看，對於一個富裕的國家如美國，集成法倒不致像乍聽之下那般愚蠢。

4.2.2 單一機構中的集成法

單獨從一家軟體公司的眼光來看，集成法或許不失為在特別環境中一條可確保成功的途徑。比方說，公司為了建立某種關乎人命的軟體系統時，依相同的規格開發出二至三組各自獨立的程式後，再拿每一組程式的輸出結果與他組的結果相互比較。此種多生產幾套（redundancy）的方式比起把寶都壓在單一的專案上，可確保能達到更高的可靠性，

而額外支出的每一分錢成本都是值得的。

　　集成法最常被援用的時機，就是在軟體的採購上。從你中意的好幾個產品中，選出最能符合你目的的那一個。比起僅考慮單一的產品，只要你的選擇程序尚稱合理，最後你都能找到一個較佳的產品。當然，軟體產品的推銷員會竭盡所能從你的選擇程序中挑出一些不盡合理之處。

　　有時候，集成法的援用不全然是有意而為之。模式2的機構經常會在無意間採用一連串的集成法。當第一次試圖打造一套軟體系統時若結果不甚令人滿意，就開始進行第二個專案。如若第二次嚐試也沒有好下場，該機構可能會退回到第一次的結果，接受它品質不良的現實，當作是一堆爛蘋果中最好的一個。在其餘的情況下，無意間的集成法都是同時進行的。

　　例如，有一位我的客戶同時啟動三個連接編輯器（linkage editor）專案，其一講求編輯器之速度（X），其二講求編輯器之精簡（Y），其三則講求編輯器之功能齊全（Z）。最後的結果是，編輯器Y的處理速度比較快，程式較為精簡，且具有X與Z的所有功能，因此它被保留下來，其餘的兩個則被放棄。

　　然而，一般而言，這種形式的全面集成法若用在所有的軟體工作上，可能會太過昂貴。一家模式1的機構為了想得到一個較佳的銷售數字報表，或許會將此一任務同時分派給十個各自獨立的程式設計師，再從中挑出最好的程式，但是沒有任何顧問有可能把這樣的技巧推銷給哪家公司的管理階層。

4.2.3　在模式1機構中的自然淘汰

模式1機構確實大量運用多重的保險，但不是如上所述的那樣明顯。

例如，模式1的機構改善其生產力的方法之一是以隨機的方式來散布一個非常有用的軟體工具。在此模式中，我們看不到一個有效集中管理的工具開發小組，也看不到為了工具的評鑑與分配而整合各方的力量。工具只會以近乎個人偶然間互動的方式，由某一程式設計師或團隊散布到其他的個人或團隊。

　　例如，在一家飛機引擎的製造公司，有一個由61位程式設計師所組成的集中調度中心（pool）來支援引擎製造工程師，而且是以一對一的方式。我調查工具的使用狀況時發現，這些程式設計師為了能用電腦跑出測試FORTRAN程式的追蹤紀錄，某個人都至少擁有一個特別的工作控制程序（job control procedure）。總計有27種不同的追蹤程序。最受歡迎的那個程序有12位程式設計師在使用。

　　我的調查結果很可能受到散布過程的偏差所影響。有一位程式設計師在14個月之後決定要重新再做一次調查，結果他發現程序的數量降到17個。有12個老舊的程序已因無人使用而消失，另由其他的程序取代。有兩個由老舊程序演變而來的新程序出現，最受歡迎的那個程序（現在舊的第一名已換人）有22位使用者。

　　此一集成式的策略在模式1機構的使用狀況與自然界的淘汰過程頗為類似，各個物種經由此一過程在一個公平競爭的自然環境下興起並接受考驗。[3] 天然的淘汰保證物種可以適應任何的環境，然而，這是一個非常昂貴與緩慢的過程。但是在另一方面，模式1的機構通常都是數量龐大而且逍遙自在的。

4.2.4　為什麼集成法在模式2的機構會廣受歡迎

模式2的機構也是集成法的愛好者。但弔詭的是，模式2的那些積極進取的經理人員經常會破壞「天然的」集成式策略中的某些部分，因

為他們對於改善工作效率的干預行動，雖熱忱有餘，卻見識不足。

　　一家包裝材料製造廠的資訊系統部門堪稱為模式2機構的典範。與其管理階層討論的過程中，我發現下列集成法的實例即為其管理的策略：

- 經理人員對於工具會被自然淘汰，只有些模糊的概念，正如模式1機構裏的情況一般。他們對於不得不承認有這類「不受控制的」活動在眼前發生，似乎會略感尷尬，並向我們保證，「一旦度過目前的危機之後」，他們會籌畫設立一個集中管理式的工具小組。

- 當某一專案未能如期完成（這已是它第四次修正後的日期），他們決心要找出「系統哪一部分才是元兇」，並指派兩位他們「最好的程式設計師」來讓該部分的軟體「走上正軌」。

- 當某一程式設計師「毫無預警」地要離職，為的是要回學校去深造，他們指派了另外一個人來接替她的職務。對於此事他們不覺有何不妥之處，因為「程式設計師的行為不可預測乃是家常便飯」。當我們與這位剛入學的學生做一番懇談時，她告訴我們，她早在五月份即已決定要入學，但遲至九月份才得以離開她的工作。

- 有一個進行中的專案，目標是打造一套軟體以分析該公司中央電話系統上的通電模式及帳目。當某軟體公司的業務代表來訪時，該專案已延期超過兩年。一週後，該名業務代表再度來訪，簽下一份電話分析套裝軟體的訂單後欣然離去。公司的那個內部專案被停掉了，而專案的成員皆分派了新任務。沒有一個人有任何的抱怨。

一如這些例子所顯示的，集成法是模式2機構中最常見的策略。集成法為管理階層所帶來的負擔最小，因為用過此法後，既可得到令人滿意的產品，對於你是怎麼做事也不必知道太多。

4.2.5 其他模式中的集成法

集成法是可以通行全世界的一種策略，而且在每一個模式中都可看到利用此技巧的實例。然而，在邁向模式3的路上，我們開始看到經過籌畫才加以運用的集成法，並且由大家一起來操控集成法，以便能有助於品質的改善。例如，有一家中等規模、提供完整服務的銀行，設立了一個產品評鑑小組，為不同種類PC所需的軟體功能採購多個具候選資格的產品。該小組讓這些入選的產品接受周延的現場試用，然後從中選出一到兩個表現最佳的候選者，升格成為必備的或是強力推薦的產品。

　　另外一個例子，有一家電話銷售公司遇到的問題是公司的網路系統有間歇性及不定時發生故障的現象，造成公司巨額的損失。雖然做了嚴謹的分析，仍無法找出問題的根源，於是公司的經理人員懸賞，任何程式設計師或接線生若能在故障發生時掌握住明確的事例，並能制定相關線索的蒐集程序者，即可獲發獎金。不出幾天，他們即蒐集到超過二十個資料完整的事例，他們加以分析後，終於將問題孤立出來，發現癥結出在一個硬體元件上。在硬體廠商把那個元件更換之後，問題隨即消失，雖然他們事後仍然不知道是怎麼回事。

　　最後一個例子是把電腦程式亂改一通（hacking）——漫無目的地嘗試修改程式，直到成功為止——不過，此項工作是在明智的管理階層的節制下，求取最大的工作成效。程式亂改一通屬於終極的集成式策略，你偶爾還非得用這一招不可。在所有的模式中都會有它的身影

（只是出現頻率多寡的差別），雖然有些模式似乎會因靠它解決問題而引以為恥。但不知怎地，他們會覺得，在他們扣扳機之前若能改善瞄準的方式，他們即可射得更準一些——而我大體上還不得不承認這麼做是對的。

4.3 模式與模式的控制論模型

由於集成法猶如用霰彈槍來射擊，回饋控制法（feedback control）就猶如用步槍來射擊。雖然回饋控制法已然以實用工程模型[4]的形式存在數世紀之久，但直到第二次世界大戰時，控制論（cybernetics）為了要改善槍砲對移動標靶的命中率，才首度公開研究回饋控制法的技術。[5,6] 控制論這一門研究命中率的科學，是每一位軟體工程師都必須了解的一門學問。

4.3.1 受控制的系統：模式0與模式1的焦點

控制論模型是以一個系統應該受到控制的想法為出發點：它有輸入和輸出兩個部分（圖4-2）。對一個以生產軟體為目的的系統而言，輸出的部分是軟體，再加上「其他的輸出」，其中包括了不屬於該系統直接目的的各樣東西，像是：

- 發揮某一程式語言更大的功能
- 在製作心中所想要的軟體的同時所開發出來的軟體工具
- 能力更強或更弱的開發團隊
- 壓力、懷孕、感冒、快樂
- 對管理階層的憤怒

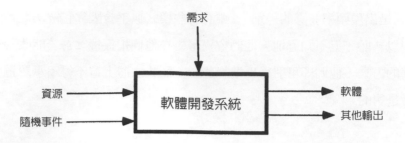

圖4-2　一個受到控制的軟體開發系統之控制論模型，這也是模式1整個軟體開發過程的模型。

- 對管理階層的尊敬
- 數以千計的功能失常報告（failure report）
- 個人的績效評核

輸入的部分則有三種主要的類型（三個R）：

- 需求（Requirements）
- 資源（Resources）
- 隨機事件（Randomness）

一個系統所表現出來的行為受到下面這個公式的支配：

　　行為是由狀態與輸入兩大條件所決定。

因此，控制不只是取決於我們所輸入的東西（需求和資源）和以某些其他方式進入系統的東西（隨機事件），也取決於系統內部是如何在運作（狀態）。

　　當模式1的機構了解圖4-2的涵義後，該圖即可用來代表軟體開發工作的完整模型。其實，該圖的意思是：「告訴我們你想要的是什

麼、提供我們一些資源,然後就不要再來煩我們。」用更白的話來說,該圖的意思是:

a. 「告訴我們你想要的是什麼(而且不要改變你的心意)。」
b. 「提供我們一些資源(而且只要我們開口,你就會一直不停地提供)。」
c. 「不要再來煩我們(也就是說,消除所有隨機事件發生的可能性)。」

這些就是模式1機構軟體開發的基本條件,而且只要聽到上面的陳述,你即可很有把握地辨認出一個模式1的機構。

　　若是少掉了a項的陳述,你就得到辨認模式0的說法,模式0已然知道它想要的是什麼,不需要你的幫助,謝謝啦。因此,將圖4-2中需求的箭頭消除,將外來直接的控制與系統隔絕開來,該圖即變成一個模式0的圖形。當然,隨機的輸入,或是切斷資源的供應,對那些本人就代表一個軟體開發系統的人會造成困擾。

4.3.2 控制者:模式2的焦點

當你的軟體開發方式符合模式1的模型,為了能達到更高的品質(或價值),你就必須採取集成式的做法——亦即將更多的資源注入開發系統中。要做到這一點的一個途徑即是同時啟動好幾個這樣的開發系統,並讓每一系統皆能盡其所能地發揮。然而,如果你想要對每一個系統都有更多的控制,你就必須將系統與某種形式的控制者連接起來(圖4-3)。控制者代表了你想要讓軟體開發的工作能夠朝正確的方向前進所做的一切努力,它也是模式2為解決獲致高品質軟體的問題所添加的東西。其實,該圖的意思是:「我將會使得那些程式設計師,

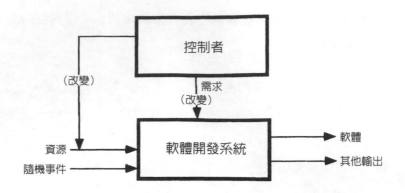

圖4-3　一個軟體開發系統（模式2）的控制者模型。

管他是張三還是李四,皆能盡到他們的責任!」

　　控制論在此一水準時,控制者還無法直接取得開發系統內部狀態的資訊。例如,開發部門的經理若想對程式設計師動腦部手術來讓他們變得更聰明些,或是用棍子敲打程式設計師來讓他們工作更賣力,這些都不會被視為是正當的行為。因此,為了能控制情況,控制者必須能夠經由輸入的部分(由控制者出發進入系統的那幾條線),以間接的方式來改變系統內部的狀態。這類可改變程式設計人員的例子包括:

- 提供訓練課程,讓他們變得更聰明
- 購買工具供他們使用,讓他們看起來更聰明
- 僱用哈佛的畢業生,讓他們變得更聰明(一般而言)
- 提供工作獎金,讓他們工作會更賣力
- 提供他們感興趣的工作,讓他們工作會更賣力
- 開除柏克萊的畢業生,讓其他的人工作會更賣力(一般而言)

對於系統中不受控制的輸入部分（即隨機事件），可加以控制的行動
有兩種：改變需求的部分，或改變資源的部分。要注意，不論控制者
對這些輸入的部分動了什麼手腳，仍然會有隨機的事件進入系統，這
正代表了所有那些控制者所無法完全控制的外來事物。舉一個隨機事
件的實例，專案的每一個人都得了重感冒。雖然，控制者對感冒病毒
這類的輸入條件可以有某種程度的控制（例如，花錢打感冒預防
針），也難保員工不會因病毒感染而損失寶貴的工作時間（即使你發
出不得感冒的通知信）。某些模式2的經理一想到這一點就覺得非常的
氣餒。

4.3.3　回饋控制法：模式3的焦點

縮小因感冒而造成損失的一個有效方法，即是一有輕微的感冒症狀出
現，就把人趕回家去休養。然而，在圖4-3中的控制者卻無法這麼
做，因為他完全不知道系統實際上是如何運作的。一個用途更廣也更
有效的控制模型就是圖4-4中的回饋控制模型。在此模型中表現出模
式3的控制觀念，控制者有能力對工作的績效（從系統出來並進入控
制者的那幾條線）加以量度，並利用量度的結果來幫忙決定下一步的
控制行動為何。

　　但是回饋的量度與控制的行動對於達到有效的控制仍有所不足。
我們知道，行為取決於狀態與輸入條件這兩樣東西。為使控制的行動
有效，模式3的控制者必須擁有的模型要能夠將狀態和輸入條件與行
為連接起來，亦即該模型要能夠清楚界定「取決於」對此系統的意義
為何。

　　大體而言，為使回饋控制法得以運作，控制系統必須具備：

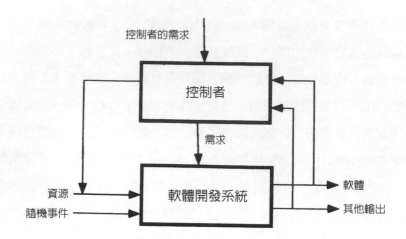

圖4-4　一個軟體開發系統的回饋模型中，控制者需要有關系統表現的回饋資
　　　訊，以便能將之與需求加以比較。有了這樣的模型，才能將模式3與
　　　模式0、1、2區隔開來。模式4及5所用的也是這樣的模型。

- 預期狀態（desired state，簡稱為D）的樣貌
- 觀察實際的狀態（actual state，簡稱為A）的能力
- 比較狀態A與狀態D之間差異的能力
- 對系統採取行動使得A更趨近於D的能力

4.4 工程化的管理

模式2所獨有的一種錯誤就是把「控制者」與「經理」之間畫上等
號。模式2的經理人員有一個危險的傾向，以為「如果我不積極地發
號司令，事情就會失去控制」。這正是為什麼他們總是展現出「不良
管理第一定律」：

　　當某個做法行不通的時候，更要堅持非這麼做不可。

經理人員是控制者的當然人選，然而，他們並非唯一的人選。在任何真實的開發專案中，每一個層級都會有控制者存在，而且每一個人在某些時刻的某些工作上也會去扮演控制者的角色。非經理人員——或是無頭銜的經理人員——對他們的工作都會做某種程度的控制，這使得正牌的經理人員的工作可以變得輕鬆些。正牌的經理人員相信工作必能完成，因此他們不大有溝通的必要。此外，當無頭銜的經理人員對他們的工作完全不做管理，則正牌的經理人員就不再相信此過程，這將使得他們不可能做好自己的工作。

4.4.1 管理階層的職責

在模式3的模型中，管理工作基本上屬控制者的責任。想要以回饋控制的方式來管理工程類的專案，當經理的人必須：

- 為將會發生的事做好規劃
- 對實際正在發生的重大事件進行觀察
- 將觀察所得與原先的規劃加以比較
- 採取必要的行動以促使實際的結果更接近原先的規劃（參看圖4-5）

經理最主要的責任在於確保能涵蓋到圖中的每一個部分，因為若遺漏其中的任何一個部分，專案就缺少了回饋控制。在模式2的軟體專案中，專案經理若是認為一切都在自己的控制中，就會忽略掉某一個部分，讓我們來逐一舉出常見的例子來看看。

4.4.2 未能為將發生的事做好事先的規劃

依照原定時程，「拉警報專案」的第一個階段是在5月15日將產品交

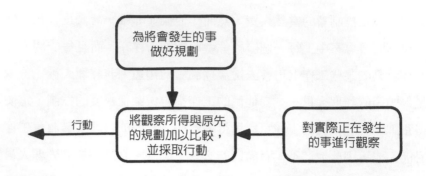

圖4-5　在模式3中，管理者的職責在於控制好所需產品的生產過程。管理者
　　　　為將會發生的事做好事前的規劃，然後對實際正在發生的事進行觀
　　　　察。管理者所採取的行動是根據原先的規劃與實際結果間的差異而設
　　　　計，然後再回饋給受控制的過程。

付給負責beta測試的單位，以進行新產品上市前的測試；到了5月15
日當天，專案經理下令將現有的開發版本送出去。當專案小組的某位
技術負責人因尚有幾個主要的功能尚未完成而反對這麼做，專案經理
的答覆是：「喂，我們連需求規格都還沒開始寫，又有誰會知道兩者
有何差別。」

　　這是一種受到壓力即退化到模式0的思維：「我們才是真正的客
戶，因為我們無所不知。」如果沒有需求方面的文件，不管你打造出
怎樣的軟體都能符合需求文件，這樣的想法固然沒有錯，但你若認為
不管你打造出怎樣的軟體都能符合顧客的需求，那就絕對不正確了。
在真正的需求與一份需求的文件之間，會有許多不同之處。[7]在此例
中，這句話得到了證實，真的有許多的不同處被顧客挑出來。

4.4.3　未能觀察到實際發生了哪些重大的事

「但求最好專案」用了一套頗為複雜的專案管理軟體來監控該專案的

軟體組成中的每一個組件（component）。軟體的某一組件在資料庫中若要標示為「完成」，必須先通過審查（review）。因此，每當某一開發小組宣稱他們的程式碼已完成，經理人員就會召開一個審查會議。

在此提供一些來自此類會議的典型意見：

- 「與原定的180個小時相較，專案小組已經用掉235個小時。」
- 「與原定的3.5週相較，實際所花的時間已達4週。」
- 「總計有437行的可執行程式碼（executable code）。」
- 「總計有63行的非可執行程式碼（non-executable code）。」

要注意，以上的觀察結果無一與工作的品質（也就是價值）狀況有關，而只與工作的數量有關——這並不讓人意外，因為沒有任何經理人員會花時間去查驗程式碼實際在做些什麼，他們也沒有條件來做這件事。值得稱道的是，經理人員確實找了專案的技術負責人來談談，她是最有條件來了解程式碼的人。她的答覆是：「是的，我認為程式碼寫得很好。就我所知，程式設計師都很賣力工作。」

這是一個模式2的機構想要蛻變成模式3的典型案例。這類經理人員已然學到的是，模式3的經理人員在採取行動之前，影響決定的因素主要來自對於專案真實狀態的觀察，不過，他們對於何謂有用的觀察仍然沒什麼頭緒。因此，在審查的過程中雖然會將許多的觀察結果列入考量，但無一與他們想要控制之事物的品質有多大的關係。

比方說，若經理人員想要控制的是「總共所花的時間」，那麼花在軟體某一組件上的235個小時的事實就的確是一項很有意義的觀察。換個角度來看，對於該項工作是否已完成，這樣的觀察結果能夠提供給我們的訊息即使有的話也是很少的。

不過，我們輕易就可明白，經理人員為何會犯這種錯誤。如果原

訂的工作時程是180小時，而目前只做了10個小時，可能這意味著該項工作尚未完成。但是，也有可能這意味著程式設計師想出了一個非常聰明的設計，因為我們都知道，不同的人為同一個軟體組件所花費的程式設計時間有18：1的差別，這可一點也不讓我們感到意外。[8,9]

換個角度來看，已投入的時間若是比預估的時間多了許多，可解讀為工作已經完成，然而，實際上更可能的情況是程式設計師們遇到了預期之外的困難——這甚至可能讓我們懷疑該組件無法正確地完成。

或者說，如果經理人員的重點是控制專案的士氣，那麼，專案小組的技術負責人對於程式設計師工作有多麼賣力所作的評論，則可能是極有意義的觀察。即便如此，也不過加深人們一個錯誤的印象，認為這種極為常見的「審查」就是做到了軟體品質的控制——這是在試圖想要由模式2轉變成模式3的奮鬥過程中常見的一種錯誤。

4.4.4　未能將觀察所得與原先的規劃加以比較

「大亨專案」要做的是一套複雜的會計套裝軟體，眼看交貨時間已到，系統測試小組對經理人員發布消息說，該軟體系統已完成37,452個測試案例的巨量測試（volume test），其中大多是由測試資料產生器所產生。不幸的是，經理人員沒有追問系統測試人員，那37,452個測試結果中有多少個與預期的結果相符。管理階層單單看到已作了這麼大量的測試就覺得很滿意，於是下令該軟體系統可以交貨，並告訴行銷部門要把「37,452個測試案例」放在廣告裏面。

模式3的經理人員會對這麼大數量的測試案例心中起疑，因為，比方說，即使每一個測試僅需一分鐘，要一一檢查這37,452個測試結果，即使用專人全時間來做所耗的時間也不止15週。模式3的經理人

員都知道，除非拿實際的結果與預期的目標相比較，要做到控制是不可能的。

在該軟體系統吃了第一個顧客一頓大排頭且慘遭退貨後，我被請來「幫忙解決品質的問題」。我發現，測試的結果是以抽樣的方式檢查。總計抽出136個樣品做仔細的檢驗，而其中的43個找到錯誤且被退回程式設計師去重新修正。修正後，有19個仍然沒改好，又被退回再做修正。這一次就只有6個仍然有問題，於是系統測試的工作宣告完成。

當我問他們為什麼要去執行其餘的37,316個測試，測試負責人給我的回答是：「我們想看看該軟體系統在巨量測試下是否正常。它表現得很穩定。我們可以跑完整個的測試而系統都沒有當機一次。」更深入詢問後發現，被選為樣品的這136個測試案例是因為它們原本會造成系統當機。

至於其餘的測試案例有多少個是正確的，你可以自己去猜。我們一直都不知道答案，直到破產法庭將該公司的資料公諸於世。

4.4.5 不去採取一些能讓實際結果更接近原先規劃的行動

「MNQ專案」的進度已然落後，而C37組件——負責處理系統的錯誤——還要進行一次程式審查會議[10]。C37的功能是否能夠正常運作對MNQ的其他功能有很大的影響，但是審查會議的結果顯示，C37的程式有許多嚴重的錯誤。更糟的是，C37的設計愚蠢，且對程式稍事修改即容易引發新的錯誤。審查會議的結論是，C37應立即停用，重新設計，並重寫程式。

不過，該專案的經理說了：「我們在C37身上已投下六個月的心力，在這個節骨眼上我們無法承擔再六個月的延期。」最後的結論

是，千瘡百孔的C37要繼續使用下去，這使得系統其他部分的測試工作不斷地遇到麻煩。十個月後，專案經理被炒魷魚，新上任的專案經理將C37扔進字紙簍裏，派了一批新人去重新開發C37。他們不到兩個月就完成任務，而處理系統錯誤的功能基本上也不再有什麼問題。

專案的第一任經理認為，該專案已做到回饋控制，因為他們召開了技術審查會議。問題是，一個經理如果不願意採取會造成專案延期六個月的矯正行動，那麼，對尚需六個月的時間重新開發的一個工作成品進行審查，這又有什麼意義呢？程式審查會議所產生的資訊或許會造成控制者不得不採取矯正行動的結果，控制者若是不這麼想，那麼，這樣的審查會議不過是個橡皮圖章；審查會議開了也是白開。當會議的結果是要你進行矯正的行動，而專案經理卻毫無採取適當行動的意願，那麼，把花在開官樣文章的審查會議的時間省下來，對專案可能還好一些。

當最高管理階層已頒布命令，要求整個機構從模式2變成模式3，中階的經理人員往往只是在表面上接受。通常，他們會去蒐集相關的資訊，但卻不加以利用。高階的經理人員（他們在心態上也卡在模式2）往往將這樣的行為貼上「陽奉陰違」的標籤。不過，中階的經理人員通常只是不知道該怎麼做才是對的，因為他們完全沒有受過任何「模式3的思考方式」的訓練。

4.5 從計算機科學到軟體工程

你若想比那些失敗的模式2軟體經理做得更好，需要具備哪些條件呢？當然，你必須擁有許多個人的條件，但在對此做更深入的探討之前，讓我們先來看看你需要有哪些外來的輸入條件。根據回饋模式的

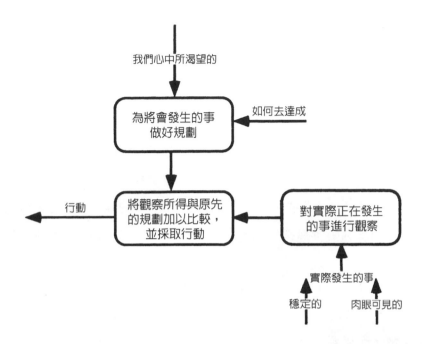

圖 4-6 　為能做好規劃，管理階層必須弄清楚自己要的是什麼，以及如何達成的方法。為可進行觀察，過程中的產出物必須是穩定且肉眼可見的。

說法，不論你有多聰明，若是缺乏資訊，對於任何的事物你皆無法做到長期的控制。圖 4-6 即顯示，要在圖 4-5 中加入何種資訊方能使你有可能做好經理的工作：

- 所需產品的種類為何？
- 經由怎樣的流程才能做出這樣的一個產品？
- 實際做出來的是什麼？經由怎樣的流程？

對於第三個問題不假思索的回答是，你必須滿足以下的兩個條件：

- 過程是怎麼回事必須有親眼可見的證據。

- 此過程必須達到相當的穩定性，如此所得到的證據才是有意
  義的。

這些條件在模式 2 的機構中一般皆不能滿足，這是為什麼這些機構仍
停留在模式 2 當中。擁有了這幾項元素，你即具備一個成功的工程
師、顧問、或經理所需的素質。當遇到失控的情況時，你要做的只是
找出欠缺了哪些元素。最理想的發展是，在你採取有害的行動之前，
你即能看出欠缺了哪些元素。不幸的是，模式 2 的經理人員在剛剛所
舉的四個案例中皆無法做到這些要求，因而導了了模式 2 的典型挫
敗。

在這四個案例中，我並不確知這些經理人員為什麼不能夠做正確
的事。為了讓軟體受到控制，的確需要你對軟體開發的各種過程皆有
所了解，而無疑他們當中的某些人並不了解回饋控制法最基本的原
理。不過，只有了解還是不夠。高品質軟體的開發工作所需要的不僅
是一門科學，比方說計算機科學或控制論，還需要修養，一種工程學
方面的修養：

將科學的原理應用到實用的目的上，也就是既經濟又有效的結
構、設備、以及系統等的設計、建造、以及操作等工作上。

如果你想要做的是一個軟體工程師，而不只是一個軟體理論家，
你必須有自我控制的能力，把你所理解的能夠應用到所採取的行動
上。如同美國的原住民常說的，你必須能夠「照你說的來走」。雖然
本書經常會強調的是必要之理解的功夫，而非自我控制的功夫，但我
會不時地提醒你，自制是永遠不可少的，因為這是所有其他事情的基
礎。11

4.6 心得與建議

1. 一個模式的核心要素是該模式可穩定地做出什麼來。雖然一個機構可以捨棄整個機構所擅長的模式不用，而以一種不同的模式來生產單一的產品，但該機構卻絕不會用較低等級的模式來從事某一產品的生產工作。一個模式 3 的機構絕不會去生產模式 2 的產品。如果試圖這麼做的話，會打擊員工的士氣，生產成本會攀高，而管理階層也會遭到員工的非議。

2. 當試圖在軟體工程的實務做法（或所從事行業的任何實務做法）上引進改革時，採用加法的方式總會比用減法的方式要好得多。不要一直強調員工做錯的部分，而要強調員工做對的部分，如此他們才會做出更多對的事。還有，當事情有缺漏時，要當場指出來，並說明缺漏的是什麼，但是一次不要太多。或許為了激發他們幡然改過的決心，你會對他們目前的狀態加以批評，但不要以他們所犯的過錯對他們施以疲勞轟炸。這只會使他們感到自己無力也無能去做任何有創意的改變。

3. 多數談軟體品質的作者認為錯誤（errors）就等於缺乏品質（lack of quality），而缺乏品質就等於缺乏控制（lack of control）。但是，有錯誤並不表示你對事情失去了控制。你可以把錯誤的判定標準設定為既可讓顧客接受又不致造成重要價值上的損失，然後，依此判斷標準來進行控制工作。然而，對於你的判斷標準，如果你訂不出來或是達不到，那麼，你就真的失去控制了。

4. 回饋控制法經常又被稱為「錯誤控制法」，因為它是藉著錯誤（與需求間的偏離現象）使你得到控制系統所需的資訊。的確，在沒有錯誤發生時，模式 3 的控制機制會保持冬眠的狀態。（正

如薩巴〔Frank Zappa〕所說的：「不做錯事，就不會有進步。」）既然如此，外在的觀察者就很難分辨一個機構是模式3還是模式2。此外，模式3的經理人員也很難說清楚，到底他們是一切都在控制之中，還是他們控制錯誤的資訊來源已然枯竭。

5. 圖4-5是做到回饋控制的一把鑰匙。把一個行動的輸出結果當作下一行動的輸入條件是「回饋」的原意，但抱持模式2思維的人當第一次看到此圖時往往會感到困惑。他們認為，行動的箭頭所指的方向錯了。當他們習慣箭頭的方向後，他們就邁向成為模式3經理的大道。

6. 雖然回饋控制法大體上是既優雅又有效率，但請記得，你若不怕付出代價的話，你永遠可以以集成式的控制法為後盾。上週我的一位客戶發現有個專案瀕臨垂死邊緣，因為他們的型態管制（configuration control）系統不知何故把一個關鍵程式的最新版本給毀了。大家都得等找到這個程式的舊版或重新寫過，才能繼續工作，於是，專案經理要求全部的九個人都要盡全力去幫忙協尋、搶救、重建等工作，務必要弄回這個關鍵的程式不可。還不到四十五分鐘，就有一個程式設計師在一片舊的磁碟片上找到了一份「已刪除」的拷貝。加上還原公用程式的幫助，專案得以在十五分鐘後重回全速前進的狀態。雖說其他的八個程式設計師每人都「浪費了」一個小時在設法找出其他的補救方法，但若不如此，他們也沒有別的事好做。此外，你也不可能事先知道到底誰的法子最有效。

7. 本書之目的並不在於對模式4和5作深入的鑽研，不過這兩個模式與「回饋控制模型」有很密切的關係。簡單來說，模式4的管理階層並非將回饋控制法應用在產品上，而是將之應用在過程的

本身。換句話說,他們的「產品」就是工作所依循的過程。為使圖4-6能更忠實地表現模式4的管理階層,我們應該加個箭號,從「觀察」的方框指到「規劃」的方框去。

8. 模式5的管理階層將此回饋法更向前推進一步,同時也保留模式4的所有優點。回饋控制法還可應用於整個機構的文化──模式4的經理人員必須在這樣的環境中進行管理的工作。簡言之,在模式5的環境裏,我們會看到一個重複循環的回饋控制,至少會管理到意識的第三層(three levels of conscious)。

4.7 摘要

✓ 集成式的控制模型告訴我們,我們若是願意投入足夠的心力在多開發幾套解決方案上,我們終會得到心目中所渴望的系統。有時,這是最實用的辦法,或是我們所能想到的唯一辦法。

✓ 「回饋控制模型」試圖找出一個更為有效率的方法來達到我們心中所渴望的。控制者根據系統目前運作的相關資訊來控制該系統。將此資訊與對系統原有之規劃加以比較後,控制者即可採取適當的行動,這些行動是專為引導系統的行為能夠更接近原本的計畫而設計。

✓ 工程管理者之職責乃是在工程型的專案中扮演控制者的角色。工程管理者的失敗可以「回饋控制模型」的角度來理解。模式2的經理人員經常會缺乏這類的理解,通常這可以解釋為什麼他們會經歷到這麼多低品質或失敗的專案。

✓ 專案若是沒有為必然會發生的事做好事前的規劃,將難逃失敗的命運。

✓ 專案若是未能觀察出實際上發生了哪些有重大意義的事，將難逃失敗的命運。

✓ 專案若是未能將觀察所得與規劃的目標加以比較，將難逃失敗的命運。

✓ 專案若是不能或不願採取行動讓實際結果更接近原先的規劃，將難逃失敗的命運。

4.8 練習

1. 集成式處理法所需付出的未必如乍看之下那般昂貴。例如，對一個攸關人命的應用系統，開發出三套規格相同的系統，看似多餘卻可增加其可靠性，但是，這麼一來豈不是要花上三倍的成本嗎？實際上，多開發出三組系統所需的成本通常不到開發單一系統所需成本的兩倍。這給了我們三個好的理由要達到節省成本的結果。

2. 「好的亂改一通」（good hack）是指在意識完全清醒的狀態下做事且容許改善的可能。「不好的亂改一通」（bad hack）則是指在頭腦不清的狀態下做事且不容許改善的可能。對於「好的亂改一通」及「不好的亂改一通」，請從你的經驗中各舉出一個例子。

3. 對於「其他輸出」，請從你曾在某一軟體開發專案中親眼所見的，最少舉出五個例子來。從這些「其他輸出」的實例，可看出哪些專案的相關資訊？

4. 模式2的經理用以讓程式設計人員變得「更聰明」的方法，請最少舉出五個例子。用以讓程式設計人員變得「工作更賣力」的方法，請最少舉出五個例子。試討論，這些方法對開發過程的「其

他輸出」會產生怎樣的效應。

5. 回想你所知的一個表現並不令人滿意的軟體專案。試以「回饋控制模型」的觀點來分析，管理階層在該專案所採行的控制行動是否恰當。經理人員是否知道何謂回饋控制？他們是否自認已用了回饋控制法？他們真的用了嗎？

6. 如果你無法穩定地得到你所需的，那麼，品質一詞對你就沒有太大的意義。對一個模式所做的量測中，有一種方法是去量測該系統可成功完成一個軟體系統的機率，比方說，每一次有95%的成功機率。請為不同的模式繪製出此一量測法的圖表。對於你的機構，要達到什麼水準始可被接受？

7. 假使某模式3機構的經理人員懷疑，他們所得到有關開發過程的回饋資料並不可靠。請建議他們該怎麼做。（模式4的經理人員必須事先要去想的，就是這類的事。）

8. 集成式策略可以應用到「控制模式4之開發過程本身」的工作上嗎？可以如模式5的機構一般，應用到控制公司文化的工作上嗎？請對你的回答加以解釋。

5
讓管理模型變得透明

軟體專案的進展若不順利，起因於「日曆上所排的日期不足」的機
會要比所有其他原因的總和還要大。在引發災難的諸多原因中，為
什麼這一個最為常見？

——布魯克斯（*Frederick P. Brooks*）[1]

為了讓軟體專案不出岔子，對於現在正有哪些事在發生，控制者
必須有精確且即時的觀察。但這還不夠。對於觀察結果代表了
什麼意義，控制者還必須有清楚的領會。系統真的偏離了正軌嗎？若
果真如此，為什麼？是因為「日曆上所排的日期不足」，還是其他的
原因？這種對於意義的領會，就是我所謂控制者的系統模型。本書絕
大部分的篇幅都將用以說明系統模型在軟體工程領域中所扮演的角
色。

5.1 為什麼事情會不照計畫進行？

在圖4-6中我們可看出，經理為遂行其職務，必須具有三種資訊：

- 心中所想要得到的產品是怎樣的產品？
- 經由怎樣的過程方能製造出這樣的產品？
- 真正製造出來的是什麼？經由怎樣的過程？

系統模型對最後的兩個問題有決定性的影響，因為模型會影響兩件事：你可觀察的是什麼，以及你對自己的觀察會做何解讀。

5.1.1　系統模型的角色

為了解系統模型所扮演的角色，試考量一個類似的控制情境——讓你的汽車能保持良好的車況。當你聽到車子的引擎部分發出喀喀的怪聲時，這個資訊是正確且即時的，但是它有什麼意義嗎？在此舉出三種可能的結果：

1. 你根本沒聽到喀嗒聲，因為你正想著更重要的事情。
2. 喀嗒聲在你聽來是件嚴重的事，但是修車師傅一聽就知道，這只是告訴你需要把車窗清潔液水箱的螺絲上緊。
3. 喀嗒聲在你聽來沒什麼大不了，但是修車師傅一聽就知道，它的意思是你的機油快沒啦，引擎有燒毀之虞。

如果你真的聽到了喀嗒聲，你和修車師傅所得到的資訊是一樣的。只不過修車師傅知道引擎是如何運作，因而可以賦予一個正確的意義。若是不知道喀嗒聲所代表的意義，你就不知該如何做出正確的回應。

　　任何一個軟體工程經理都需要軟體工程系統的各種系統模型，其原因是一樣的——為了明瞭進行觀察時哪些事才是重要的，以及對於新的觀察結果哪些反應才是正確的。如果你在無意間聽到一個程式設計師說，她在一小時內即找出十個錯誤，這個訊息重要嗎？如果重

要，它的意義是什麼？在本章中，我們將開始探索各種的系統模型，
這些模型會告訴我們，所聽到的軟體喀嗒聲中，哪些是有危險性的，
而哪些則可以忽略。

5.1.2 心照不宣的模型

所有的經理人員都會用各種的模型來統理他們在管理工作上的一切決
定，然而，在模式1及模式2的機構中，這類模型大多是心照不宣
的。這樣的經理人員可能從未公開宣佈過這些模型；但是你只要觀察
他們的行為，即可看出他們表現得好像真有一個模型存在似的。在此
舉出幾個最常見的心照不宣的模型（對於世界是如何在運轉所持的一
些信念）之實例，這些都是模式1和模式2的經理人員，以及技術人
員暗藏在心中的：

- 我告訴他們要做什麼，他們就會照做。
- 我沒告訴他們要做什麼，他們就不會去做。
- 凡事都會順利。
- 凡事都會順利，除非我的運氣不好。
- 軟體專案的進展若是不順利，起因大多是「日曆上所排的日期不足」。
- 我若是進度落後，增加人手即可加快事情的進展。
- Bug是隨機發生的。
- 如果我告訴他們不可以有bug，那麼bug的數量就會減少。
- 工作壓力愈大，他們的工作速度就會愈快。
- 顧客總是想盡辦法讓我出糗。
- 顧客總是想不花一毛錢就得到自己想要的。

- 顧客都是好好先生。
- 副總裁是我唯一的顧客。
- 經理人員對程式設計一竅不通。
- 經理人員對程式設計的確很懂。
- 經理人員理應知道該如何做程式設計。
- 經理人員用不著知道如何做程式設計。
- 程式設計師對管理工作一竅不通。
- 程式設計師比多數的經理人員更懂得什麼是管理。
- 兩倍規模的系統將會花費兩倍的時間，除非我們用了兩倍的人力。
- 軟體的開發是一個連續的過程。
- 如果我們一天找出十個錯誤，那麼我們將可在十天內找出一百個錯誤。
- 我們永遠無法找出所有的錯誤，因此我們永遠無法完工。
- 凡我能量度的東西，就是我能控制的。
- 凡我不能量度的東西，就是不重要的。
- 女生是比較好的程式設計師。
- 女生比較擅長維護工作；男生則比較擅長設計工作。
- 男女沒有能力上的差異。
- 程式設計師年過三十後能力就會變差。
- 程式設計師的年齡愈大則愈寶貴。
- 最優秀的程式設計師工作也做得最漂亮，而我知道那些人是誰。
- 發生了什麼事我都一清二楚。
- 如果事情搞砸了，總是可以找到一個人把責任都推到他身

上。

- 如果事情很順利，那是因為有好的管理幹部。

- 如果事情搞砸了，那是天意。

對上述的各個模型，你或許贊同，或許不贊同，不過，只要該模型是心照不宣的，就無從討論其對錯。而且，如果無法討論其對錯，就無法測試其優劣，也無法加以改善。再者，如果系統模型無法加以改善，你就不可能遷移到一個新的文化模式──甚或確保能停留在你目前的模式。這是為什麼我們將在本章中介紹一個新的表示法，讓系統模型有個明確的定義。

5.1.3 *沒有能力去面對現實*

有許多的研究人員、顧問、以及觀察力敏銳的軟體工作者都曾研究過軟體失敗的動態學，而每個人針對其所用的過程都提出過至少一個定義明確的模型。這些人之中影響最大的或許就是布魯克斯（Frederick P. Brooks）了。布魯克斯所著的《人月神話》（*The Mythical Man-Month*，中譯本由經濟新潮社出版）是第一本書籍著建立許多定義明確的模型來說明為什麼軟體的開發工作會如此棘手。他那「焦油坑」的鮮活譬喻已通過了時間的考驗，而他的「布魯克斯定律」也成為軟體開發業中的「十誡」。有了大家都已熟悉與接納的這層優勢，布魯克斯的思想為「該如何對模型加以描述及解釋」的探索工作提供了令人激賞的範例。

這些年來，我從布魯克斯的身上學到了許多東西。我希望他不至於因我對他的某些基本模型有不同的意見而覺得我在濫用我們之間的友誼，本章開頭所引用的那段他的話即為一例。對於被此問題所困擾

的經理人員來說，雖然這段話看起來當然是對的，但是「日曆上所排的日期不足」並不是軟體專案進展不順利的主因，而只是專案中所發現的其他不如意事的主因。

模式1和模式2的機構因為欠缺有意義的量測值，也沒有系統模型來解讀那些量測值，以致萬一他們拿到了一個有意義的量測值，就會加以局部放大。「日曆上的日期」佔了一個優勢，它所代表的意義我們大多數人都能夠了解。當日期已到了四月十五日，交貨的日期也是四月十五日，而軟體卻尚未完成，那麼，即使是最遲鈍的經理都會知道，我們沒能趕上我們的交貨日期。

這是為什麼我把布魯克斯的模型改寫成：

「日曆上所排的日期不足」會迫使正走向失敗的軟體專案去面對終將失敗的現實，其力道比所有其他原因的總和還要大。

這段話也可再改寫成：

「日曆上所排的日期不足」會迫使正走向失敗的軟體專案去面對他們所使用之模型的謬誤，其力道比所有其他原因的總和還要大。

5.1.4 不正確的模型

布魯克斯舉出五種造成失敗的動態圖，以補充說明「日曆上的日期」為什麼看來是那麼重要。這幾種造成失敗的動態圖中的每一個都是軟體工程學裏的重要模型，而每一種失敗的造成都是根據至少一個錯誤的系統模型而來，正如下文方括弧中的解說：

1.　對預估技術的培養嚴重不足，且其所根據的假設是「凡事都會順

利」。

〔預估的工作當然是由可代表待預估過程的那個模型所決定。
「凡事都會順利」是一個影響深遠的模型，成為許多預估模型的
基礎，尤其是那些心照不宣的。〕

2. 把「預估的技術」與「使專案向前推進所投入的心力」混為一
談。

〔建立模型的工作最常見的一種錯誤，就是對於像「所投入的心
力」與「專案的進度」這類的變數不加以區分，這兩個變數在某
些環境中固然有密切的關聯，但並非在所有的環境中皆如此。有
的時候，投入的心力愈多卻意味著專案的進度愈少。其他模型同
樣表現出這類錯誤關聯的例子，還有「寫出了多少行的程式」與
「專案的進度」間的對應關係；「發布了多少個命令」與「管理
階層稱職與否」間的對應關係；「電腦的容量」與「工具的支援」
間的對應關係。〕

3. 軟體經理人員缺乏「立場堅定，態度柔軟」（courteously stubborn）
（照布魯克斯的用語）的個人涵養。

〔這件事或許真的與個人的涵養有關，不過，無法做到「立場堅
定，態度柔軟」，還有可能是因為對於何事應採取堅定的立場，
缺乏可供參考的模型。如果你不認為「程式設計師不應受到干擾」
是重要的，那麼，你就不可能堅持要有一個能夠阻絕經常性或任
意干擾的工作環境。〕

4. 對所排定的進度監控不良，部分原因是我們甚少從其他的工程領

域中引為借鏡。

〔布魯克斯暗示說──對此我衷心地表示贊同──軟體開發的工作可算是一種工程化的過程，因此，我們可從對其他工程領域的研究而學習到許多借鏡。說得更明確些，我們可學習到的就是某些系統的模型，而這些模型具有可普遍應用到任何工程化的開發過程之中的特性。〕

5.　當經理人員意識到時程有延誤時，往往會設法增加人手。

〔一個錯誤的模型會認為，人愈多可讓工作進展得愈快。布魯克斯提出了一個完全不同的模型──也就是鼎鼎大名的「布魯克斯定律」──我將會在後文中加以討論。〕

《人月神話》這本書出版後的數年之中，有許多的軟體機構在上述的每一種「造成失敗的動態圖」上都有些許的進展。然而，即使他們對所有這些動態圖都能瞭若指掌，他們仍然會在焦油坑中無法動彈。這五種動態圖並不足以描繪出軟體開發工作的全貌。

軟體的系統模型堪稱重要的，有數十個之多，每一個皆針對受到此模型的結構所影響的機能性行為，或此類行為的組合，加以描述。舉例而言，布魯克斯因為混淆了病徵與病因，使得他漏掉了一個今日極為常見的系統動態學。我們很容易就會為下面的這個模型而產生爭辯：

軟體專案的進展若不順利，起因於「品質不足」的機會要比所有其他原因的總和還要大，而「品質不足」也正是許多具破壞性之動態學的組成要素。

換句話說，當品質開始下滑時，有許多動態的力量即開始發揮威力，使得模式1及模式2的多數經理人員皆難以招架。布魯克斯的書名《人月神話》即是由「布魯克斯定律」而來，此定律描述到，在一個專案的晚期增加人手，即會「開啟一個生生不息的循環，以災難作收」。我們如果真想知道為什麼「更多的軟體專案會進展不順利」，布魯克斯定律替我們找出真正的罪魁禍首：

> 軟體專案的進展若不順利，起因於「管理階層基於不正確的系統模型而採取行動」的機會要比所有其他原因的總和還要大。

換句話說，多數問題的起因並非任何獨特的驅動力量，而是對潛藏在模型之後的驅動力量產生了誤解。

5.2 線性模型及其謬誤之處

軟體經理人員經常會犯的最嚴重錯誤就是，當非線性的力量成為主宰的時刻，卻選用了一個線性的模型。大家都認為，不論身在何處，管理階層似乎都會犯下這種用錯模型的錯誤。此類用錯線性模型的最常見例子，就是假設說，可生產出高品質小型系統的同一個模型，亦可用以生產出高品質的大型系統。

　　如果此一線性模型是正確的，當然可以使靠軟體吃飯的日子好過許多。但是很不幸，生產高品質系統的困難度，與系統的規模大小以及複雜度之間呈指數的關係，因此，當軟體變得愈大或愈複雜時，舊有的模式會快速地變得不適用。對許多的情況而言，舊有的模式其實會使他們所欲解決的問題更為惡化。

　　規模大與規模小沒什麼不同，只是大那麼一點而已，這樣的假設

就是一種模型——一種線性的模型。我替這樣的模型取了一個名字，就叫做等比例放大的謬誤。此一模型對軟體的動態學是很重要的，因為這個謬誤的想法為絕大多數模式2的經理人員所篤信，且經常會把經理人員帶入軟體的危機當中。

5.2.1 加法性的謬誤

為能了解非線性動態學的重要性，我們必須從了解線性與非線性模型之間的差異著手。多數的時刻，我們若是不刻意對我們思考的方式去仔細想一想，往往我們就會採用線性的模型。在線性的模型裏，1＋1＝2，而不是2再加上某些修正的因素。如果我們從小丹那兒得到了$1，從小席那兒也得到了$1，我們就有$2。同理，如果我們從小丹那兒得到了等值於一個月的程式碼，從小席那兒也得到了等值於一個月的程式碼，我們就有等值於兩個月的程式碼。

　　我們很容易即可從第二個例子看出，線性模型要準確地反映出真實的狀況有多麼的困難。或許小丹與小席的工作是各自獨立完成，若是如此，則線性模型則可派上用場。反之，或許他們的工作需要彼此有密切互動並且有許多時間是花在溝通上，如此一來，我們會得到某種程度的非線性關係：

　　　1＋1＝2－因干擾而有所失

或者，他們會因相互激勵而工作得更賣力：

　　　1＋1＝2＋因激勵而有所得

或者，他們會有得有失：

1＋1＝2＋因激勵而有所得－因干擾而有所失

就「布魯克斯定律」而言，在專案的末期才在某項工作上增加人手，會因協調與溝通上的額外負擔而造成有待完成之工作的工作量增加，並且會因需要對新進人員進行額外的訓練而導致有經驗人員辦正事的時間減少（圖5-1）。布魯克斯說，專案的經理人員會因為相信人月神話而惹麻煩上身，因為人月神話即是一種線性的謬誤。它要說的是，一個月加上一個月就等於兩個月，不管這是誰的一個月，也不管這個月是落在什麼時候。

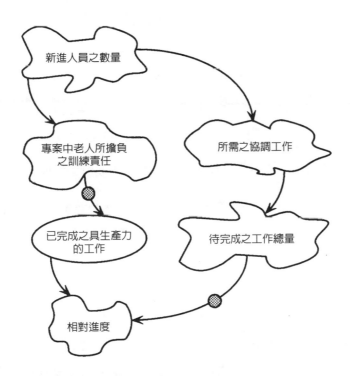

圖5-1　布魯克斯定律的動態圖，以圖形顯示為什麼它是非線性的。（請參考5-3節對於所用符號之說明。）

5.2.2 等比例放大的謬誤

線性模型的使用是件很容易的事，因其具有可等比例放大的特點，若
1 ＋ 1 ＝ 2，則 100 ＋ 100 ＝ 200。例如，當小丹與小席一同工作了一
整天，則所得與所失會相互抵銷。因此，他們的經理阿妮可以輕易得
到一個結論：他們的工作具有加法性。如果她為小丹與小席所訂的計
畫是，兩人要花 100 天的時間一起工作，那麼，當結果無法將一天的
工作成果等比例放大為 100 倍時，她會大感意外。她會發現，雖然 1
＋ 1 ＝ 2，但 100 ＋ 100 卻不等於 200。

　　舉個例子，因干擾而造成的損失或許只是在工作的啟始階段才會
有的效應，一旦小丹與小席掌握了共同工作的竅門就不會再有多少的
損失。或者，因干擾而造成的損失會隨著時間而不斷增加，比方說，
小丹與小席會愈來愈不喜歡對方，因而想在工作上互扯對方的後腿。
經理人員若假定這樣的效應不會發生，將會在不知不覺中犯下等比例
放大的謬誤：

大型系統跟小型系統沒什麼不同，只是大那麼一點而已。

將此一謬誤應用到人力的調度上，就成為「布魯克斯定律」。最有趣
的一個問題會是，既然此一定律寫得已經這麼清楚，為什麼經理人員
會繼續忽視它，在專案的末期還增加人手？

　　經理人員（以及其他的人）會犯下等比例放大的謬誤，那是因
為，以規劃為目的時通常線性模式在求取第一個近似值上非常有用。
當我們面對一個全新的問題，其規模是前一個問題的兩倍大，我們就
會做個「估算」，新問題所需的人力也會是兩倍大。就啟動我們預估
的過程而言，這或許是一個令人滿意的起步，然而，我們若一直停留

在這一點，就會讓我們陷入麻煩之中。真實的世界很少是線性的。這是為什麼我們在管理工作上有許多的錯覺都是來自問題是線性的假設，而實際上卻不能適用。此外，這也是為什麼在我們根據我們的線性模型採取任何行動之前，最好能夠查驗是否存在等比例放大之謬誤的可能，以及其他常見的非線性的成因。

5.3 效應圖

我們會自陷於線性模型中的原因之一是，我們在同一時間內僅能述說一件事，因此，口述的語言與書寫的語言往往是線性的。所以，當我們用言詞的形式來思索或談論一個模型時，想要把非線性的關係表達出來是非常困難的。這是為什麼我們經常得用圖形來幫助理解事物之間的互動關係，這也是為什麼系統的思考者隨身要有一組圖形工具以備不時之需。

　　有一個相當好用的系統描述工具即效應圖。[2] 其基本組成是由箭號將各點連接起來。例如，圖5-1的「布魯克斯定律」就是一個效應圖。圖中所用符號之規則如下：

1.　每一個節點（node）即代表一個可量測的數量，比方說，工作的產出物、工作時數、產生的錯誤、或找到的錯誤。我採用「雲狀」的圖案而不用圓形或長方形，為的是要提醒大家，每一個節點所代表的是一個量測值，而不是像在流程圖、資料流或這類的圖形中，所代表的是一件事物或是一個過程。

2.　這些雲狀節點所代表的可能是實際的量測值，也可能是概念性的量測值——這些事物雖可量測，但目前尚未加以量測的事物。或

許要對它們加以量測的成本太昂貴，或許不值得去浪費這個力
氣，但重點是這些事物都是可以被量測的——也許僅能得到其近
似值——如果我們願意不計成本的話。

3. 有時我想要表明所給的是一個實際的量測值，我會使用一個正橢
   圓的雲狀圖案（例如，請參看圖 5-1 中標記為「已完成之具生產
   力工作」的雲狀圖案）。然而，在多數的時刻，我會用效應圖來
   代表概念性的分析——而非數學的分析，因此多數的雲狀圖案會
   呈現適度的不規則狀。

4. 從某一節點 A 指向另一節點 B 的箭號，要表達的是數量 A 對於數
   量 B 具有某種效應。或許我們已完全知道該效應之動態學的數學
   內容，比方說，

$$相對進度 = \frac{已完成之具生產力的工作}{待完成之工作總量}$$

   或者，此效應可由觀察的結果推測出來（像是由對新進人員的觀
   察發現他們接受到有經驗人員的訓練），或者，此效應可由以往
   之經驗推測出來（像是有新進人員加入時，會增加必要之協調工
   作）。

5. A 與 B 之間的箭號上是否有一個大灰點出現，代表 A 對 B 作用效
   果的一般趨勢。

   a. 沒有灰點出現，其意義是若 A 朝某個方向移動，則 B 也會朝
      相同的方向移動。（如，較多的協調意指有較多的工作要
      做；較少的協調意指有較少的工作要做。）

   b. 箭號若有灰點，其意義是若 A 朝某個方向移動，則 B 會朝相
      反的方向來移動。（如，有較多的工作要做意指有較少的相
      對進度；有較少的工作要做意指有較多的相對進度。）

6. 稍後，我們會介紹此效應圖的一些常規；就目前而言，僅利用這少數的符號，我們即可繪製出可辨識的圖形表現以做些很有用的工作。

5.4 從輸出結果逆向得出效應圖

讓我們實際完成一個簡單的例子，以了解此效應圖如何能幫助我們創造各種的系統模型，之後又如何能幫助我們推究出該系統的動態學。此刻，為避免無謂的爭論，我們將只舉出一個與軟體工程沒有密切關係的例子來說明。

假設你是個程式設計師，所參與的專案時程已然落後。你發現你患了背痛的毛病，嚴重到經常會讓你無法工作。顯然，若你背痛發作的次數愈多，則程式設計的生產力愈低。為了能讓你的專案趕上進度，你決定要創造一個模型來研究你背痛這個毛病的動態學是怎麼一回事。

5.4.1 從輸出的結果開始

找出效應圖最常見的方法，就是從其表現最引你注意的那個數量開始下手。以前例而言，此數量可能是類似如下的東西：

a. 背痛發作的次數

b. 因背痛而去看醫生的次數

c. 因背痛問題而損失的工作時數

每一個量測值各有其優點：(a)是一個可直接獲得的量測值，只要去查一下日曆即可輕易得知；(b)則可能只是對於你的背痛問題的一個量測

的近似值；(c)雖可能難以量測，但卻真正會攸關我們的利害——生產力。

5.4.2 對逆向效應做腦力激盪

假設我們決心要對 (c) 進行觀察。下一個步驟就是用腦力激盪來找出因背痛問題的影響，以致無法工作的時數之所有可能的量測值。這會產生如下的清單：

1.　你的體重也許會加劇你背痛的問題，因為體重愈重，在日常的活動中會對你的脊椎造成更大的負擔，以致各脊椎骨間的椎間盤得承受更大的壓力。

2.　增加運動量可強化你背部的肌肉，也許能舒緩你背痛的問題（只要所做的運動有助於達到此目的）。

3.　你所坐椅子的種類或許會影響到你的背痛問題，然而，「椅子的種類」並不是一個可量測的數量，你必須發明出一種「椅子在整形外科上的品質」之類的量尺。如果你在想像中都不知該如何用它來作量測，那麼你就不可能在效應圖中用上它。這並不意味你不能拿不同的椅子來做實驗，以建立某種「在整形外科上的品質」之類的量測值。的確，這類為建立量測數據而做的努力經常可替尋找適當模型的過程帶來極大的助益。

5.4.3 繪製逆向效應的圖表

假設以上即是我們所能想到的所有效應，又假設我們決定要將以上第3點加以排除。在圖5-2中，我們可看出一個簡單形式的效應圖，它顯示體重和運動量會如何影響到因背痛問題而損失的工作量。其中的一

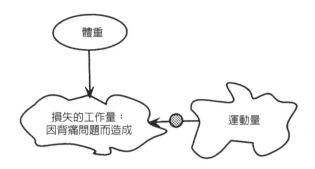

圖 5-2　為顯示「體重和運動量會如何影響因背痛問題而造成的工作量損失」
　　　　所建立之模型的效應圖。

個箭號表示，體重愈重會增加損失的工作量，而體重愈輕則會減少工
作量的損失。另一箭號上的大灰點則表示，運動量愈大會減少損失的
工作量，反之亦然。

　　此效應圖代表了一個極其簡單的模型。然而，此模型的重點倒不
在於要詳盡或精確，而在於能有助於思考。我們當中那些嚐過背痛苦
頭的人都能夠一看到這張圖，就可以根據自己的經驗，開始討論有什
麼地方漏掉了、有什麼地方被扭曲了。若再繼續討論下去，我們還可
以想出新的圖來，期望能反映更準確且更有用的模型。實際上，我將
隨本書的鋪陳而對此最簡單的線性模型做更詳細的介紹，讓讀者得以
了解如何去繪製各種非線性的模型。

5.4.4　繪製第二效應的圖表

體重的增加似乎會增加因背痛問題而造成的工作量損失。最顯著的原
因即體重愈重對背部會造成更大的負擔，但是還有一些不那麼直接的
效果。下一個步驟即是用腦力激盪的方式找出該圖中各節點之間的關
聯。例如，體重愈重可能會導致愈不愛運動，因為我們會因容易感到

疲倦，而更不願意離開沙發到健身房去。同理，體重愈輕則可能讓我
們更有活力去做更多的運動。如果我們覺得這樣的效應是有意義的，
就會從「體重」到「運動量」之間加上一個箭號，圖5-3於焉產生，
是一個較為複雜的模型。

5.4.5 繼續追蹤第二效應

繼續追蹤效應圖中「體重」至「損失的工作量」這條路徑，你會發現
體重對於背痛的問題具有加倍的效果，因為從「體重」至「損失的工
作量」間有兩條不同的路徑：一條是直接的，另一條是間接的（經過
「運動量」）。

　　當你走間接的那條路徑時，請注意所出現的灰點：沿途若有兩個
灰點（或是偶數個灰點）表示有兩個相反的效應存在，因此會相互抵
銷。體重的增加或是運動量的減少都會間接造成背痛問題的額外加
劇。因此，此效應圖給我們的啟示是，體重若增加10%可能導致工作
量的損失會增加超過10%。

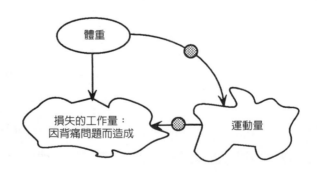

圖5-3　更為精細的「體重和運動量會如何影響下背部疼痛的發生頻率」模
　　　　型。

5.4.6 明確地認出乘法的效應

損失的工作量之增加率雖然大於體重的增加率，仍然有可能是線性的。體重若增加10%可能會使得背痛的程度加重20%，體重若增加20%則可能會使得背痛的程度加重40%，依此類推。

另一方面，或許有些醫學上的理由會讓我們期盼，運動量和體重並不是只有加法的效應。若果真如此，我們還希望能明確地指出乘法的效應何在。圖5-4顯示，我們欲表現出體重對於背痛問題所具有的兩種效應之間是如何在相互作用，其方法是將這兩種效應在進入「工作量的損失」節點之前即將之連接起來。然而，通常我們無需遵此規定來做，因為我們希望能夠找出另一種非線性的效應，其威力更勝於單純的乘法。

5.5 非線性才是事態惡化的主因

圖5-5是以圖表的方式來表達「體重與背部問題」的不同模型之間的關係：

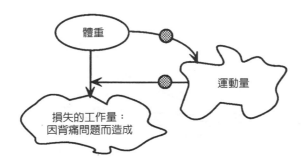

圖5-4　「體重和運動量會如何影響下背部疼痛發生的頻率」的第三個模型，增加了相互作用的效應後，使得乘法的效果更為明顯。

✓ 最底下那條線代表的是對於「圖 5-2 中由單一因素所組成的線性模型」所做的預測。

✓ 中間那條線代表的是對於「圖 5-3 中由雙重因素所組成的線性模型」所做的預測。

✓ 那條曲線代表的是對於「圖 5-4 中具乘法效應的模型」所做的預測。

體重少量的增加在圖中是以 W 點來表示，這三個模型的表現都頗為類似。此外，若將「在真實的世界中有許多因素都會對觀察的結果帶來雜音」的事實忽略不計，這些曲線都可算是相當平滑的模型曲線。利用體重增加 1% 後所得的觀察，你不容易分清到底哪一個模型對「你的背痛問題將來會有怎樣的發展」可做出最好的預測。不過，體重若繼續增加，這些模型間的差異也會愈來愈明顯，即使有雜音的干擾亦然。

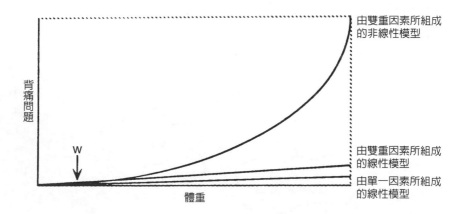

圖 5-5　此圖形顯示三種不同的模型是如何對「體重增加」和「下背部疼痛發生的頻率」之間的關係做出預測。

　　你的體重若只有少量的增加，此時你輕鬆即可做好背痛的預防工作。不幸，這也是你最不可能察覺此一潛伏危機的時刻。正因如此，單憑著觀察你是無法確切地判斷自己是否有潛在的問題。當你的觀察結果顯示有些事不大對勁的時候，你的背痛問題或許已惡化到極端非線性的狀態，而此時你所需要的強化背部的運動量將會對你的背部造成傷害。

　　此一情況與布魯克斯談到的經理人員所面臨的情況類似，這些經理人員在預估專案所需的人力時間時，用的就是線性的模型。當他們漸漸感覺到自己的預估值偏離正軌太遠的時候，其偏離的程度已讓他們難以將專案再帶回正軌。的確，為減少兩者間的差距所需干預行動之規模或許已大到在別處極可能會引起更大的騷亂──比方說，在預定完工的日期前不久還拼命地增加人手。

　　這正是你需要有系統模型的原因。模型可將非線性的系統動態學突顯出來並加以說明，以便你能在實際遭逢背痛侵擾之前即先行採取行動來預防背痛的發作──或是在專案實際陷入災難之前。

5.6 心得與建議

1.　一個效應圖中最重要的部分倒不是圖形的本身，而是繪圖的過程。當你為了解某一專案到底發生了什麼事而試圖製作其效應圖的時候，最好能夠利用集體的力量來製作，並且要專心傾聽討論過程中出現的一些端倪。比方說，要注意聽是否有支支吾吾、意見不合、和詫異表情的出現。支支吾吾所表示的可能是對於某種效應無法理解。意見不合可能指出有不只一個效應的存在，有些人注意到其中的一個，而有些人則注意到其中的另一個。詫異所

表示的可能是有些經理人員忽略了該效應的存在。

2. 不必為了哪些東西應該放入圖表中而爭辯。剛開始時把每樣東西都納入。稍後，你可將與非線性關係無涉的因素排除。從控制的觀點來看，非線性的關係一般而言會蓋過線性的效應，因此，當你製成圖表且找出所有的非線性效應後，實際要為專案作規劃時，這些線性的效應通常可予以忽略。但是，正如我們在下一章中將會看到的，對於那些屬於反饋迴路之一環的所有效應，你都會想要加以保留。

3. 想要去利用或了解系統動態學的數學模型，對許多人而言並非易事；不過，對某些人而言，這是再自然不過的一種溝通的媒介。在製作一個數學的模型時，要從將一個效應圖轉換為一組方程式開始著手。首先，以等號（＝）來取代箭號。於是，對於每一至少有一個進入箭號的節點而言，我們可以得到一個方程式，等號的左邊就是該節點的量測值，例如下列的方程式：

$$相對進度 = f(\quad)$$

它的意思是，相對進度取決於某些其他的量測值，而這些量測值可由進入「相對進度」節點的所有箭號來決定。於是，我們得到：

$$相對進度 = f(已完成之具生產力的工作，待完成之工作總量)$$

在此情況下，從對相對進度所下的定義可知，函數 f 是一簡單的除式：

$$相對進度 = \frac{已完成之具生產力的工作}{待完成之工作總量}$$

圖中灰點的涵義是，所產生之效應是往相反的方向來作用；而理

所當然的，除以「待完成之工作總量」意指待完成之工作愈多，則相對的進度愈少。因此，灰點的出現可視為將原效應轉變為某種的數學運算，像是除法或是減法。

在其他的情況下，或許我們必須取得量測值以決定該方程式的類型。例如，我們或許可從幾個有增加人手紀錄的專案中取得量測值後發現，對「專案最初四個星期花在協調工作上的人力」的最佳預估值是：

$$所需之協調人力 = \frac{（5.5小時）}{星期數} \times （增加之新人總數）^2$$

對於軟體開發工作中各種效應彼此間關係所做的數字描述要精準到如此的程度，如果你有興趣的話，請參考 Boehm 所著的《*Software Engineering Economics*》[3]。

當所有受影響的框子都經過這樣的轉變，我們即得到可描述由此圖所代表的那個系統的一組方程式。這些方程式可能全都是線性的方程式（此時，我們即稱之為線性系統）；或者，其中的某些方程式可能是非線性的。它們可能是代數方程式、微分方程式、或積分方程式；或者，它們可能是離散方程式或連續方程式（此時，我們的系統即為一個離散系統或連續系統）。不論其最後的形式為何，該系統的開發工作都會照著此效應圖開始。唯有解決問題的方法或許會有所不同。

5.7 摘要

✓　每個經理和每個程式設計師對於他的工作是依照怎樣的軟體模式

來運作，都可用不同的模型加以描述，雖然從他們的行為來看，有許多的模型是心照不宣的（不成文的），而非白紙黑字寫出來的。軟體專案之所以會遇到許多挫折，都是因為人們無法面對現實，以及人們用了錯誤的系統模型。

✓ 線性模型較受人青睞，那是因為加法原則在作祟。線性系統較易於製作成模型、預測其未來、也易於加以控制。不幸的是，經理人員老是愛犯將之等比例放大的錯誤，因為線性模型是如此受人青睞。

✓ 效應圖是在建立系統動態學的模型時所用的一種工具，此模型有助於顯示該系統的非線性特質。以二度空間的圖形來呈現效應圖，比起以口頭來描述，更能勝任描述非線性系統的工作。

✓ 繪製效應圖的方法，是從輸出的部分開始下手，也就是你想要對其行為加以控制的那些變數。然後，你利用腦力激盪以逆向畫出所有的效應或會造成影響之其他變數的圖形。以此為基礎，你再次逆向畫出圖形，以揭開第二效應的面紗，得到第二效應後你才能夠經由第一效應找出有哪些變數是你感興趣的。或許你會想要將乘法效應也明確地表示出來，因為其影響最大。

✓ 非線性才是讓事情不順利的主因，因此，找出非線性的所在是建立系統模型的首要工作。

5.8 練習

1. 橢圓形的雲狀物代表其量測值有確定的數值，然而，量測值一般都不像其表面上看來那樣會有一個確定的數值（此系列叢書由三卷所組成，而這個題目將會成為第二卷中的主題之一）。例如，

圖5-4中的「體重」可能有好幾種意思，比方說

a. 體重計上顯示的重量
b. 在某段時間內由數個體重計所得到的平均值
c. 感覺上的重量，根據衣服繃緊的程度來判斷
d. 肥肉的重量對應於肌肉的重量

這些量測法在「體重─運動─背痛」的系統裏各有不同的動態方式。對於這四種不同的做法，請分別繪製至少一個效應動態圖出來。

2. 對於「體重」此一節點的另一種說法是「體重上的變化」。在效應動態圖所要求的層次上，這兩種說法之間沒有什麼差別，但是，如果你是非數學模型不用的人，那麼你將發現這兩種觀點會產生兩種不同類型的等式。請解釋為何會造成這樣的差別。然後，請試著向一個沒有受過數學訓練的人解釋，從微分方程式的層次來看，其間的差別在哪裏。

3. 在「布魯克斯定律」的動態圖中（圖5-1），「已完成之具生產力的工作」可以幾種不同的方式來詮釋及加以量測。請列出至少三種不同的詮釋。對每一不同的詮釋，請繪製至少一個效應動態圖出來。

6
反饋效應

「你不覺得在地上會比較安全嗎？」愛麗絲繼續說道，這些話完全沒有再出個謎語讓人猜的意思，只是出於她的善良，替這隻古怪的小生物感到憂慮而已。

「那面牆真是窄的可以！」

「妳出的謎語怎麼這麼好猜！」

小矮胖很生氣地說道。「不過，我卻不這麼認為！這個嘛，我若是一不小心摔了下來，雖然這是絕不可能的事，不過我若是——」此時他噘起他的嘴唇，看起來一副一本正經又裝腔作勢的模樣，害得愛麗絲忍不住笑出聲來。「我若是一不小心摔了下來，」他繼續說著，「國王曾經答應我——啊，你會嚇得臉色發白，如果你想的話！你不認為我會說那些話嗎？你這麼認為嗎？國王曾經答應我——是他親口答應的——要——要——」

「要把他所有的人馬都派遣過來，」愛麗絲插嘴道，有點不智地。

——*Lewis Carroll*[1]

如果你對系統動態學平時掉以輕心，一直要拖到圖5-5中的曲線已明顯惡化，才思找出解決背痛之道的話，你將會吃到更多的苦頭，並且要付出更多的代價。然而，即使會經歷這些痛苦，幸好圖5-4中的模型帶來的好消息說，雖然要付出的代價極大，你還是有機會將背痛危機的惡化過程扭轉過來。但有時候，縱然有高階主管承諾會全力幫忙，既成的事實還是難以扭轉。

6.1 小矮胖症候群

從我開始以愛麗絲做為我軟體工程的指導教科書的這三十年間，我親眼看見下列的事件發展過程不下兩百次：

1. 一個專案經理（小矮胖）漸漸發覺他正坐在從牆上突出來的一個很狹窄的檯子上。

2. 小矮胖向他的直屬經理反映自己心中的焦慮。

3. 小矮胖的經理回答：「不用擔心，不會有事情發生。而且，如果真的發生了什麼事，我也會用盡一切的資源來救你脫困。你唯一要做的事就是切勿四處張揚此事，否則會引起別人的驚慌（這包括了我的經理）。」

4. 小矮胖回到自己的座位，絕口不提此事。藉由說服自己不會有任何不好的事發生，他還能保持鎮定。

5. 有的時候，事態還真的自行好轉起來。但多數的時刻，事態會變成非線性的狀態，此時小矮胖就成了眾矢之的。剛開始，小矮胖的經理還會盡全力來支持他，但經理終將需要有人做替罪羔羊，因為事態已無法再度恢復原狀。你猜他會找誰呢！

這個「小矮胖症候群」有一個變型，那就是當事情進行到一半的時候冒出來一個顧問（愛麗絲），想要對小矮胖解釋何以致此。愛麗絲極力想要讓他明白自己會如此憂心的理由何在，不過卻心餘力絀，而小矮胖本人則長於不去面對現實（有興趣的讀者可研讀原文即可學會，小矮胖為了讓自己不用去聽愛麗絲所說的話時採用的各種手段）。

當布魯克斯說「軟體經理人員缺乏『立場堅定，態度柔軟』的個人涵養」時，他心中想要說的很可能就是「小矮胖症候群」。有了效應圖的助陣，你將能夠把那些系統的動態圖以極具說服力的方式描述出來，說服力甚至可強到令對方毫無招架之力 —— 不論國王曾給他的承諾是什麼。

6.2 失控、暴增、與癱瘓

你總是有辦法把之前的一切作為給塗抹掉，以修復或是防止其所造成的脫序狀況，會有這樣的想法是來自兩個關係緊密的謬誤觀念：可逆的謬誤以及因果的謬誤。讓我們用背痛這個例子來一一加以剖析。

6.2.1 可逆的謬誤

可逆的謬誤是這麼說的：

> **不管你做過了什麼，總是可恢復原狀。**

這句話如果成立，管理的工作就太容易了。所採取的控制行動如果事與願違，你大可再採取逆向的行動即可又回到原來的狀態。例如，你因為搬起一塊沉重的大石頭而造成背部受傷，你大可立刻放下那塊石頭，傷勢即會痊癒。同樣的，你因一時大動肝火而把一半的員工都給

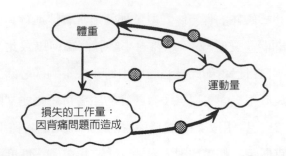

圖6-1　體重、運動量、和下背部疼痛的出現頻率三者間關係的反饋模型。

開除了，隔天只消再把他們給請回來即可彌補你所犯下的錯誤。不管
是你的背部還是你的員工，都不能如前所述般隨時即可逆轉。由圖6-1
對於背痛問題所做的分析，顯示超過了某個限度之後，你即無法扭轉
你所遇到的麻煩。

6.2.2　因果的謬誤

因果的謬誤是這麼說的：

每一個結果自有其成因……而我們可分辨出誰是誰。

這樣的說法在圖5-4中是相當正確的，但是，圖6-1的模型讓我們知道
因果關係並非總是一條單行道。不僅運動量的減少會導致背痛的頻率
增加，而且你背痛得愈厲害的話，你就愈不可能去運動。此外，你若
運動少卻維持原有的食量，體重自然會增加。把這兩個效應加到原圖
之上，在模型中即得到三個反饋的循環（圖6-2）：

1.　背痛問題 → 運動減少 → 背痛問題
2.　運動減少 → 體重增加 → 運動減少
3.　背痛問題 → 運動減少 → 體重增加 → 背痛問題

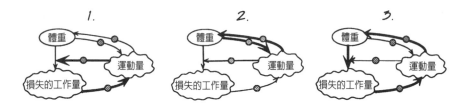

圖6-2　圖6-1的效應圖中三種不同的反饋循環,由粗的箭號所形成的路徑來表示。

像這樣的反饋循環所產生的系統動態圖,與我們目前見到過的動態圖(其成因與結果是無法分開的)相比是截然不同的。循環1與循環2是直接式的,而循環3則較不直接,然而,這三個循環都可稱為正向的反饋迴路。經由回溯一條路徑上的各節點到該路徑的起點,並將各節點的值相乘,我們即可判定這三者都是正向的反饋迴路。某循環中有偶數個節點所代表的意義是該迴路為正向的 —— 若用其他常見的名稱,也可稱之為「自我強化」的,或「無止境放大」的。

　　舉例而言,體重的增加會造成背痛問題的惡化,背痛問題的惡化會造成運動量的減少,而運動量的減少又會造成體重的增加,因此最終的結果是,體重會加重體重。或是,背痛問題會加重背痛問題。或是,運動量的減少會導致更少的運動量。是體重的增加造成了背痛的問題,還是背痛的問題造成了體重的增加呢?因果的謬誤暫時討論到這裏。

6.2.3 不可逆轉性:暴增或癱瘓

正向的反饋 —— X會讓X增加 —— 是造成暴增或癱瘓(explosion or collapse)的不二法門。暴增與癱瘓兩者皆屬失控的情況。其間的差別只在於你要用什麼方式替所欲量測之變數來命名。在圖6-1的系統

中，體重會暴增，運動量會癱瘓（劇減），因背痛問題而損失的工作
量會暴增，而你的背部則會癱瘓（無法動彈）。圖6-3顯示背痛問題的
暴增圖形——或是你的背部急劇惡化的圖形——以比較兩個模型間的
差異。單純的乘法模型剛開始看起來要比反饋模型的情況更為嚴重，
但是，「反饋」的特徵就是其非線性的特質終將成為最強大的一股力
量。[2]到最後，反饋的那條曲線突然暴增，穿破了該圖形的刻度上
限。

　　當然，因背痛而造成工作量的損失實際上不會無限度地增加（沒
有任何東西會無限度地增加）。當你損失的工作量達百分之百的時
候，你會穿過一個臨界點，而圖6-1的系統會「失靈」。換句話說，某
件大事會發生，其嚴重性會使得舊的模型不再適用。當背部的疼痛使
得你百分之百的工作都無法完成時，你可能會丟掉你的飯碗，或被迫
去請殘廢假。更糟的是，情況急劇的惡化或許會讓你落入非得動背部
手術的處境。任何有背部動手術經驗的人都知道，你會為手術所帶給
你疼痛的解除而滿懷感謝（如果手術成功的話），不過，你與開始進
入這條失控之路前的你是永遠不會完全相同了。

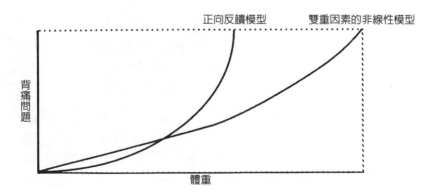

圖6-3　反饋模型對體重與下背部疼痛出現頻率之間的關係所做預測之圖形。

　　與圖5-4中兼有乘法效應的非線性不同，圖6-1的非線性變得不可逆轉。不論你願意付出多少的代價，你永遠不會再是昔日的那個小矮胖了。

6.3 動作要早，動作要小

因為有正向反饋循環的作祟，背部受了傷是不可逆轉的，而這也是為什麼醫生在你背部一出現症狀的那一刻，就會提供你一套減重計畫與有療效的運動計畫。病患經常是無可救藥的樂天派──「這種事絕對不會發生在我身上」──但是，醫生從長期與背部系統的動態圖打交道的經驗得知，病患的背部是不會自行痊癒的。

6.3.1 布魯克斯定律會被管理的行動弄得更糟

軟體工程的系統亦復如此。正如布魯克斯的觀察，經理人員經常是無可救藥的樂天派，認定凡事皆會順利發展。此外，一旦事情的發展不順，經理人員會無緣由地認為事態會自行好轉。如果模式2的經理人員發現的確有問題存在，但他們不知該如何分析問題或向人描述問題，他們就會陷入「小矮胖症候群」之中，這會更加延宕應有的行動。如此一來，最後當他們發現該非線性系統的確無法自行修復，他們可能會嘗試一個過激的矯正行動──對於專案採取霹靂手段，讓專案進入一個更嚴重的非線性循環。

　　圖6-4顯示一個比圖5-1更完整的「布魯克斯定律」動態圖，多出來的那條線由「相對進度」回到「新進人員之數量」，表現兩者的因果關係。（在比較圖5-1與6-4時，請留意我是如何將某些節點刻意加以省略，以刪除對了解此一動態圖之細節並無幫助的部分。在軟體設

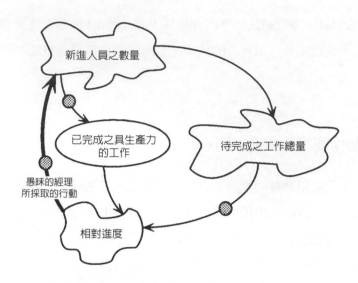

圖6-4　愚昧的經理所採取的行動將一個稍具非線性特質的動態圖轉變成一個
　　　　呈全然正向反饋的動態圖。

計所用的圖表或資料流程圖中，也有類似刪除某些細節的做法，此種
技巧對多數的讀者而言應該是相當熟悉的。）

　　這條新的反饋線將一個稍具乘法效應的非線性特質（就好像圖6-4
中進入「相對進度」的那兩條線）轉變成一個呈全然正向的反饋迴路
（包括圖6-4中表達因果關係的那條線）。一個經理若笨得可以的話，
不僅會造成專案的延誤，還會讓專案陷入全面癱瘓。

6.3.2　布魯克斯定律的擴大版

管理階層所採取的行動在實質上反而造成專案陷入癱瘓之境的效應，
在模式2的機構中屢見不鮮，因此值得特別為它取個名字。我稱之為
「布魯克斯定律的擴大版」，因為它將布魯克斯的原始定律以特殊個案
的方式涵蓋在其中。圖6-5顯示布魯克斯定律擴大版的效應圖。

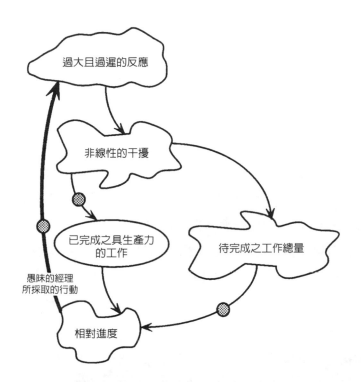

圖6-5　布魯克斯定律的擴大版，當相對進度變得愈來愈差時，管理階層才會
　　　　有所反應，但反應的動作卻嫌過大且過遲，以致造成了一個非線性的
　　　　正向反饋動態圖。

　　要注意在此擴大版的定律中，經理至少會以三種不同的方式招致
非線性的結果：

1.　反饋給系統的一些「改變」會助長工作量的增加
2.　反饋給系統的一些「改變」會折損有效的工作人力
3.　要等待很長的時間才肯進行「改變」，以致除非改變的幅度夠
　　大，否則其發揮功效的機會甚微，也因其「大」，致使在專案系
　　統的範圍內會造成其他的非線性效應。

這些做法對於任何曾經在模式2的機構中工作過的人而言，一切都是
那麼地熟悉。

6.4　負向反饋──為什麼完全沒有癱瘓發生

世界上既然有這麼多正向反饋迴路的存在，為什麼各項的事物不會全
都陷入癱瘓呢？為什麼有些人從來不曾犯背痛的毛病呢？他們的系統
模型跟我們的不是一樣的嗎？他們的模型或許與圖6-1中的模型相
同，但是有可能他們是以相反的方向來走反饋的迴路。對這樣的人而
言，運動使得其體重下降，這又使得其背部的毛病不會發作，這又讓
他們可隨心所欲地去運動，這又使得其體重下降。這樣的循環所造成
的不是背部的「癱瘓」，而是背部毛病的「癱瘓」──急速失控到觸
底。這樣的結果似乎是有益於身體的健康，不過，由建立該系統所採
用的方式來看，在系統的陰暗角落潛藏有許多的危機。

6.4.1　大難臨頭的系統

由於存在著這些正向的反饋迴路，圖6-1是一個不穩定的模型。或許
它不至於現在即開始癱瘓，然而它卻在等著急速失控的情況發生，只
是不知道是朝著哪個方向──雖然朝著「沒有背部問題」這個方向的
急速失控是一個我們極為樂見的情況。同樣的一個循環一方面會造成
體重的嚴重過重，另一方面也會造成類似厭食症等的問題，結果如何
端看此循環是怎麼開始的。當然，依實際發生的情況來看，在體重急
速下降為零（滴水不沾至死）之前，還有許多其他的因素會開始發揮
作用。

　　當你著手去分析一個軟體的開發機構時，要找的第一樣東西即是

否存在了正向的反饋迴路——即將發生的災難，就像是正坐在從牆上突出來的一個很狹窄的檯子上的小矮胖。除非此類不穩定的系統達到某種程度的穩定，否則所有管理上的行動都只是把表面粉飾得好看些而已。

6.4.2 負向的反饋迴路

有許多因素具有將一個動態的系統予以穩定的能力，而許多粉飾太平的行動則有將難逃失敗的命運盡量延後的能耐。在背部上個夾板或許可讓你繼續工作一兩個禮拜，直到專案完成為止。但這麼一來，會讓你背部的肌肉更加的無力，萬一真有災難發生，情況會變得更糟。這個做法也會帶給你不該有的自信心，讓你將可長期消弭災難的行動皆予以延後。

相同邏輯的做法，為挽救一個 bug 過多的系統而拼命地加班來加強測試，短期之內或許可延後災難的發生，運氣好的話甚至可延後到真正拼出了一個達到「可交付客戶使用」水準的產品。但是，一如稍後我們將會看到的，這種做法很可能會導致系統全面且無可挽救的癱瘓。

以長遠的眼光來看，僅有某些特定的行動具有防止癱瘓發生的能力。尤其是唯有換個不同的反饋迴路才有辦法持續地壓制住正向反饋迴路的威力。對一個有生命力的系統而言，經常有數十或數百個這樣的迴路在發揮作用，以調節生物的基本變數，這是生物得以維持高度穩定的原因，即使所處的是一個高度不穩定的環境。這類具穩定作用的迴路個個都是負向的反饋迴路[3]，或是抑制脫序的過程。

每當我在聽取管理階層對如何矯正一個狀況不穩定的軟體專案所做出的提案時，我總是會在提案中找找看是否有足以調節專案之基本

變數的負向反饋迴路存在。舉例來說，加班過多的確增加了一些反饋
的迴路，而這些迴路都是正向的，因此會使得情況益形惡化。另一方
面，規規矩矩地去開個幾次技術審查會議（technical reviews），則會
帶來許多負向的反饋迴路，有助於讓事態得到控制。

6.4.3 反饋迴路的調節機制

圖6-6即顯示在體重與背痛關係的系統中負向反饋迴路的一個實例。
你食量的多寡顯然對你的體重有正向的影響。這個模型所說的是，你
的背部若是痛得太厲害，你會沒有食慾，並減少你對食物的攝取。照
著下面的這個迴路來走：

背部的問題增加 → 食慾下降 → 體重減輕 → 背部的問題減少

可看出，背部問題的增加往往會導致背部問題的減少。還有，體重的
增加往往會導致體重的減少，而工作量的損失增加往往會導致工作量
的損失減少。與正向反饋迴路的不同點是，此一負向的反饋迴路往往

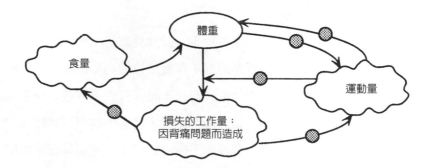

圖6-6　將一個負向的反饋迴路加入一個由體重與下背部疼痛出現頻率之關係
　　　　所形成的正向反饋模型。在面對因背痛問題而造成工作量的損失時，
　　　　食量即會減少。

對此系統中所有的變數都具有穩定的效果。

　　如果你對此一可控制軟體開發系統的原始反饋模型詳加檢視，並重新繪製出圖6-7，你將會看出，有兩個主要的反饋迴路把控制者與軟體開發系統給連接起來。唯有在至少有一個囊括了控制者與開發系統的反饋迴路具有負向的特質，此一控制的模型方能發揮功效。所有偏離正常路線的開發活動所引發之反饋的作為必須能消除偏離的現象，且因而讓系統穩定下來。例如，

- 時程落後會導致需求的縮減
- 軟體的錯誤愈多會導致需投入技術審查會議的資源也愈多
- 有人病倒了會導致原訂之加班時數的縮減

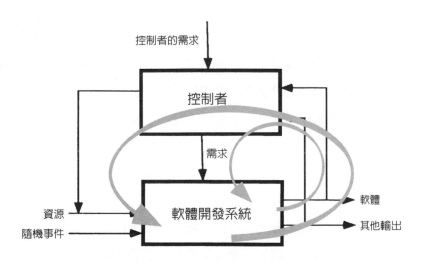

圖6-7　可對軟體開發系統加以控制的模式3之模型，擁有兩組的反饋迴路可將「控制者」與「軟體開發系統」連接起來── 其中的一組是經由「資源」，而另一組是經由「需求」。在模式2的機構，兩者中總會有一個是正向的迴路。

- 顧客對軟體成品的反應不佳會導致加強對設計能力的訓練
- 上述的任一事項會導致加強對管理能力的訓練

另一方面，你將會看出，同樣的這一張圖也可用來替正向的反饋製作模型，如布魯克斯定律的擴大版即是一例。控制者若是做了錯誤的反應──比方說，在專案的後期才增加人手，以圖彌補時程上的落後──情況將會變得更糟。其實，控制者錯誤的行動會把一個還算溫和的線性系統弄成一個激烈的非線性系統（如圖6-4中所示）；而所有的軟體開發系統都絕對不屬溫和的線性系統之列，我們很快就會來探討其原因。

6.5 心得與建議

1. 在圖6-4中，我們將布魯克斯定律原始圖形裏的某些細節予以省略。這是製作效應圖的另一種方式，也是首次將輸出的結果當做輸入的條件。當你在處理一般問題時，或許會想要利用這樣的方法，例如，替一個全新的軟體開發過程或軟體維護過程來做整體的設計時即可用到。從規模較大的變數開始下手，根據所產生的效應將他們連接在一起。為決定所產生的效應是什麼，需將每一變數展開成為一個較為詳細的效應圖。

2. 製作效應圖的第三種方式即是從輸入端向輸出端移動。當你打算採取某項行動以改善某一個變數之前，若想先檢查一下該行動是否會對其他的變數造成影響，即可採用這個方法，如此可躲過布魯克斯定律之擴大版所設下的陷阱。從你想要加以改變的那些變數開始下手，然後再擴展到其他會因改變而受到影響的變數去

（其中可能還包括會影響到自己的反饋效應，或許會妨礙你想要達到的目的）。當繼續下去無法產生新的變數時即可停止。

3. 「動作要早，動作要小」，此一座右銘對模式 3 的經理人員至為重要，亦可用以做為管理階層訓練工作的準則。要動作快，你必須培養敏銳的觀察力。要動作小，你必須加強對人類行為的微妙之處的了解。

4. 負向反饋並非都是好的，因為能保持穩定不一定都是我們想要的。當你試圖要改變一個機構的工作模式時，你會碰到許多的負向反饋迴路，以保證機構不會有任何的改變。為達改變之目的，你必須創造出某些正向的反饋迴路，這些迴路要能夠有助於使原有的系統偏離常態，進入新的模式。不過，在你達此目的之前，你必須對有助於系統穩定的各種迴路有充分的了解。

6.6　摘要

✓　「小矮胖症候群」足以解釋為什麼專案經理無法對他們的上司表現出「立場堅定，態度柔軟」，也可解釋因此而得到的後果。

✓　專案會失控 —— 暴增或癱瘓 —— 其原因在於經理人員相信下述的一個或所有的錯誤觀念：「可逆的謬誤」（不管做過了什麼總是有辦法恢復原狀）以及「因果的謬誤」（每一個結果自有其成因，而你都可以分辨出何者是因，何者是果）。

✓　布魯克斯定律所產生的效應可因管理階層採取的行動而變得更糟。此外，管理階層相同模式的行動可導出「布魯克斯定律的擴大版」，以顯示為什麼管理階層的行動經常會成為專案癱瘓的頭號殺手。

✓　管理階層的行動之所以會助長失控的情況其原因在於，對於異常現象所做的反應通常都嫌太遲，這會迫使管理階層不得不做出大動作，這樣的動作本身就會造成非線性的結果。這正是為什麼我們必須動作要早、動作要小。

✓　在一個系統中，為預防因正向的反饋迴路而造成失控的現象，最為快速有效的機制就唯有負向的反饋了。模式3的控制者有兩個重要的負向反饋迴路可茲用於發揮其控制局勢的功能——一個關乎資源，另一個則關乎需求。

6.7　練習

1.　對於偏好數學的人，請證明由正向的反饋迴路所得到的等式為什麼會導致失控的情況，可利用在前一章中所提供的將效應圖轉化成等式的方法。將你推理的過程向那些缺乏你這樣數學背景的人來解說。你會訴諸圖形嗎？他們能夠了解嗎？

2.　另舉出三個負向反饋行動的例子，以說明一個控制者如何能夠經由圖6-7中需求的那條迴路而發揮控制的功能。又，經由資源的那條迴路而發揮控制的功能，也舉出三個例子。

3.　為使圖6-1的系統穩定下來，你是否還能想出其他的負向反饋迴路？

4.　為使圖6-5的系統（布魯克斯定律的擴大版）穩定下來，你是否還能想出其他的負向反饋迴路？

5.　為使你自己的機構變得不穩定，以促使它走入一個新的模式，你是否能想出一些正向的反饋迴路？

7

把穩軟體的方向

這件事一點都不重要。這正是它會非常有趣的原因。

——阿嘉莎·克莉絲蒂（*Agatha Christie*）

在1989年，軟體工程學會（Software Engineering Institute，簡稱SEI）的華茲·韓福瑞（Watts Humphrey）接受電子電機工程師學會（IEEE）的專訪，討論有關SEI所訂可分成五個等級的過程成熟度模型（process maturity model）。他談到，「雖然SEI找到好幾個專案已達到第三個等級，但還沒有一家公司能超越第二個等級。」[1]在本章中，我們將會檢視要轉變為第三等級（我們習慣稱之為模式3）的一個主要障礙。此障礙就是讓經理人員困在模式2（照章行事型）所特有的一個信念：為專案擬妥計畫並完全遵行，這件事是可行的。

我們也會找出你需要有哪些條件才能擺脫模式2的思維，而提升至模式3（掌握方向型）所特有的一個信念：「所有的計畫都只能做為概略的指引。我們需要時時把穩方向，才能維持在正確的航道上。」

7.1 方法論與反饋控制

即使有最準確的模型，你仍然無法在軟體專案控制工作的所有環節上永遠心想事成，即使只因為專案的輸入部分具有隨機變化的特性。縱然如此，根據準確的效應圖或模型而導出之富實質意義的評量數據，即可指引你做出正確的預測，其正確率比起用簡單的外插法要好得多。但是，為求把穩方向，你需要做到比「能夠預測在無外力干預下某系統會有何表現」還好的程度。你還需要擁有一些模型可模擬你所想要控制的系統，以顯示你的干預行動對該系統會產生怎樣的影響。如果你認為凡事都可完全照著計畫進行，那麼你就會認為把你的各種干預行動化為一個模型是一件浪費時間的事——因為在你的心目中，這些干預行動永遠都沒有機會派上用場。

7.1.1 計畫：模式2的重大貢獻

能夠將有規律的軟體開發活動化為各式的計畫，這是那些已達模式2境界的機構所完成的一項偉大成就。有許多獨立的機構，如同替數以百計的機構提供服務的顧問機構一般，已投入大量的人力將控制軟體所需之行動順序制定出來，並形諸書面文字。這些行動在整合成套之後，經常是以方法論的形式來包裝及販售。

　　一個典型的方法論會為你的專案從頭到尾規範出一系列理想狀態下的執行步驟。一個最基本的方法論可能是從可行性研究開始，繼之以需求，然後是高階設計，然後詳細設計，然後程式撰寫，然後系統測試，然後beta測試（由使用者來測試試用的版本），最後是產品上市。圖7-1所顯示的是一個瀑布式的過程模型（waterfall process model），這是一個頗有歷史的模型，但有許多機構仍在採用，而這些

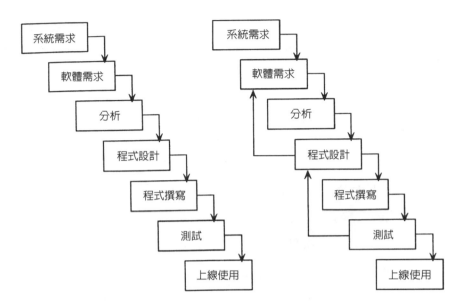

圖7-1　「瀑布式的過程模型」基本上是由一連串的執行步驟所組成，也是規範人或機器行動的一連串指令。切記它不是一個效應圖，而是一個過程模型。圖中的每一個節點所代表的並不是評量的數值，而是待執行的行動。圖中的箭號則可翻譯成「接下來是」。

圖7-2　「瀑布式的過程模型」之修訂版是早期的人試圖用反饋迴路（最好是負向的）來表現非線性的可能狀況。

機構不是模式2就是正要從模式1轉變成模式2（此類占多數）。

　　原始「瀑布式的過程模型」是一個全然規律性的計畫，各節點間的箭號可直接翻譯為「接下來是……」。數年後，「瀑布式的過程模型」之修訂版開始出現（見圖7-2），在此模型中，逆向的箭號有時可稱之為「反饋」箭號，然而，對此一專門術語採這樣的用法並不符合控制理論的傳統用法。對於這類箭號比較好的一種解讀方式是「有時接下來是回到……」。在程式設計的專門術語中，這些箭號等同於逆

向的GOTO指令。這類逆向箭號的出現是因為我們體認到，想要拿純粹線性的過程來描述軟體開發過程中實際發生的狀況，是有所不足的。

7.1.2 純然規律性的方法為什麼不能永遠適用

在這裏有個謎題：有許多的專案照著這類規律性的方法論都很成功，但是，其他的機構卻似乎難以如法泡製。原因何在？

在提出謎底前，我們先來看看下面這則小故事：我的好同事高斯（Donald Gause）第一次打算到我鄉下的住家來拜訪時，我在電話上給了他如下的指示：

1.　在Greenwood的出口，下80號州際公路，往南開11英里。
2.　在T型交接處，上US 34號高速公路往西的方向。
3.　到達Eagle鎮後，繼續向西走4英里到162街。
4.　在162街向北走，繼續走.6英里。
5.　你會在右手邊看到一棟白色的房子，那就是我家。

這些指示乍看之下一點都不複雜，但是高斯把第4步驟中的小數點給漏掉了。他向北開了6英里之後（其實還另外多走了2英里），在162街的左右兩邊都找不到什麼白色的房子。他用盡方法找了一個多小時（畢竟，他得保住自己解決問題專家的名譽），最後還是不得不放棄，只好打電話請我給他更多的方向指示。

在講求規律性的方法論的指引下來開發軟體系統時，可以拿這個故事做為一種比喻。從州際公路上的任何地點要到我家，我給高斯的方向指示可說是最最完美的一種了。這個條理分明的順序是完完全全線性的，除非高斯在中間的步驟中出錯。一旦出錯，就毫無修正的餘

地，因為順序中沒有哪個地方會說明下一步該怎麼辦。

我所做的假設與潛藏在軟體開發方法論底層的那些假設非常地相似：

1. 不會有錯誤發生。

2. 萬一不幸有錯誤發生，也只是一些芝麻小錯。

3. 該為錯誤負責的人當然知道該如何來修正這樣的芝麻小錯。

既然如此，我出的那個謎語的謎底也就揭曉：規律性的方法論本質上是一些線性的過程，輔以隱性（不成文）的反饋。事情若沒有錯得太離譜，正常人會在輸入端重新餵給小規模的線性修正，而這正是一個專案得以順利進行的最理想方式。然而，世事並不都會照著線性的方式來發展，有時一個專案會遭遇明顯非線性事件的重創。

在效應圖中即使只有一個評量數字出現非線性的現象，此時專案的控制者必須知道該如何做出恰當的修正動作——或者至少不要在不知不覺中助長非線性現象的火勢。有些經理人員本能地即會做出恰當的修正動作，可是一旦專案變得過於複雜，本能的反應就不靈了。這正是為什麼我們需要有顯性的「控制者干預行動的模型」；我們需要有指引來告訴我們如何把穩方向。

7.1.3 方法論會扼殺創意

有一個更微妙的原因會造成規律性方法論的失敗，另一個比喻可提供佐證—— Triptik®是一本行車指南，由美國汽車協會（American Automobile Association，簡稱AAA）所印製供會員使用（圖7-3為一個範例）。

多年以前，丹妮與我照著AAA所提供的Triptik行車指南，一起駕

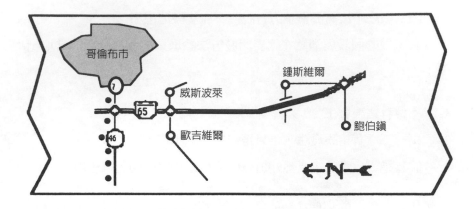

圖7-3　AAA Triptik 書上的一小段節錄，丹妮和傑瑞（本書作者的妻子和他
　　　本人）參加AAA的會議時用以找出行車的路線。

車打算參加美國人類學協會（American Anthropological Association，
亦簡稱AAA）舉辦的一場會議。中途我們想順道拜訪住在印第安納州
哥倫布市的一位朋友吉姆‧佛來明。當我們從哥倫布市的七號高速公
路換到65號州際公路時，看到一個路牌上標著46號鄉道通往「啃斷
骨頭」鎮。

　　且說，我總是對世上有人把地名取作「啃斷骨頭」而感到很稀
奇，不料竟然有機會親自到了這種地方。不過丹妮卻不大願意岔離原
路去看看。我想說服她改變主意，於是指著46號鄉道旁的那些黑點，
說那就是景觀道路的意思。事實證明這招不太管用。

　　「你看，」她說，「在這本Triptik上並沒有標出啃斷骨頭這個地
名，或告訴我們該如何回到65號公路上。我們是該回到歐吉維爾，朝
著鍾斯維爾走，還是直接找鮑伯鎮就好了呢？也有可能這幾個地方我
們通通都到不了。你看鍾斯維爾這條路是在州際公路的下方通過。搞
不好我們會偏離我們該走的路有一百英里遠。」

「哦，不太可能偏得那麼多吧。」我反駁道。

「我們手上沒有全州的地圖，你怎麼能這麼有把握？我絕對不要在布朗郡這種地方迷了路，誤了那場會議的開幕儀式。」

於是我們立刻就掉轉車頭。

因為我們所用的是一張範圍狹小的線性地圖，害我這輩子都沒有機會去探訪「啃斷骨頭」這座讓我魂縈夢牽的小鎮。同樣的道理，模式2機構所用的方法論也是範圍狹小且要一步接一步有規律地進行，經常就無法在他們為專案所選定通往成功的路徑上探索一下附近的地勢。或者，他們偶爾放膽試著去探索一下，通常的結果是迷了路，未能準時到達終點。就像韓福瑞說的：

> 利用新的工具和新的方法，除非在引進時抱持著極端戒慎恐懼的心理，否則都會對過程造成影響，並因而破壞了機構與其賴以立足之直觀的歷史基礎間的關聯性。若是缺乏一個定義明確的過程架構（並在其中對於可能的風險做說明），一項新技術可能造成的傷害甚至遠大於它所帶來的好處。[2]

這種可能性——因沒有較大範圍的地圖而造成迷路——是模式2機構面臨創新的觀念時會傾向於極端保守以對的另外一個原因。就我們所知，保守些是聰明的。

7.1.4 在方法論中加入反饋的觀念

較為複雜的方法論，諸如圖7-2中的「瀑布式的過程模型」之修訂版，確實是以提供反饋的方式試圖來處理可能發生的非線性偏差。要注意在該圖有兩個地方是如何表達出某種類型的反饋現象：從「程式設計」階段到「軟體需求」階段，以及從「測試」階段到「程式設計」

階段。

在一個過程圖中，所有的箭號所要表達的其實就是「在某些情況下，我們會回頭將此步驟重做一遍」。依我個人的經驗來看，這些箭號在實務上不太有意義，原因是：

1. 除了在某個階段的結束之外，控制者還會在許許多多其他的地方得到「專案已偏離正軌」的訊息。而這些偏離的現象，套句 Agatha Christie 的話，在表面上看來可能一點都不重要。這正是它們會非常有趣的原因。一個稱職控制者的反應動作如果想要既早又小，那麼他必須特別注意的正是這些偏離的現象。

2. 想要藉著再做一次設計或再訂一份規格來讓專案重新步上正軌，這樣將工作重做一遍是一件極其繁重的工作，以致其所造成的妨礙絕對是非線性的。

3. 再做一次設計或再訂一份規格是一件極其繁重的工作，以致經理人員很少真的敢把它們拿來重做一次，更別提經理人員會到啃斷骨頭鎮的市中心去迷路了。

4. 方法論並不提供任何的線索讓你意識到你該在某個階段要將哪些資訊反饋給其他的階段，因此按照方法論來行事的人並未真的拿到一份地圖，告訴他們哪些是該做的事。

5. 方法論完全不會提及任何其他亦有反饋之必要的數十或數百種情況，或是該如何去應付這樣的情況。其基本關注的焦點似乎都在硬性規定你要做一個選擇：照著規定的步驟來做事，或是將某事從頭到尾再做一遍（假定這一次就能照著規定的步驟而達成要求）。至於規定的步驟是對是錯，方法論則不做區分，也不做矯正。

7.1.5 反饋既要早也要小

近來，有許多的作者嘗試修正這類問題中的某些部分，做法是在他們的方法論中納入小幅度的反饋迴路。比方說，韓福瑞[3]推出一個極具價值的觀念，即基本單位細胞（basic unit cells）（見圖7-4），一個較大的過程可由之組合而成。每一個這類的基本單位細胞都會接受到來自在其後之細胞的反饋，也會將自身的反饋送回給在其之前的細胞。若能將這類細胞變得更小一些，就可以很漂亮地將非線性的破壞降到最低。

　　另一種不同的做法可與韓福瑞的基本單位細胞混合使用，那就是吉爾伯（Gilb）的「進化式的交付循環」（Evolutionary Delivery Cycle）[4]。如圖7-5所示，各項工作都是以「微型專案」的方式來完成，因此所有的反饋循環也不會變得數量太多或規模太大。充其量，一個反饋也只會從某一微型專案移轉到下一個微型專案。

　　有許多的方法論專家逐漸意識到反饋的重要性，韓福瑞與吉爾伯只是其中的兩個實例。我建議讀者好好去看看他們兩人的研究成果，但在這裏我不會多做說明，因為所有這類軟體方法論的研究成果對我們會遭遇到的大多數重要反饋仍然是略而不談。

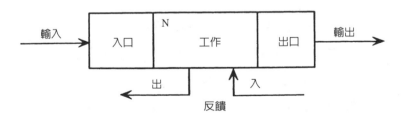

圖7-4　經由用基本單位細胞來打造一個過程的方式，韓福瑞將小規模的反饋加入一個大規模的開發過程之中，因而創造出一個比較穩定的過程。

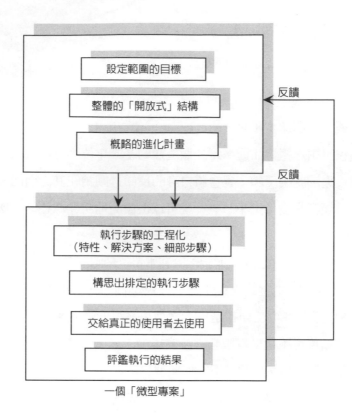

設定範圍的目標

整體的「開放式」結構

概略的進化計畫

反饋

執行步驟的工程化
（特性、解決方案、細部步驟）

構思出排定的執行步驟

交給真正的使用者去使用

評鑑執行的結果

反饋

一個「微型專案」

圖7-5　經由採用較小的演化單位來打造整個產品，吉爾伯以此來確保反饋的
循環必然在時間上會更短，在影響面上會更小。

7.1.6 在不同的等級中運用反饋

基本單位細胞與微型專案皆觸及反饋的問題，但兩者關注的焦點卻還
是放在所欲打造之產品的本身。大致上，兩者會利用到的反饋僅限於
與產品有關的資訊，而無涉於與過程有關的資訊。一個好的經理必須
掌握的資訊，比起產品本身所能提供的，要更多也要更早。

　　在改善軟體的品質和生產力時，欲使涵蓋層面更為寬廣的做法是
要把關注的焦點放在過程上，如同戴明[5]和其他這方面的專家所教導

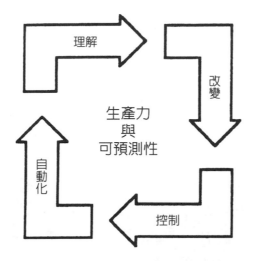

圖7-6　經由把關注的焦點放在過程上，惠普（Hewlett-Parkard）和幾間其他
　　　的公司已經有能力在軟體的品質和生產力上得到長足的進步。過程改
　　　善的循環一如產品改善的循環，只是其最後所得到的產品是一個更好
　　　的過程罷了。

的一般，也如同惠普公司在實踐工作上的做法一般[6]（請參看圖7-
6）。其實，所有這類做法的重點都是從過程（而非產品）出發，以決
定開發人員現在的位置在哪裏，以及他們想要到達的目的地何在。換
句話說，過程就是他們的產品，且此過程也被同一類型的反饋動態學
所控制。一個理想的改善方案是能夠將此焦點與小幅改善的觀念相結
合，以期能夠以最少的不穩定因素而獲致成功的改變。

　　如同我們稍後會看到的，這樣的做法亦可實行於文化的層面（文
化層面要高過所有特定過程的層面，更高過產品的層面了）。不論我
們往哪裏看都會發現，人們在所有的層面上都需要有相同的控制模
型；有了這樣的模型後，人們會慢慢培養從非線性效應的角度來思考
及觀察，然後再根據以上的觀察結果和想法來採取適當的行動。

7.2 人為決定的時點

模型都只能做到某種程度的近似，因此，沒有哪個模型會是永遠完美
的；不過，模型都必須是值得信賴的。想要讓模型發揮功效，我們必
須在採取行動時表現出一副完全相信模型的樣子，即使我們深知這些
模型都只是近似真實而已。

　　若是全然地相信模型也會讓我們陷入嚴重的困境。尤其是當一個
模型明示或暗示都說某一行動絕不可行時，我們就不太可能會考慮去
嘗試該項行動。一個好的干預式模型可幫助我們了解哪些是我們無法
控制的，然而，一個有瑕疵的模型卻可能會誤導我們疏忽掉某些有效
的干預行動。在本節中，我們要來檢驗為什麼會有疏忽的情況發生。

7.2.1 干預式模型與不可見的狀態

一個干預式模型會告訴我們如下的事實（在其中，B代表我想要加以
改變的「壞」狀態，而G則代表我想要企及的「好」狀態）：

> 如果系統處於狀態B，而我做了X，
>
> 那麼，Y會發生，希望這能讓我更接近狀態G。

舉個簡單的例子，圖7-2的「瀑布式的過程模型」要說的是：

> 若是程式設計已完成（狀態B），我們正在做程式撰寫（X）的工
> 作，然後，我們會處於測試狀態（Y），希望這能讓我更接近狀態
> G。

假如有一個特別的模型，它所給的建議並未提及在程式撰寫階段會有
什麼事發生，以致於專案益發遠離狀態G，而陷入如下的劣境：

1.　回到方法論中之前的某個步驟，比方說又回到軟體需求的階段。

2.　進入方法論中未曾提及的某個狀態，比方說有如下特質的狀態

    a.　寫出來的程式有大量難以修正的錯誤

    b.　專案成員對不該有自信的事卻充滿了自信

    c.　高階管理階層誤認為專案就快完工了

    d.　有一個重要的程式設計師生病了，無法加班

    e.　一個程式設計師和專案小組的技術負責人成為死敵

搞軟體的人或許對各種的方法論（由過程所組成的模型）都很熟悉，但是對效應模型卻不夠熟悉。這是他們不善於直接以方法論中所沒有的狀態做為基礎來預測可能效應的主因。圖7-7就是要將其中的差別分辨出來。

在此圖中，我在「瀑布式的過程模型」之上還加了一些從效應圖而來的量測數據：

1.　「測試所找出的錯誤」必然與過程模型中的某個階段有關，且只與該階段有關，但此一量測可能會受到其他在表面上與該階段無關的變數所影響。例如，遍及整個專案之「挫折感的強度」會降低測試工作的效率。

2.　「程式中的錯誤」可能與方法論的每一個階段都有關係，因為錯誤可來自任何一個地方，包括方法論本身未曾提及的地方（例如，來自另一個專案的某人把存放原始程式的資料庫給弄亂了）。錯誤也可能會受到其他變數的影響，比方說，一種受挫的感覺。

3.　所有的變數，如「挫折感的強度」，可能會受到各種因素所影響。要找出這些效應是一件既耗時又費力的事。即使我們通常沒

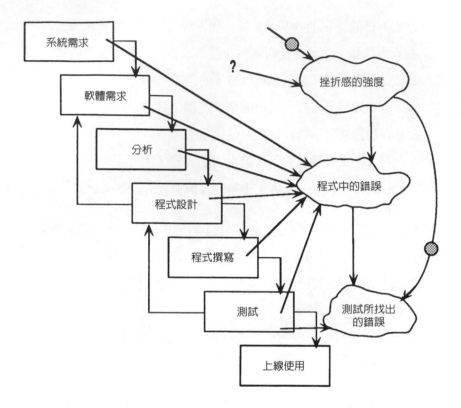

圖7-7　過程模型與效應圖之間的差別，在此「瀑布式的過程模型」中顯示出
　　　　某些量測數據的可能來源。挫折感或許不是來自「瀑布式的過程模型」
　　　　中我們可以直接指認的某一特定步驟，不過，對於專案能否成功，它
　　　　仍然扮演了主要的角色。

　　有能力找出這些變數與「瀑布式的過程模型」之各個階段的相關
性，這也絲毫不減損其重要性。甚至，這反而更增加其重要性。

換句話說，控制者所用到的變數或許是與產品（這是我們最終所關心
的）有關聯，或只是我們在圖4-4中所看到的「其他輸出」中的某一
部分。如果你再仔細看看那張圖，你會發現在乎「控制者」是否將

「軟體」和「其他輸出」兩者當做輸入條件的人到底是誰。多數的方法論專家都太過於重視產品，以致對於與產品的品質、成本、或時程等沒有直接關聯的任何輸出結果，他們是隻字不提。

　　為避免危機的發生，必須要盡力做好反饋迴路的辨認、培養、強化、及使之穩定的工作，然後可放手讓這些迴路發揮防止崩解的功能。此外，還要做好正向反饋迴路（例如，在專案末期盲目增加人手所產生的效應）的辨認、壓制、使之失效、及將之拆解的工作。唯有透過將你所採取的干預行動都化為模型，方能使你在努力於解決舊的正向反饋迴路所產生的問題之際，不致於又製造出一堆新的正向反饋迴路來。如果你所使用的過程模型連某些狀態是否存在都不知道，也就是說將之歸於不可見之列，那麼想要靠它來指引你找出最有效的干預行動無異於緣木求魚。

7.2.2 把原本不可見的化為可見

有一次有人找我去為一個麻煩一堆的專案作顧問，那個案子已不知自己的目標是什麼，這令該專案的經理賽門深感困惑。我的訪談行程之一就是去參加他們的一次程式審查會議，賽門也在場，這違反了我給他的建議。接受審查的程式是赫布寫的，賽門對他做出許多人身攻擊，多到讓他的眼中泛出淚光。我叫了一次「為健康理由而作的暫時休會」，在休會期間，賽門走到我的身邊問道：「赫布的眼睛裏是不是有些什麼東西？」

　　「你為什麼會這麼問呢？」我回答。

　　「這個嘛，我發現有水從他的眼睛裏跑出來。」

　　仔細研究專案的情況後，我得到的結論是該專案之所以會陷入困境最主要的原因是，幾乎所有的人都有完全不為管理階層所尊重的感

覺。在賽門看這個世界的模型中，專案成員的情緒狀態是完全不存在的。賽門若是能看見這些情緒狀態，他就會及早看出專案有了麻煩，並且採取小幅的行動來加以改善。因此，除非賽門能夠學會新的模型，並因而能看見那原本不可見的，否則我再怎麼向他說明也是徒然。

如果你正負責一個軟體專案的管理工作，並打算要採取一些干預行動來控制某一事件的情勢，首先你必須從干預模型的角度來展現你的想法是什麼，具體的做法是回答以下幾個問題：

1.　系統目前的狀態是什麼（B）？

2.　我打算採取的行動是什麼（X）？

3.　對於一個處於狀態B的系統，我若是採取行動X，系統的動態圖將會是什麼？

4.　Y（動態學會帶領系統前往的地方）是否更接近G（我想要達到的好狀態）？

為了回答這些問題，或許你需要有方法使那原本不可見的變為可見。

7.3 重要的不是事件，而是你對事件的反應

運作中的反饋迴路有時在表面上看來好像有自主的意志。那是因為經理人員對於人——尤其是管理階層——在每一反饋中所扮演的角色毫無警覺。

所有與管理階層有關的迴路都會包含了由人所做的決定。

系統中每當遇到人為決定的時點時，能夠決定下一事件會如何發展的不是事件本身，而是某人對該事件所做的反應。

對某些模式2的讀者來說，此格言會是本書所提及的所有觀念中最難以接受的一個。他們樂於相信專案是服膺一組力學的定律，像是牛頓力學定律之類的，而經理的職責就是學會這些定律、為專案做良好的布局，然後，大自然就會帶領專案走向成功之路。那些對自己的員工心懷畏懼的經理人員對於此類的想法會特別感到欣慰，因為這意味著他們可以躲在自己的辦公室裏對計畫動動手腳，而不必去處理真正的人的問題。只要他們對人的行為在專案管理中所扮演的角色採取否定的態度維持不變，他們就永遠無法成為一個成功的專案經理。

在我們所用的模型中必須特別標出人為決定的時點，因為這些時點就是我們有機會防止災難發生的時刻。布魯克斯所說的「軟體專案的進展若不順利，起因於『日曆上所排的日期不足』的機會要比所有其他原因的總和還要大」，這段話也可說成「軟體專案的進展若不順利，大都是因為專案的經理人員對於『日曆上所排的日期不足』該如何做反應感到不知所措」。我們永遠不可能做到完全的控制，但也不必因毫不控制而淪為受害者。

當然，每個系統的確會受到一些自然界定律的約束，我們對這些定律所做的任何事都無法直接改變它。就背痛的系統來說，如果我們吃的過量，體重就會增加──這是生理學的定律。如果我們的體重增加，背痛就比較容易發作，這也是一條生理學的定律。為管理好背痛的問題，我們需要學習哪些關係是我們有能力加以影響的，然後再根據這些受到影響的關係來決定該採取怎樣的因應行動。比方說，沒有哪條自然界的定律會說「當你的背痛發作時，去吃點東西」。或許你的母親從小是這麼教你的，不過，成年人是不必母親怎麼教他們就怎麼做的。

你可以決定要照著母親教你的去做，遇到了疼痛就增加你的食

量，因而將一個有可能保持穩定的迴路變成一個會引進不穩定力量的
迴路。不過，在背痛將會如何影響你的飲食和運動習慣以及體重將會
如何影響你的運動量這類的事情上，你是可以自己做選擇的。因此，
當你的背痛發作時，你大可如許多人一樣選擇減少你的食量。圖7-8
是把圖6-6重新繪製，特別找出那些可受你控制的效應線。

　　為辨別出這樣的效應線，方法是增加一種新的符號，以代表一個
人為控制點的新觀念。（可將圖中的方塊想像成是「非天然的」一種
人工造出來的形狀，而圓圈與之相較，在自然界中就比較常見。）在
方塊內我們還加入控制力的方向：白色代表正向的力量；灰色代表負
向的力量；灰白相間則代表效應尚未確定。在該圖中，我所建立的模

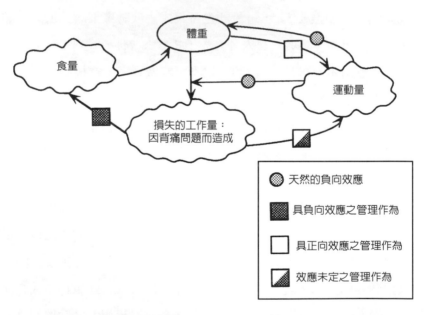

圖7-8　將圖6-6重新繪製以強調人為的決定所產生的效應（有正向的也有負
　　　　向的）。將某些「天然的」決定加以扭轉後會產生一個較為穩定且比
　　　　較健康的系統。

型代表一個人可能的反應，當體重增加時他的反應是增加運動量，當背痛造成工作量的損失時他的反應是減少食物的攝取量，至於工作量的損失對於運動量的多寡會造成怎樣的影響就不是外人可以決定的了。請注意，經由明白地要求你擔負起控制者的角色而創造出來具穩定作用的（負向的）反饋迴路有多少。

在本書的後續章節中，我們將會把重點放在對許多軟體工程管理工作中的重要定律之描述上。主要的目的不是僅僅描述這些定律，而是要分辨出每一條定律是屬於以下分類的哪一種：

- 「自然界的」定律，我們必須學會接受
- 「與人為決定有關的」定律，我們必須學會如何加以控制

如果你想要成為一個可以把穩軟體專案方向的人，你最好要學會把注意力放在能分辨出兩者間的差異上。

7.4 心得與建議

1.　首次利用此種效應圖時，使用者務必要非常了解效應圖與過程模型圖（例如用以描述方法論者）之間的差別。若能讓他們用腦力激盪的方式找出下列事項的量測法將會大有助益：

　　a.　與過程模型中的某一產品有直接關聯者

　　b.　與過程模型中的某一階段有直接關聯者

　　c.　與一個以上的階段有關聯者

　　d.　與一個以上的產品有關聯者

　　e.　不是只與階段有關聯者

　　　　f.　不是只與產品有關聯者

2.　使用者必須練習如何看見他們平常所看不見的東西，而這類的練
　　習通常會立即得到回報，可將專案控制得更好。想要更了解「如
　　何才能看見你原本所看不見的」，可參考《顧問成功的祕密》
　　（*The Secrets of Consulting*）[7]一書。

3.　經常人們在語言上所流露出來的是他們認為自己是事件的受害
　　者，而非他們對事件的反應擁有選擇權。例如，人們會說出類似
　　這樣的話：

　　　　a.　「我們必得如期交出產品。」
　　　　b.　「專案已經落後，因此，我們把測試的速度加快。」

　　這些話表面上聽來好像他們在說的是什麼自然界的定律。要學會
　　聽出那些錯誤的決定論式的關鍵字，像是「必得」或「因此」。
　　若是聽到了，就有禮貌地問：「你可以告訴我你這段話背後的推
　　理過程嗎？」

7.5　摘要

✓　有許多堪稱理想的方法論在其他方面的表現良好，卻未能有助於
　　防止癱瘓情況的發生，那是因為當專案偏離出理想的模型時，這
　　些方法論皆不曾規範出應該採取的負向反饋行動。

✓　即便方法論對於反饋確有規範，所談的通常僅止於產品的層面，
　　如若不然，所談的反饋步驟之規模也過於龐大。為能做好控制工
　　作，運用反饋的原則必須把握小量逐步增加、所有的層面皆要涵

蓋——包括個人、產品、過程、以及文化。

✓ 軟體的專業人員經常會忽略效應模型中人為決定的時點。問題出在他們完全缺乏看見某些狀態的能力，通常這是因為他們自己就屬於該過程之「其他輸出」部分，而與產品沒有直接的關聯。

✓ 為能成功地控制一個專案，你必須學會一件事，那就是你不必然會成為某動態圖的受害者。當到達人為決定的時點時，有關鍵影響力的不是事件，而是你對事件所做的反應。

7.6 練習

1. 利用你所製作的效應圖來描述某一軟體工程的行為，並在圖上標示出哪些是人為決定的時點。標出這些時點以顯示在你所經歷的專案中，通常它們是如何被決定的。

2. 準備好由(1)所得到的效應圖，將其中一個或多個人為所做的決定改為相反的結果。描述對於行為所可能造成的改變。

3. 想想看有沒有某個戲劇化的事件曾迫使你不得不迅速做出決定。把整個的決定過程回想一遍，至少列出三個你可以有的選擇。一一描述其可能造成的後果，並與你實際所做決定的後果加以比較。

4. 找個上班的日子，帶本筆記簿，每當你聽到有某人把與人為決定有關的定律當成自然界的定律來談時，就將之一一記錄下來。從這類的敘述中你可找出怎樣的固定模式？這些模式可讓你對你的機構有什麼新的看法？

8
掌握不住方向的時候

罪惡只有一種，那就是不相信你還有機會。

——尚—保羅・沙特（*Jean-Paul Sartre*）

在第四章裏，我們學習到，為了能掌控好一個軟體工程專案的方向，專案經理需要做到下面幾件事：

- 為將會發生的事做好規劃
- 對實際正在發生的重大事件進行觀察
- 將觀察所得與原先的規劃加以比較
- 採取必要的行動使得實際結果能更接近原先的規劃（圖8-1）

模式2的經理人員具有「為將會發生的事做好規劃」的能力。如果他們想要轉換到模式3，則需要學習做到其餘的三件事。在本章中，我們要來研究經常會阻擋他們去路的三種動態學。每一個動態學都伴隨著一個乍看之下非常合理的解釋：

- 我只是個受害者

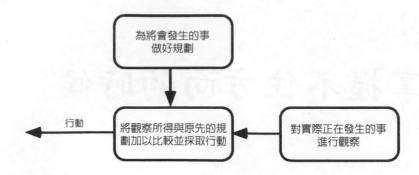

圖8-1 圖4-5的再製：掌握軟體工程專案的必要條件。

- 我不想再聽到任何那類負面的講法
- 我以為我所做的都是對的

8.1 我只是個受害者

我在1956年曾預言FORTRAN這種程式的壽命撐不過三年，而這只是我的職業生涯中所犯下的諸多重大錯誤中的第一個。讓我告訴你我是如何差一點就鑄下另一個更大錯誤的故事。

8.1.1 失敗與成功之間的區別

在1961年，我任職於IBM的系統研發中心時，負責帶領一批學生所做的研究案是專門探討那些已宣告失敗的軟體開發專案。學生訪談過的專案經理有一打，歸納出造成每一個專案失敗的所有因素。我仔細研讀這些因素後發現，它們唯一的共同點就是運氣不好。諸如電腦中心鬧水災、感冒大流行、在緊要關頭掛頭牌的員工離職、暴風雪來襲、程式的原始檔受損、甚至還遇上大地震。顯然，這些專案經理個個都是自然界定律的受害者。

　　學生寫了篇報告把這個既驚人又令人沮喪的發現給記錄下來。我拿來稍事修改，加了些我自己的看法，並打了幾通電話給雜誌社的編輯徵詢他們的意見。有一個編輯問我為什麼不用較正面的語氣來談談所有的成功專案有何共同的因素。

　　「我們沒有去研究任何成功的專案。」我說。

　　「那麼，你們怎麼知道那些專案沒有遇上運氣不好的事呢？」（喀嗒）

　　那個「喀嗒」是他的電話斷線也是——在千分之一秒後——我的大腦回過神來的聲音。我們立刻抽回那篇報告，另外找了一組學生針對成功的專案再做一次類似的調查。這些專案中的每一個，同樣的，也都遇到過某種天然的災害，但是卻有完全不同的結果。

　　尤其讓人訝異的是，電腦中心同樣遭火災侵害之後這兩種機構有截然不同的反應。有一個專案就宣告徹底失敗，而別的專案卻能恢復過來，差別就在處置方式的不同：

1.　所有原始程式的備份早已在公司外的某地另行存放，因而未同遭火災波及。而失敗的專案雖也有做備份，但未定時照規定執行。

2.　硬體用的都是標準架構，因此受損的部分可毫不考慮就加以更換。但失敗的專案卻為了省下幾千美金而使用「接近標準」的硬體。

3.　專案的全體成員都有意願也有能力全力投入並加班工作來做善後處理、檔案回復、以及專案文件的整理等。但失敗的專案則有大約兩成的員工拿這場火災做為另謀他職的機會和藉口。

4.　既然無論如何一切都得重新開始，成功的專案趁機找顧問來幫忙，利用這場火災做為重新改組的契機。但在失敗的專案中，大

家所能看到的唯一機會是，可以把火災發生前眾人都認為難以卸
除的失敗責任一股腦兒都推給這場大火。

簡言之，會造成不同結果的倒不是事件的本身，而是他們對於該事件
所做的反應。成功專案的反應是承認自己走霉運，然後擔起復原的責
任，甚至抓住機會利用這場災難所帶來的一些優勢。反之，失敗專案
則逮到讓自己裝成受害者的機會。正如某位經理所說的：「我又能做
什麼呢？整個辦公室都燒成了灰燼。」

8.1.2 受害者的語調

從那次之後，我再也沒有接過其他電腦中心遭回祿的顧問案，可是，
當然還是有許多遭遇其他麻煩的專案找我去幫忙。在這些顧問案的期
間，我總是會注意去聽經理人員的口中是否出現受害者的語調。若我
聽到任何的一句，我就與這些自我宣稱的受害者共同製作一份效應
圖，並將所有可能需要人為控制的時點都清楚地標示出來。

　　一段典型的受害者語調即一個經理會說：「專案的時程落後，我
也無能為力，因為布魯克斯定律說我不可能增加人手而不使專案落後
得更多。」讓我們來檢查看看該如何把受害者的語調化為控制者的語
調。

　　愛黛拉是一個專案經理，她在加派工作人員之後發現專案進度開
始落後。此時，愛黛拉還是可以繼續加派工作人員，但這麼一來將會
造成一個正向的反饋迴路，若是沒有管理階層的干預就不會出現這樣
的迴路，如同我們在圖6-4中所看到的。當他們找我去幫忙時，我做
的第一件事就是向愛黛拉說明，為什麼她所做出的決定就是讓事態惡
化的元兇。這個做法說服她不再繼續加派人手，但我想要表達的還不

止於此。

　　圖8-2顯示我是如何將圖6-4加以重新繪製,以利用它來向愛黛拉強調在某些地方是由她所控制的。

　　人為決定的時點是在既不妨礙有經驗員工之工作也不增加協調工作之負擔的前提下找出增加人手的方法。找出這樣的方法是愛黛拉的責任,不過這還是一個容易解決的問題。一旦她認清事實上自己並不是一個無助的受害者,她就採取一些步驟來控制「新進人員之數量」對「已完成之具生產力的工作」所產生的效應。首先,她指派部分的新進人員去:

- 審查設計和程式碼
- 修改專案的相關文件

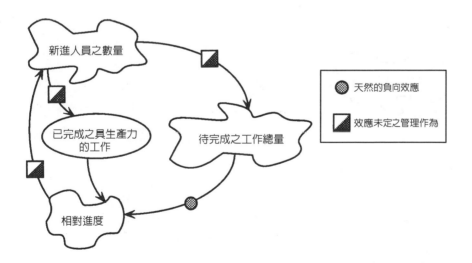

圖8-2　布魯克斯定律的動態圖,重新繪製以顯示專案經理可以從哪些地方下手,預防由管理階層所引發之時程延誤。本圖與圖6-4的差別在於增加了幾個需要人為決定的時點。

- 設計測試案例
- 當其他的工作人員有需要時幫忙打雜

這麼一來，雖然她繼續添加新人（這麼做是出於她自己的選擇，如圖8-3中灰色的方塊所示），但她讓新人的效應成為正向的（如圖8-3中白色的人為控制方塊所代表的）。在這麼做的同時，愛黛拉還在有經驗人員的身上增加了一些工作的負擔，不過對此她是有控制的，她發出嚴格的命令，規定未取得她的同意前任何人不得去找有經驗人員討論問題。這種對於「新進人員之數量」對「待完成之工作總量」所產生之效應做局部的控制，可由圖8-3中灰白各半的符號來表示。

　　簡言之，愛黛拉挑起「創造屬於自己的定律」的重責大任，一如圖8-3中的那個新效應圖所展現的。與此相反，如果你偏愛自然定律的確定感，我可以推薦你一條與人類行為有關的定律，它同樣具有那

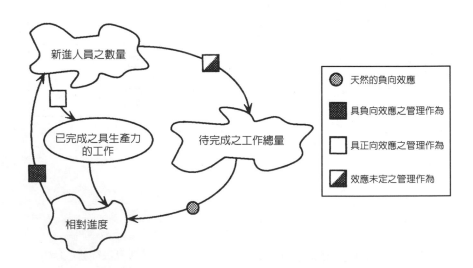

圖8-3　重新繪製圖8-2以反映出愛黛拉在時程問題的管理工作上實際所做的選擇。

種天然的可預測性。不論何時當你說出「那件事我做不到」，你所說的將永遠是對的。不過麻煩的是，有時你會變成一個沒用的受害者。

8.2 我不想再聽到任何那類負面的講法

即使經理人員願意對自己所採取的控制行動負全責，他們還是會做不好，除非他們擁有正確的觀察結果且據以採取行動。正確的觀察不會無端發生，唯有費心將管理階層做決定的工作做好方能達到。

　　彼得是個軟體開發的經理，表面看來他對軟體的開發過程還算了解，可是在處理因程式品質不良而造成的危機時，他卻不斷地做出不當的干預。調查過彼得所負責的幾個專案後，我們發現他那些不當決定的起因倒不是他的判斷力不好，而是他所得到的與軟體品質真實狀態有關的資訊，容易使人產生錯誤的解釋。

　　造成資訊品質欠佳的原因又是什麼呢？當專案開始出現品質的問題時，因為害怕將問題如實以報不知會造成怎樣不可測的惡果，這使得人們寧可採取會破壞報告正確性的行動。例如，測試工程師會把所找出的問題當場即予解決，而不循正式管道把問題報告出來。其次，測試小組的負責人在做問題的歸類時會把問題的嚴重性做向下修正。第三，程式設計師在改正過好幾個程式的錯誤後，在報告上卻寫成只因有一個程式上的錯誤而造成許多軟體功能失常的現象。程式設計小組的負責人會盡量把許多軟體功能失常的現象都歸類為「顧客對文件的解讀錯誤」或「作業系統上的毛病」。這樣的分類法會分散人們的注意力，不把矛頭對著程式設計小組。最後，專案經理會將軟體的故障報告（trouble report）加以「調整」，朝「最有利的」方向來解釋。

　　這些做法會產生一堆嚴重誤導他人的報告。沒有哪個控制者能夠

以這樣的報告為基礎而做出有智慧的干預行動。為了向彼得展示我們
所認為的真實情況，我們畫出圖8-4的正向反饋迴路。

　　彼得看到這張效應圖後，他的反應是用受害者的語氣說出：「這
個嘛，如果這就是真實的情況，我也束手無策。你看，在這個迴路中
並沒有人為決定的時點。當有一大堆問題的時候，一般人自然而然就
會對如實以報心生畏懼，此外，如果他們是真的害怕了的話，他們總
是會找出辦法讓事情能夠變得好看些。如果我拿到的報告是不正確
的，也沒有什麼事是讓我做了之後可顯示我的優秀，而我如果原本就
不是一個優秀的經理，品質問題必然會一個接一個的出現。因此，照
你自己所訂的模型來看，我是卡在一個正向的反饋迴路裏出不來了。」

　　彼得說的也有部分的道理。如果圖8-4是一個完整的動態圖，他

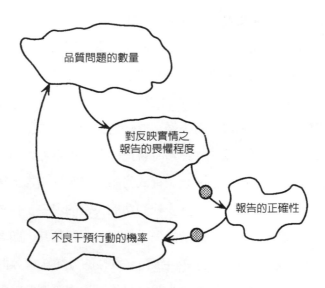

圖8-4　對於如實報告壞消息所可能產生的後果若心存畏懼，將導致刻意去扭
　　　　曲軟體的故障報告之行為，使得經理不大可能去採取有意義的干預行
　　　　動。如此一來對於不良的品質會造成一個正向的反饋迴路。

的確是無法可救了。不過一個經理總是有辦法在系統裏添加一些東西而製造出一個嶄新的圖型。我們兩人合力，弄出了如圖8-5所顯示的效應圖，其中增加了一種可能性，那就是經理人員（或許在無意間）會懲罰為品質問題提供正確量測數據的那些人，並將這類的反饋稱為「負面的講法」。此一做法還會製造出另一個反饋迴路，即再度強化人們對於「交出一份情況看來不妙的報告」與生俱來的恐懼。

　　雖然這第二個反饋迴路看起來似乎會讓事情變得更糟，但它確實提供了一個人為決定的時點，使得「更糟」或「更好」都能受到控制。經理人員對於提供「正確但令人感到不快的資訊」的那些人不必然要施以懲罰。如果對報信者施以懲罰會導致資訊系統的癱瘓，何不採取一些步驟來扭轉這樣的效應，並對正確的報告給予獎勵呢？將這類懲罰的效應加以扭轉後會創造一個具穩定效果的負向反饋迴路，不

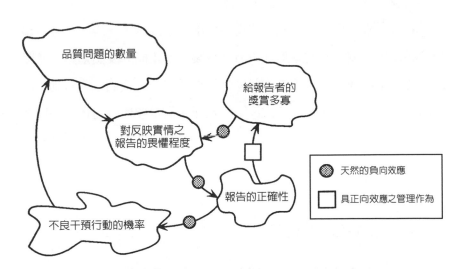

圖8-5　經理對於「品質的問題報告」的一種可能反應就是去懲罰報告者。另一不同的做法是對正確的報告給予獎勵，這麼做或許無法讓畏懼之心消弭於無形，但卻有助於使畏懼之心受到控制。

但可防止對正確報告的天生恐懼，又使情況不致完全失控。

我希望我能夠向讀者報告說彼得立刻就將這個錯誤的情況矯正過來了，但是他怎麼可能做到呢？如我們所見，像這樣的非線性情況是不容易被扭轉的。信任要建立起來得花上許多年的工夫才可能，但要將之摧毀殆盡卻只需片刻。彼得真心的展開一個管理階層的訓練方案，特別著重在溝通的技巧。他自己第一個報名參加，樹立了一個良好的典範。

我在彼得的公司擔任顧問好長一段時間，長到足以親耳聽到他改變了自己在不經意間所用的強烈語言，但還不足以親眼見到他在去除模式 2「視負面講法為禁忌」的工作上是否成功。正如在所有以恐懼為主要變數的場合中，預防工作比起治療工作當然要容易上十六倍。人們很容易就會落入對自己上司會做出最壞反應的恐懼之中，因此，並不需要力量強大的動態圖即可引爆這種恐懼的情緒。

在接下來的幾章中，我們將會再舉出許多的例子來說明，像這類無意識或無深度知識的管理決策方式會製造出正向的反饋迴路，並因此而導致難以挽救的無生產力狀態。更重要的是，我們也將看到，能夠做出有意識、有深度知識之決策的經理人員是如何製造負向的反饋迴路，並因此而終於恢復原有的生產力——或許還能夠防止相同的情況下一次不再發生。

8.3 我以為我做的是對的

人們經常會根據錯誤的干預模型來採取行動。他們以為他們做的是對的，但其實不然。更糟的是，有時人們還會把干預模型給弄反了。他們以為自己做的是對的，但其實他們所做的卻完全錯誤。在此提供一

個讓人發笑的故事，故事中我扮演的就是愚蠢的受害者角色：

丹妮與我買了一個有兩個控制器的電毯，讓我們的老骨頭免受內布拉斯加州的嚴寒之苦。我們買回家的頭一個晚上，它竟然罷工，害得我倆飽受折磨。我們把它拿回Sears百貨公司，售貨員說他很樂於替我們換個新的。不過，他先徵詢我們是否可讓他先檢查一下控制器。之後，他向我們證明兩個控制器不小心給接反了，導致如圖8-6中的效應圖。

此動態圖並不是一個受害者的動態圖，而是取決於我們所採取的有意識行動為何，但此行動所根據的「電毯實際是如何在運作」之模型不巧是錯的。我的模型說：「當我把我的控制器調低，我這一邊的床會變得較冷。」丹妮的模型說：「當我把我的控制器調高，我這一邊的床會變得較暖。」這兩個模型本可以運作得很好，應該讓我們兩人都感到舒適才對，唯一的例外是控制器給接反了。於是，系統的動態圖進入一種失控的狀態，一路朝著電毯所可能帶來最大的不舒適狀

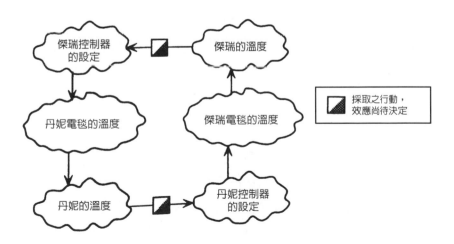

圖8-6　有雙重控制開關的電毯若是接反了會如何。

態前進。

　　丹妮與我二人所擁有的模型都與電毯實際是如何在運作恰恰相反。當她感到過冷的時候，就調高她的控制器以試圖改善狀況。這麼一來害得我變得太熱，而我的模型又要求我將我的控制器調低，這個動作實際上卻導致丹妮那邊變得更冷。因此，到了最後，她打算使自己再暖一些的行動實際上卻導致一種回力棒（自食惡果）的效應，比起完全不做任何事，這些動作反而會使她變得更冷。

　　我實在忍不住要將我的不舒適全都怪罪丹妮（而她則想怪罪給我），不過，在這樣的系統裏，若問誰在控制誰是毫無意義的。若真要說是誰，就是當初把控制器接上電毯的那個人在控制每一個人，不過，更正確的說法可能是，是我們的無知在掌控。或許這正是為什麼怪罪他人是許多模式 2 機構的一大特色。

　　當然，這條線路接反了的電毯可忠實呈現出模式 2 的軟體機構中許多真實情況的模型。再舉一例，聯合雪茄租賃公司正努力試圖要朝模式 3 邁進。例如，他們採納了吉爾伯（Gilb）的進化式的方法來開發一個訂單輸入系統。聯合雪茄租賃的某些內部顧客對於其微型專案的品質並不滿意，且對於加強系統功能的新版本要延遲到下一個微型專案才出得來也感到很不高興。他們催促開發人員要加快交貨的腳步。這些人同時還要求應有更多的功能，尤其是復原的功能，因為軟體經常會無緣無故就掛了。他們在心中也暗忖，既然已經多等了這麼久的時間，單單為了這份耐性他們就該有更多的功能以為回報。

　　開發部門為了讓所有的新功能可如期交貨，於是在下一個微型專案中任由品質下滑。顧客用了錯誤的模型來模擬軟體的開發工作，從此事得到了證明，並隨著下一個微型專案又開始另一個新的循環。（參考圖 8-7。）

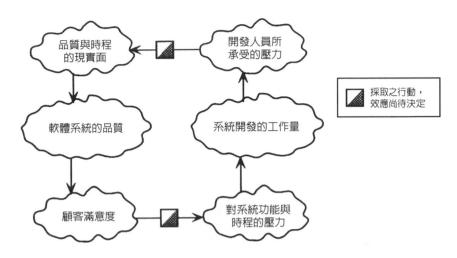

圖 8-7　軟體開發人員和顧客之間有可能就像電毯內部的線路一樣完全接反了。

　　聯合雪茄租賃極力想走出這樣的困境,方法是採行三大策略:教導雙方明瞭如圖 8-7 所示的動態學模型;讓雙方看清楚彼此確實都有屬於自己的控制點,只是他們將這些控制點給弄反了;協商出一段時間來培養彼此的互信,在此期間內顧客減少施壓,而開發人員則削減願意承諾的功能並延長交貨的時間。此策略最後得以成功,要歸功於聯合雪茄租賃採用了微型專案的做法,因為沒有哪個行動的規模會大到讓任何一方不願接受的程度。

　　有一個程式設計師向我建議,只要他的主管們願意把他們所做的每一個管理上的決定都顛倒過來,那麼他們在管理工作上就會有優異的表現。不幸的是,這不太容易做到。電毯的回力棒現象是希臘神話故事中最常出現的主題,這要比電毯或軟體的問世還要早數千年。伊迪帕斯(Oedipus)的父親想要避免自己在預言中的死亡;但他所採取的行動卻再再導致了他的死亡。伊迪帕斯一心想要找出真相,而他

所採取的行動卻讓他盲目。為了避免這種回力棒的現象，你必須了解什麼是反饋效應，以及你該如何去對付它。

8.4 心得與建議

1. 工具本身並不能決定自己將會如何被使用。因此，問題的關鍵不在工具，而在你對工具所做的反應。即使你不了解程式設計的工具是怎麼回事，仍然可利用它來幫忙做好程式設計的工作，或者，藉著這類工具的使用讓程式設計師的心思力氣可以用在那些無法制式化的工作上。模式2的經理人員購買工具為的是要強迫程式設計師用標準的方法來做事。模式3的經理人員對工具加以管理為的是要授權程式設計師讓他們能夠用比較有效的方法來做事。

2. 管理軟體的工作也可以同樣的方式來加以區分。即使你不了解管理方面的工具（例如方法論）是怎麼回事，仍然可利用它來幫忙做好管理的工作，或者，藉著這類工具的使用讓程式設計師的心思力氣可以用在那些無法制式化的工作上。前者是模式2所做的選擇；後者是模式3所做的選擇。

3. 當你聽到雙方人馬互相指責對方，他們很可能都陷入互相毀滅的反饋迴路中而難以自拔。若能增加對於致使他們身陷其中的系統之了解，通常即可讓他們找到脫身之道——只要事態沒有惡化到他們只希望能報一箭之仇，而不想找出具有創意的解決之道。

8.5 摘要

✓　許多的專案經理因為相信自己是個受害者，完全無法控制自己負

責專案的命運，以致未能掌握好專案的方向。從他們所慣用的受
害者語言你可以輕易辨認出這樣的經理人員。

✓　布魯克斯定律未必會成為一條受害者的定律，只要當經理的人能
認清在何處可施加管理上的控制，並知道這類的控制可以有各種
不同的形式。

✓　最常見的一種動態圖即對報信者施以懲罰，如果他所帶來與專案
進展有關的消息雖然是正確的，但卻都是壞消息。這樣的干預行
動雖可避免人們去談論負面的消息，但也會扼殺掉專案經理為保
持專案順利進行而做出有效干預行動的機會。

✓　自盤古開天以來，人們把他們的干預行動不但給弄錯了，也弄反
了。畫一張清楚的效應圖即可幫助你釐清狀況，了解到雙方都在
不斷地迫使對方走向毀滅，卻還一直認為自己是在改善情況。

8.6　練習

1.　從你自己的生活經驗中舉出三個受害者動態圖的例子。為每個例
子畫出其效應圖，並標出有哪些與控制有關的不同決定可供受害
者來選擇。在這些例子中至少有一個你就是受害者。

2.　從你自己的生活經驗中舉出三個與談論負面消息有關之情境的例
子。這種情境是如何造成的？這種情境是否得到改正？若然，用
的是什麼方法？要花多久的時間？

3.　從你自己的生活經驗中舉出三個電毯動態圖的例子。為每個例子
畫出其效應圖。在這些例子中至少有一個你就是受害者。你是怎
麼發現有東西接反了？當你發現後，心中做何感想？

第三部
會對模式造成壓力
的要求

　　每個機構不會胡亂選擇一個模式來決定其管理的行動。每個模式都是機構對於加諸在身上的一連串要求所做出來的反應。這樣的要求可以分成三類：來自該機構顧客的要求、因該機構所欲解決問題類型的不同而形成的要求、以及由該機構過去所累積的做事方式而產生的內部要求。

　　在這三種要求的交互作用下，決定了一個機構採用現行模式是否具有成功的機會。在以下的幾章裏，我們將會看到外在的要求 —— 顧客的要求與問題的要求 —— 是如何對機構的工作模式造成壓力，並造成新的問題使內部機構不得不去解決。我們也將看到機構對這些要求會有哪些典型的反應，以及每個反應會造成怎樣的結果。

9
為什麼掌握方向
那麼難？

要把營運管理學中的某些基本觀念應用到專案上時就完全不是那麼回事。最好的一個例子就是規模經濟（economy of scale）原理。我們都被教導說，一個大型的機器能夠以較快的速度利用較多的資源，因此會比較小的機器更有效率；一個一小時可以生產5,000組螺釘與螺帽的製程（process）與僅生產10組的製程相較，更能讓我們達到省錢的目的。這條定律用在製造螺釘與螺帽的工廠裏是毫無問題的，可是，當我們面對的是要能夠製造出「工廠」的製程時，我們就無法再使用這條定律了。我們要製造的就是一個工廠。

—— *Robert D. Gilbreath*[1]

在前一章中，我們看到了經理人員在試圖掌握軟體專案的方向時經常會犯的幾種錯誤。他們為什麼會犯下這些錯誤呢？因為他們是壞人嗎？因為他們是笨蛋嗎？還是因為他們只是普通人，就像你我一樣？

　　一個簡單的事實就是，如果他們是壞人或是笨蛋，那麼你我也都是壞人或笨蛋，因為每個人在試圖玩這場控制能力的賽局（game of control）時都會犯相同的錯誤。在本章中，我們將要探討，除了那些不太在意自己表現的人之外，為什麼其他的人在玩這場賽局時總是如此地艱難。

9.1 一場控制能力的賽局

現在是我們該來了解兩種不同的動態學之間有何重大差別的時刻了。當某個動態學的主要成分是做出人為的決定以確定工作的過程該如何做部分的調整時，我們可以稱這樣的動態學為干預式動態學（intervention dynamic）。例如，布魯克斯定律就是一個干預式的動態學，因為經理可以用不同的方式來干預並將動態學加以改變。

　　另一方面，存在於自然界的動態學（natural dynamic），或許與人為的干預行為有關，但是它所處的客觀環境會使得任何人為的決定都無力去改變此種動態學本身與天俱來的形式。藉著把東西舉起或是在空中飛翔的手段，或許我們可以暫時抵抗地心引力的定律，但是，我們完全無力可去改變這條定律的本身。同理，我們可以替程式設計師排班要求他們一天工作二十四小時，但是，這樣的做法撐不了多久，因為我們無法改變那些掌管睡眠生理的定律。換句話說，自然界的動態學對干預式動態學可成就的範圍劃定了界線。

9.1.1 計算的平方定律

對於那些從事軟體控制工作的人而言，最重要的自然界的動態學就是計算的平方定律，它對於心靈可成就的範圍劃定出界線。不論要控制

的系統為何，你都必須具備「利用你的系統模型來計算你規劃中的干預行動會產生什麼後果」的能力。如我們曾討論的，這些模型至少在觀念上可以用數學等式的方式加以表達。因此，每個控制系統都包含了一台某種形式的「電腦」，它可以解出這些等式並預估未來將會如何發展。這台電腦可以是一部機器，不過，它通常是一個人的大腦或一群人的大腦。

如果所談的是一台電腦，合理的推論你會問：「那台電腦要有多大才足夠？」計算的平方定律給我們的答案是：

除非我們可以做到某種的簡化，否則，要解出一組等式所需的計算數量其增加的速度至少會像等式總數的平方一樣快。

回想起來，用以描述一個系統之等式的總數就等於有進入箭號之節點的總數，或大約等於系統中需加以量測之事項的總數。如果系統 A 的節點數量是系統 B 的兩倍，則控制系統 A 之電腦的威力必須是系統 B 之控制器的四倍。

假若這台電腦恰巧就是身為軟體經理的你。根據「計算的平方定律」，為了要控制你的系統，該系統的大小若是倍增，則你在解決與控制相關問題的能力上必須變得比你原來要聰明四倍（參考圖 9-1）。

你知道如何才能變得比你原來聰明四倍嗎？如果你不知道那就大事不妙了，因為從圖 9-1 可以看出，圖中所含的動態學是存在於自然界的。為什麼呢？因為其中沒有任何人為決定的時點，你無法對它有任何的改變。

又，假若這台電腦是一整個的機構，大家共同合作來控制軟體開發的工作。這樣的話，根據「計算的平方定律」，如果該機構想要打造出比原本大十倍的系統，那麼該機構的工作能力將必須變得比原來

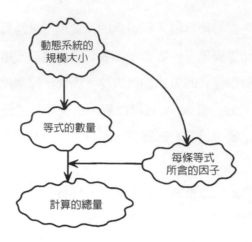

圖9-1　根據「計算的平方定律」，為控制一個動態系統所需的計算量會呈非線性的增加，在求取任何控制器的計算總量時，此效應圖可做為一個明證。

好上一百倍！許多成功的機構模式在不斷成長的壓力下崩盤，對於此現象你還會有絲毫的訝異嗎？

9.1.2 把控制當作是一場賽局

也許真正的問題應該是——怎麼會有軟體機構的經理人員能夠成功？各種不同的賽局就是對情況加以控制的最簡單例子，不論賽局是如何的複雜，有時我們還是能取得勝利。或許對於賽局所做的研究可以幫助我們釐清，在面對複雜的情況時想要獲致成功的關鍵問題為何。

　　要如何以一個賽局來模擬一個情況受到控制的模型呢？假設某場賽局進行到現在的殘局是B，B代表了一個初始的（但不理想的，bad）狀態。賽局得到最後勝利的殘局是G，G代表了你想要企及之理想的（good）狀態。你的比賽策略（playing strategy）即你讓殘局從B變成G所採用的走法，也就是你的控制策略（control strategy）。

讓我們從一個非常簡單的例子開始。井字遊戲（tick-tack-toe）是一種宿命論式的（deterministic，在比賽之初即勝負已定）遊戲，因此，除了你對手的下一步走法之外，沒有任何其他隨機變化的元素會影響到賽局。從控制論（cybernetic，譯註：cybernetics 是一種科學的研究，探索資訊在機器、大腦、及神經系統中如何運作及被控制）模型的角度來看，這意味著沒有任何「隨機變化」的輸入條件會影響到賽局。因此，你模擬賽局的模型若是比我的好，我就永遠無法在井字遊戲中贏過你。對於我所走的每一步，你的模型會告訴你下一步該如何因應，就會起碼不輸給我所走的那步棋。你可以往前多想幾步，試想你可選擇的每一個干預行動會有哪些可能的結果。能夠如此，你就是個立於不敗之地的控制者。

在圖 9-2 中，我們看到了一個如上述的完美控制者所採用的策略，從某個殘局找出其後四步的可能發展，其中的兩步是 X 所走的，另外的兩步是 O 所走的。正如此一完整賽局的發展樹狀圖（game tree）所示，立於不敗之地的控制者從這個殘局開始，不論賽況如何發展都可贏得勝利。

當然，井字遊戲賽況的可能發展不太複雜，因此，你並不需要有很大的大腦即可找出完全比賽（perfect game）的走法。在內布拉斯加州的農牧產品展售會上，你只要花兩毛五分錢就可以跟一隻受過訓練的雞來玩井字遊戲。而這隻雞還從來不曾輸過。因此，我們可以下個結論說，井字遊戲的複雜度要比一隻雞的大腦容量還要小。我們對井字遊戲會不大感興趣也就不足為奇了。

9.1.3 西洋棋有多複雜？

賽局的複雜度若是變得比較高會如何呢？拿西洋棋與井字遊戲相比，

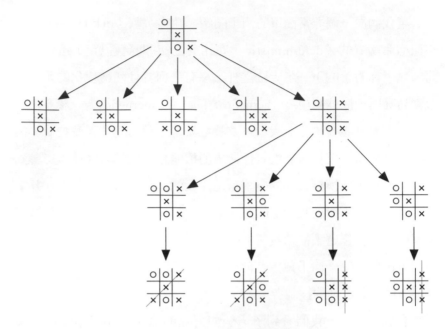

圖9-2　井字遊戲是一種宿命論式的遊戲，這意味著，理論上玩遊戲的人可以
　　　　往後多看幾步，並檢查一直到遊戲結束之前的所有可能走法，來看看
　　　　會導致勝利、失敗、或平手的走法是什麼。在這裏我們所看到的是整
　　　　個賽局的發展樹狀圖的一部分，它顯示×如何可從一個還有四步可走
　　　　的殘局中，不管○的下法為何，皆贏得最後的勝利。

顯然是複雜度較高的一種賽局，不過，它也是一種宿命論式的賽局，
因為在棋盤上隨機的變化是不可能發生的。這意味著西洋棋除了所需
的電腦比較大之外，它與井字遊戲就某方面來看是完全一樣的。

　　換句話說，你的西洋棋電腦可以透過賽局發展的樹狀圖來預想賽
況，正如你在井字遊戲中可以做到的一樣。然而，到目前為止，尚無
人能教一隻雞學會西洋棋的必勝下法，因此，下西洋棋所需的電腦容
量也許比一隻雞的大腦容量要大上許多。也沒有任何人能教一台由機
械所組成的電腦學會西洋棋的必勝下法，雖然有許多西洋棋段數頗高

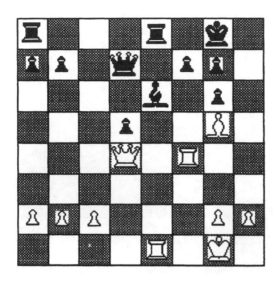

圖9-3 如井字遊戲一般，西洋棋是一種宿命論式的遊戲，雖然它所需要的電腦比較大。縱然已有一個名為「深思熟慮」的電腦程式可在3.5秒內從這個殘局開始為白棋找出一套必可將死對方的棋路，不過，尚無人能教一隻雞學會西洋棋的必勝術。你能做得更好嗎？

的程式已經利用到這種前瞻式（look-ahead, 指對所有可能性進行預先的演算）的策略。例如，圖9-3顯示了一個殘局，一個名為「深思熟慮」（Deep Thought）的西洋棋程式可在3.5秒內找到一套「必可將死對方的棋路」（forced mate，一個棋步發展的樹狀圖，其中的每一條分枝都可走向勝利）。

9.1.4 計算的複雜性

西洋棋比井字遊戲所多出來的複雜性即計算的複雜性，這種複雜性的出現是因為有組合數學（combinatorics）的因素。在圖9-2井字遊戲的殘局中，X方只有五種可能的下法，而對其中的每一種下法O方接

下來有四種可能的下法。對於這四種下法，X方接下來有三種可能的下法，而對於這三種下法，O方各有兩種可能的下法（然而此時可能已輸掉棋局，這或多或少可降低遊戲的複雜性）。因此，為了能找出這個殘局所有可能的下法，最多會需要考慮到$5 \times 4 \times 3 \times 2$，也就是120種的變化。的確，若考慮井字遊戲所有的可能殘局，最多會有$9 \times 8 \times 7 \times 6 \times 5 \times 4 \times 3 \times 2 = 362{,}880$種走法的順序，這是衡量複雜度的一個方法。

接著要考量的是西洋棋的複雜度。從圖9-3中的某個西洋棋的殘局來看，白棋有52種可能的走法，每種走法之後黑棋接著會有不同數量的走法。比方說，如果白棋是讓國王前的小卒前進一步，則黑棋有28種可能的反應。如果這也是可能反應的平均數，那麼一輪白黑棋的可能走法之組合就有$52 \times 28 = 1{,}456$種。這樣的話，即使只看兩輪白黑棋各走一步的順序就會超過一百萬種的組合，這已遠遠超過井字遊戲的複雜度。與井字遊戲不同的是，西洋棋的一場賽局在走過若干步棋之後並不能保證棋局的結果，但是我們若估計平均一場賽局會有30輪讓白黑棋各走一步，而每一輪有1,000種的組合，則我們估計會有$1{,}000^{30}$或10^{90}種不同的賽局。

9.1.5 用一般性原則來加以簡化

我們都知道，還沒有誰能找到西洋棋的必勝之道；否則的話，就會出現一個所向無敵的西洋棋棋王。找出西洋棋的必勝之道可能已超越了人類大腦的計算容量，不過有不少人的西洋棋確實能下得非常好。因為西洋棋的必勝之道超越了好的西洋棋手的大腦計算容量，因此無人能靠著檢視賽局發展樹狀圖中每一步可走的棋之後才來決定下一步該怎麼走，除非是在某些特殊的狀況，例如到了終局或已走進一套必可

將死對方的棋路上。

　　人們能夠增加其外在計算能力的方法，不是把可走的每一步棋拿來加以檢視，而是去運用某些一般性原則。所謂一般性原則的例子如「盡快用城堡保護好國王」或「不可將兩個卒子部署在同一條縱線上」。雖然每一個一般性原則都有不適用的情況，但有了它們可讓我們只需檢視那些最有威脅性的棋步，如此即可降低計算的複雜度。這是「計算的平方定律」中「除非我們可以做到某種的簡化……」這句話的真正意義。

　　比方說，西洋棋有一條一般性原則說「不要為了吃掉對方一個較弱的棋子而犧牲自己的皇后」。這是一條很好的原則，若能把握住幾乎總是能讓我們下棋的威力大增，因為你不必考慮要讓皇后做這樣的犧牲。但是，在圖9-3的殘局中，唯有下這一步被「嚴格禁止」的棋，方能為白棋走出一套必可將死對方的棋路。

　　當然，白棋用一些殺傷力較弱的棋步或許仍然可以贏棋，不過重點已經很清楚了。下棋的一般性原則讓我們在多數的時刻可以用有限的計算能力把棋下得更好，不過代價是我們在某些時刻會錯失那最好的一著棋。這是「計算的平方定律」在發揮影響力，迫使我們用相當有限的資源來做到我們能力所及的最好程度——所謂「有限的」是相對於我們想要去解決的那個問題而說的。

9.1.6 規模對應於複雜度的動態學

接著要來看看，以上所說的跟軟體工程又有什麼關係呢？首先，我堅決地認為要開發出一套完美的軟體比下一場完美的西洋棋要難得多，前者已遠遠超過人類的能力範圍。要應付這樣的複雜度，「計算的平方定律」規定我們必須要有簡化後的一般性原則。

　　如果我們希望有一絲的機會能生產出一套好的軟體，先不提一套完美的軟體，我們所需要的就是簡化的工作。這些簡化的工作即我們稱為「軟體工程」的東西。這些簡化的工作包括了方法論以及效應模型，明文的或不成文的都在內。其中也包括如下的一般性原則：

- 「不可為了趕進度而在專案的末期增加人手。」
- 「絕對不可在你的程式裏用GOTO指令。」
- 「要買工具就買最好的。」
- 「不要寫單一獨大的程式；要把它拆成幾個模組。」
- 「專案小組的人愈少愈好，且盡可能找最好的人加入。」
- 「除非所有設計的成果都經過審查，否則不可動手去寫任何一個程式。」
- 「切勿對告訴你壞消息的人施以懲罰。」

將這類的方法、模型、和原則加以整合之後，就成為我們稱之為文化模式的東西。每一個文化模式所包含的就是機構本身在玩軟體工程這個遊戲時所用到一大堆簡化的東西。而這些簡化的東西，一如「絕不犧牲自己的皇后」這條原則，都只是我們所需要的一種近似值，因為有下面這個動態學的存在：

　　人類大腦的容量差不多是固定的，但軟體複雜度增加的速度至少不亞於問題大小的平方。

這可能是所有自然界的軟體動態學中最重要的一個。它結合了「計算的平方定律」與我們無法改變大腦容量（起碼在短期內是如此）的假設。我稱之為規模對應於複雜度的動態學。

9.2 軟體工程之規模對應於複雜度的動態學

「規模對應於複雜度的動態學」之所以重要，是因為它在軟體工程上隨處可見，雖然經常是以偽裝的形式出現。

9.2.1 *軟體的歷史*

或許此一動態學最重要的地方就是，在軟體行業的發展史上從頭到尾隨處都可見其蹤影，關於此點我們可以圖9-4中的效應圖來看個大概。此效應圖顯示，每當軟體開發的行業獲致成功，我們就會拉高自己野心的層次。從而，我們所欲解決之問題的規模也愈變愈大，直到問題的規模因受到「規模對應於複雜度的動態學」的影響，而被問題

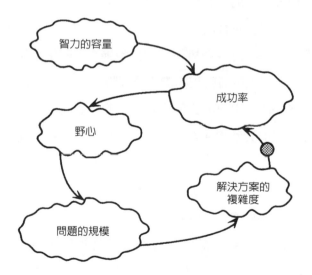

圖9-4 軟體開發的歷史可以總結在這張效應圖之中，以顯示為何每當我們小有成就時，就會拉高自己野心的層次。因此，我們想要解決的問題會逐漸變大，直到因「規模對應於複雜度的動態學」之故，而被問題解決方案的複雜度限制了問題規模的擴增。

解決方案的複雜度限制了它的成長。

當我們要解決的問題規模愈來愈大，「規模對應於複雜度的動態學」迫使我們從一個先前已證明為成功的工作模式，來到一個全新且未曾經過試煉的工作模式。要不是為了我們那不知饜足的野心，我們單單憑著目前的工作模式就可以在搖椅上舒舒服服地坐著，直到有人要把你連人帶椅一起搬走，才需起身。有許多機構就能做到這樣的光景，因為他們的顧客對於軟體要更好的要求並沒有更大的野心。

9.2.2 軟體工程的歷史

圖9-4所顯示的是，當你有一絲的野心想要讓軟體去承載更多的價值，很快就會碰到「規模對應於複雜度的動態學」所佈下的障礙，除非我們能夠改變自己的大腦容量。有時各家的機構會雇用更聰明的人以達此目的，不過，這樣的做法有其一定的限制。與我共事的幾家軟體機構都開始抱怨，計算機科學系的頂尖畢業生總是不夠大家分配，這就引發一場為了大腦而競相叫價的爭奪戰。

我們雖無法改變自己的大腦容量，但我們對自己能利用到多少大腦的容量以及要把大腦用在哪些事上，卻是可以加以改變的。這正是我們創造出軟體工程的主因。圖9-5顯示如何利用軟體工程來簡化大型問題的解決方案，並以增加成功率來回應日益變大的野心。此圖亦顯示，在我們仔細研究圖中的動態學後會發現，只要我們的野心不斷地受到成功的激勵，那麼軟體工程的研發將會是一件永無止境的工作。

反過來看，圖9-5亦顯示，一個機構在軟體上的野心一旦到了最高點，就不再有強烈的意願想要引進軟體工程更先進的實務做法，而該機構會安於目前舒適的文化模式。一個機構唯有到達模式4的境界

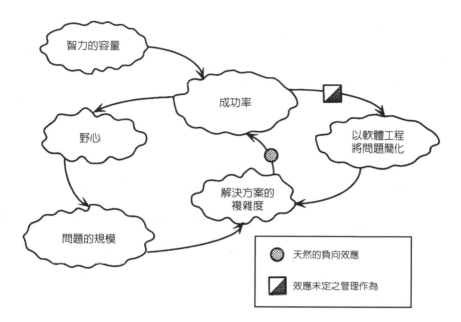

圖9-5　一部軟體工程的歷史就是試圖要打敗「規模對應於複雜度的動態學」的歷史，所用的手段是創造出可將問題簡化的方法，當問題的規模愈變愈大時，簡化法可以降低解決方案的複雜度。若是沒有了野心，也就不再需要軟體工程了。

後，追求更高品質的野心才會內化成每位員工自我的一部分，此時改善軟體工程的循環將能夠自給自足地運作下去。

9.2.3 與大自然對抗的賽局

每個「規模對應於複雜度的動態學」都包含了兩大部分：固定容量的人腦和隨著規模大小而增加的複雜度。每個與複雜度有關的實例都是「計算的平方定律」的一個特例。比方說，不論賽局的形式為何，我們都可在其中發現「規模對應於複雜度的動態學」，雖然細節的部分會隨著賽局的不同而有各自不同的變化。

　　一場賽局，從這個廣義的層面來看，是兩個人在比賽的一個情境。（其中的一人也可以是大自然，它祭出自然界的動態學，如果我們想要從Ｂ變成Ｇ就得打敗這些動態學。）這兩個參賽的人可說是輪流來出招，而因為你必須對你對手所走的每一步做出反應，所以你可得出一個兩步棋之內的動態學，如圖9-6所示。

　　這張圖也可用來描述與管理有關的賽局，或與控制有關的賽局。至於對手是不是大自然（隨機的變化）或機構中其他人高度結構化的努力都不重要。做為一個控制者，經理對可能讓專案開始走上失敗之路的所有動作都必須加以回應。好的經理人員，如同好的撲克牌玩家一般，不相信有所謂運氣不好這種事。不管拿到的是怎樣的一手牌，他們都可以打得很好。

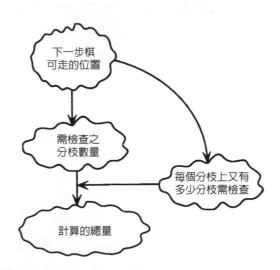

圖9-6　把「規模對應於複雜度的動態學」用在參加一場賽局時，此圖可說明
　　　　複雜度從何而來。對任何高手而言，如果你把棋盤加大的話，都會立
　　　　刻使賽局變得太過複雜。

9.2.4 找出缺陷所在位置的動態學

圖9-7顯示「規模對應於複雜度的動態學」最重要的應用途徑，即用於大型系統、軟體等的建造工作上。這就是「找出缺陷所在位置的動態學」。此圖說明為什麼系統的野心愈大，則為找出缺陷所在所耗費的心力也愈大。你會發現，在這個模型中完全看不到一絲的運氣成分。好的程式設計師也不相信有所謂的運氣。

　　當模式2的經理人員開始感覺到有「找出缺陷所在位置的動態學」所造成的障礙存在時，或許他們不了解這是一個自然界的動態學。相反的，他們或許覺得一切是來自開發人員的能力不足，像是不小心或

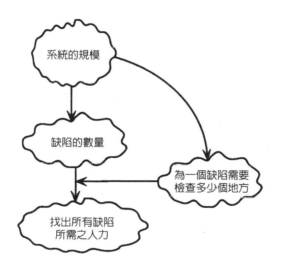

圖9-7　把「規模對應於複雜度的動態學」應用於如何在系統中找出缺陷所在這類問題時，此圖可說明複雜度從何而來。如果你的開發過程產生缺陷的速率是一定的，那麼你的系統規模若是愈大，則存在於系統中的缺陷也就愈多。因為系統若愈大，則為了找出每一缺陷的所在位置需要去搜尋的地方也愈多。因此，為找出缺陷之所在所耗費的整體人力會呈非線性的增加。我們稱此為「找出缺陷所在位置的動態學」。

缺乏士氣之類的，而這些是可加以糾正的。他們不理解的是，「找出
缺陷所在位置的動態學」所描述的是如何找出系統中的缺陷，而不是
一套管理上的實務做法，讓我們可藉此從負責建造系統、設法解決由
「找出缺陷所在位置的動態學」所引發的問題的那些人身上挑出他們
的毛病。

9.2.5　人際互動的動態學

為了要戰勝「找出缺陷所在位置的動態學」或各種形式的「規模對應
於複雜度的動態學」，模式 2 的經理人員經常喜歡採用人海戰術。不
過，他們若是這麼做，就會碰到這類的動態學以其他常見的偽裝形式
出現：「人際互動的動態學」。此動態學所造成的效應，對社會心理
學家和專案經理人員可說有切膚之痛，他們早就觀察到，當人數增多
時，這些人彼此間可能的互動方式即迅速增加，增加的速度往往快到
令他們無法控制的地步。此一「人際互動的動態學」就顯示在圖 9-8
中，往後我們將會多次提及。

9.3　心得與建議

1.　不必用很嚴肅的態度來看待「計算的平方定律」中的「平方」這
　　兩個字。可舉出許多的理由來說明為何破壞性最強的力量反而會
　　比較不具非線性的特質。比方說：

　　● 重要的工作（像是建造軟體的工作）不是純靠腦力的。總是
　　　有些必得完成的事是與腦力工作的規模完全無關，任何專案
　　　啟動之初的準備工作即為一例。

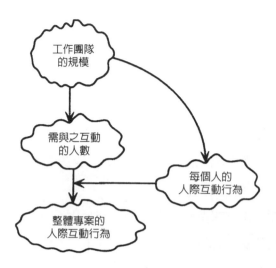

圖 9-8 把「規模對應於複雜度的動態學」用於如何去協調一個工作團隊（這是原始「布魯克斯定律」動態學以及許多其他動態學的重點部分）這類的問題時，此圖可說明複雜度從何而來。人際互動行為之整體數量會隨著團隊的人數呈非線性的增加，因此，若想要與人數較多的團隊一起共事，就得加重內部控制的負擔。我們稱此為「人際互動的動態學」。

- 專案很少會走到非線性曲線的極右端處，讓你強烈感覺到非線性曲線的效應。至於那些會有此現象的專案可能是正在走向失敗的案子，因而不會被列為統計的對象。

- 軟體工程最有效的做法就是把重點放在減少非線性的強度。使「計算的平方定律」受到節制的最佳策略就是採用模組化。此一策略對大型專案而言可戰勝複雜性（但對小型專案而言卻會增加額外的工作負擔），從而減少了「規模對應於所費心力的曲線」上整體非線性的強度。

2. 此外，不要忘了你的表現很可能會比「規模對應於複雜度的動態學」所說的還要糟上許多。當我們創造出一個含有正向反饋的干預式動態學，我們會讓自己置身險境，使「規模對應於複雜度」的關係不僅是非線性的，甚至是指數式的非線性。「規模對應於複雜度的動態學」說到的只是對那些好的經理人員所造成的限制。那些不好的經理人員對自己所可能造成的傷害卻是無上限的。

3. 對軟體開發工作想做到「完美的」控制比下西洋棋要難上許多，有許多的論點可資證明，但我只舉其中的一個。在一台典型的電腦上，每個機器指令都是用32位元的模子（pattern）來表示。因此，一個指令有2^{32}種表示法，或是說接近10^{10}。因此，由兩個指令所組成的指令串可以有10^{20}種寫法，而一個只有100行的程式則有10^{1000}種寫法。

   為了讓程式能夠臻於完美，我們必須將整串的指令寫得絲毫無誤。到目前為止，一個只有100行指令的程式要寫得完美，比要你找出西洋棋的必勝下法還複雜得多。同時你要記得，一個市售軟體的大小普通的就有100,000行的指令，而那些規模較大的甚至會超過10,000,000行的指令。

4. 要寫出完美程式的方法只有一種嗎？這要視需求而定。就西洋棋來說，一個殘局若使用相同數量的棋步通常可以找出兩套必可將死對方的棋路，其中的一個會比另一個更完美嗎？對多數下西洋棋的人來說，或許每次與人對奕都要獲勝才能夠稱得上完美。對某些人來說，或許要贏得每次的錦標賽，或是只要贏得一次錦標賽──世界盃──才能夠稱得上完美。這些論點所顯示的意義是，我們對「完美」的定義若是愈有彈性，要做好控制的工作就

會變得容易些。換句話說，如果你在一開始就願意讓出部分的控制權，那麼你將會增加你在最後仍保持主控地位的機會。

9.4 摘要

✓ 人為干預的動態學是對那些我們有能力加以控制的事而說的，但是，總是會有許多自然界的動態學對任何有心做好自己份內工作的控制者造成限制。控制者份內的工作中最主要部分就是設想出一套干預式的動態學，盡可能讓自然界的動態學受到最大的控制，但這套干預式的動態學是永遠無法臻於完美的。

✓ 「計算的平方定律」要說的是，在計算的過程中影響因素的數量若是增加，則計算工作的複雜度即呈非線性的成長。

✓ 可以把控制工作想作是一場賽局，與控制者競賽的對手是大自然。即使你擁有與賽局有關的最完整資訊（如井字遊戲或西洋棋），若是加大棋盤，則你的大腦容量仍然需要以非線性的方式增加，才會有完美的表現。

✓ 永遠都有簡化的必要，因為控制者所參與的賽局總是遠超過其心智的容量。簡化的具體形式可以是一個粗略的動態學模型，或是接近正確的規則（比方說，將一個專案切割成好幾個模組總是不會錯）。

✓ 軟體工程的管理工作比下西洋棋要難得多，其一，專案控制是一場資訊不足的賽局，其二，「棋盤」的大小隨時都在改變。

✓ 「規模對應於複雜度的動態學」在整個的軟體工程界是以多種的形式出現，可能的形式如「找出缺陷所在位置的動態學」或「人際互動的動態學」。

9.5 練習

1. 我的同行狄馬克（Tom DeMarco）與我一致認為軟體開發工作的管理要比下西洋棋困難得多，但他覺得我證明的方法不對。不過，他沒有告訴我他是如何證明的。試舉出你自己證明的方法，我指的是可說服你自己的論證法。若是說服不了你自己，則舉出一種相反的證明方法。

2. 畫一個效應圖來描述「為了大腦而競相叫價的爭奪戰」：機構以雇用更多更聰明的員工來打破「規模對應於複雜度的動態學」所造成的障礙。有人以開玩笑的口吻說：「軟體業的成長導致一股物理系的學生轉系到計算機科學系的風潮，所造成的結果是這兩個領域的平均智力都見增加。」你認為如此嗎？請說明為什麼。

3. 有一個想法是，把一場賽局的玩法擴大成可以容納超過兩個的參賽者。討論出一種論證的方法，讓軟體開發的控制工作可擴大成有三個參賽者的賽局。你有辦法再把它擴展成有N個參賽者的賽局嗎？

10
如何讓一切都在控制中

看到有人要來幫助你，你最好趕快逃到山上去。

──梭羅（*Henry David Thoreau*）

就我們當中對於軟體一直都還懷著野心的人而言，「規模對應於複雜度的動態學」的意思就是我們將會需要許多的幫助。在本章中，我們要來探討，確實有助於讓軟體不致失控的觀念和實務做法應具備哪些特質。

10.1 「規模對應於複雜度的動態學」之圖像式推論

我們知道模型非常有用，但是，對同一個模型不同的人會有不同的反應。這是為什麼能夠以不同的方式來表達同一個觀念總是好的。

10.1.1 規模對應於腦力

圖10-1以有助於我們思考的形式來表達「規模對應於複雜度的動態學」。圖中的曲線所顯示的，是為控制一個系統所需之計算能力會隨

著問題的規模而呈非線性的增加。每一條水平線代表了某一個人或機構的腦力。一旦控制曲線超越了腦力線，那個人即無法找出必勝之道來控制該問題的情勢。

　　對於自己的 IQ 頗為自豪的人，圖 10-1 是打擊他們的良方。請注意一個人雖然可能比他人要聰明兩倍，但卻無法解決規模大上兩倍的問題。正如有人曾說的：「IQ 的各項分數都要加上 10,000 分才會有所不同。」

　　因為「規模對應於複雜度的動態學」是一種自然界的動態學，我們雖然可以想出各種的方法來改善我們的計算能力（即我們思考的方

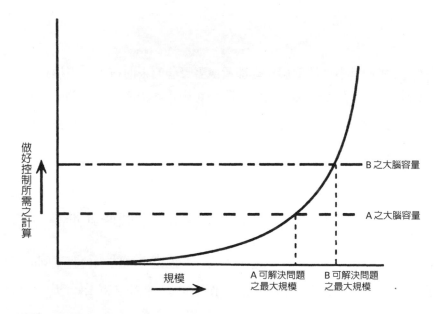

圖 10-1　若系統的規模變大，則控制該系統所需的複雜度會呈非線性增加
　　　　　（圖中之曲線）。然而，不論任何人其大腦的容量相對都是固定的，
　　　　　這可由一條水平線來表示。一旦複雜度曲線超過了這條線，就代表
　　　　　系統太過複雜，大腦已無法做完美的控制。

法），但其效果最終還是趕不上我們所要寫的程式在規模上增加的速度。我們可以換一種說法來重述此一動態學：

對於需求貪得無饜的心理很容易就會超過軟體開發人員的心智容量，即使是世上最聰明的亦然。

讓我們再回到西洋棋來看看為什麼會是如此。假設你的「顧客」給你的需求是：「寫出一個完美的西洋棋程式。」又假設你的聰明才智足以勝任此事。為了不浪費你電腦的計算容量，你可以做的就是發明出一種棋盤加大的新型西洋棋。棋盤加大25％後成為10 × 10的棋盤，這意味著每一步棋的複雜度至少會增加56％。如果覺得這還不夠，你只要把棋盤放大成20 × 20，或是100 × 100，直到電腦和你的程式不堪負荷為止。

10.1.2　規模對應於所費心力的曲線

圖10-2在說明圖10-1中的曲線與軟體工程之間的關係。[1]為控制軟體開發的工作而採用之特定工作模式，在觀念上可以用一條「規模對應於所費心力」的曲線來表示，其中之「所費心力」大部分是屬於用腦的工作。而其他的工作模式則由另外的「規模對應於所費心力」的曲線來表示。每條曲線所顯示的，是該工作模式對於不同規模的問題能夠做到怎樣的程度。它沒有顯示的，是該工作模式將會做到怎樣的程度，因為那些無能的經理人員總是有辦法讓一個專案壞到不能再壞的地步。

　　每條「規模對應於所費心力」的曲線可以用為某特定工作模式之預估工具。假使你正在執行的專案它的規模是A，且被要求還得追加幾個需求，以致問題的規模大增。這使得專案的規模變成B，你估計

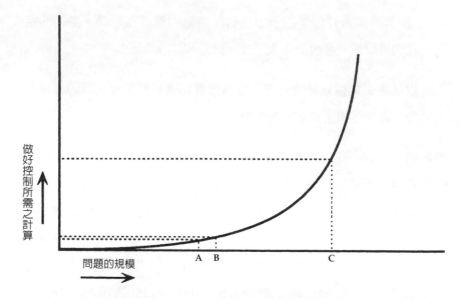

圖 10-2　某特定軟體工程的方法可以用一條規模與複雜度的相關曲線來表
　　　　　示。A、B、C 代表三種不同規模的需求，B 的規模要比 A 大
　　　　　10%，而 C 的規模要比 A 大 100%。利用這個方法，解決需求 B 的複
　　　　　雜度只比 A 多出 10%，但需求 C 則多出約 1300%。

在需求上增加了 10%。根據那條預估曲線，利用相同的文化模式來進
行 B 的開發工作大約會多出 10% 的工作量。換句話說，此一模式的曲
線在 B 點上相對來說仍是「線性」的。

　　但是，假使你再度被要求追加幾個需求，這將使得問題的規模變
成 C，幾乎是 A 點的兩倍。對於達到此一規模的問題而言，可用以預
估你工作模式的這條曲線變得相當「非線性」。從這條曲線可看出，
工作量增加的速度將會遠遠超過你用線性的外插法所得到的預估值。
如同此一曲線所估算的，C 點的工作量大約是 A 點的 13 倍，雖然前者
的系統規模只有後者的兩倍大（兩者皆利用同一種方法來作量測，例
如程式的行數或是功能點）。

10.1.3　起伏變化與對數─對數定律

「規模對應於複雜度的動態學」是普世皆然的道理，而在整個軟體的
歷史上幾乎是眾人皆知的。既然如此，專案經理們為什麼還要繼續拿
荒謬的「線性的預測」來欺騙自己呢？當然其中有一部分的人是從來
不去讀歷史的，因此注定了要重蹈歷史的覆轍。不過，其餘的人則是
受了兩種因素的誤導：起伏變化（variation）與對數─對數定律
（Log-Log Law）。

　　我有一個客戶，我稱之為加美邊境圍牆公司（Canadian American
Border Fence Company，簡稱CABFC），決定要用「規模對應於所費
心力」的曲線來做專案的預估。圖10-3顯示從該公司歷年來的十餘個
專案所得到的數據。這個線型就是數十年來在相關文獻上發表過的典
型曲線，因此我認為CABFC資訊系統部門的經理艾爾傑‧麥基溫對

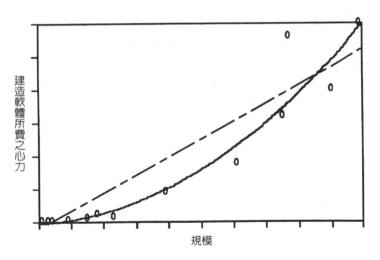

圖10-3　來自CABFC十多個專案的數據：因為真實數據的起伏變化不一，想
　　　　要分辨出「規模對應於所費心力」關係的非線性特質將是一件難
　　　　事。

這些數據應該是耳熟能詳。我把這個線型拿給他看，以茲證明「規模對應於複雜度的動態學」的存在，卻不料他是一臉茫然。於是我用他的電腦把這條彎曲的線條繪製出來，這可是統計學上最切合的一條曲線了。孰知他絲毫沒有被說服的模樣，反倒把我推到一邊，在鍵盤上敲了幾下，畫出一條直線──是統學上另一條最切合的線。

我用以說服他的論點有什麼地方不對嗎？以數學的觀點來看，我所畫的曲線誤差比較小（亦即，是切合度比較高），不過，這是意料中事，因為我的曲線比他的線性切合法多用了一個參數。問題當然出在軟體生產力數據的變異性上，數十年來這已經是眾人皆知的事了。「規模對應於複雜度的動態學」所說的只是一種心理傾向──雖然極其強烈──並且是只會影響到某特定類型專案之工作量多寡的諸多參數之一而已。因此，不論任何機構若想要從真實的數據中找出最有代表性的動態學都會遇到困難，即使該機構對為數甚多的專案都保留了相關數據。

弔詭的是，會讓人看不清「規模對應於複雜度的動態學」到底是何涵義的另一個因素是：人們亟於想要讓這些變化甚大的數據能夠更有說服力。多年來，所有公開發表過與「規模對應於所費心力」有關的數據幾乎都是以對數─對數的縮尺來繪製。圖10-4是把圖10-3中CABFC的數據加以重新繪製後的結果，你會發現這條對數─對數的直線似乎更能切合原有的數據。這不會令人意外，因為「對數─對數定律」是這麼說的：

> 任何一組數據如果以點來表示，並將之繪製在對數─對數的格紙上都會成為一條直線。

當然，「對數─對數定律」並不完全正確，不過，如果從人的肉眼如

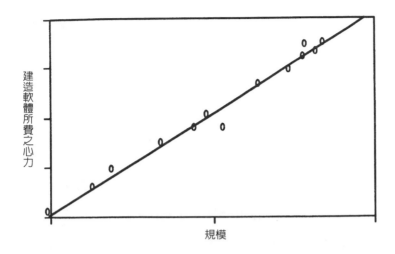

建造軟體所費之心力

規模

圖 10-4　喜歡把實驗所得的數據畫在一個對數—對數的縮尺上，這樣的做法
　　　　往往使人看不清「規模對應於所費心力」關係中的非線性特質，對
　　　　那些忙到看論文時只有時間瞄一眼其中圖表的專案經理而言，尤其
　　　　是如此。

何去了解數據所代表的意義來看，它卻是頗具說服力的一個觀察結
果。利用對數—對數的方式，研究人員可讓你留下深刻的印象，認為
他們所提供的數據是有意義的。然而，在這麼做的同時，他們卻模糊
掉一個最重要的意義——那就是規模與所費心力之間的關係並不是線
性的。對於那些窮於應付「規模對應於複雜度的動態學」所帶來的現
實後果以致無法細心閱讀軟體工程論文的專案經理人來說，特別容易
對這個對數—對數的做法產生誤解。

10.2　模式與工業技術之比較

一個經理讓自己能有所貢獻的主要方法不外兩個，其一，選擇某些工

業技術使之成為該機構文化模式的一部分，其二，最終讓自己的選擇來決定整個的模式。這類選擇不可能永遠正確無誤，但卻非常適合於圖像式的推理。

10.2.1 與「規模對應於所費心力」的曲線相比較

「規模對應於所費心力」的曲線可用以找出軟體工程模式的特徵，因此若要比較兩個不同模式的優劣，只要將代表這兩種做法在解決相同問題時的曲線畫出即可。圖10-5顯示了兩條最具代表性的曲線，可用以說明要如何做比較。

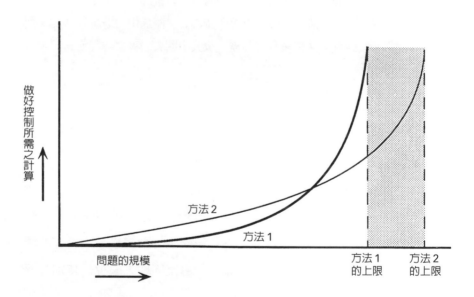

圖 10-5　兩個軟體工程的方法可加以比較，做法是仔細查看其各自的「規模對應於所需計算」之曲線。在處理規模較小的系統時，方法1所花的成本較低，但最早碰到其上限。方法2對許多方法1所無法應付的大型問題都能夠控制得很好（陰影所代表的區域）；但因為有「規模對應於複雜度的動態學」，方法2的效用終究會碰到其上限。

　　方法1與方法2可代表所有的6種模式，例如變化無常型(1)與照章行事型(2)。兩者亦可用以代表一個模式的重要成分，例如：

- 擁有不同技術的兩個程式設計師
- 一個程式設計師對應於一個程式設計小組
- 一個機構的全體程式設計人員對應於另一機構的全體程式設計人員
- 兩個不同的程式設計工具或語言
- 一個機構在採用新的實務做法之前與之後

無論兩者實際代表的是什麼，方法1對於小型問題的表現似乎比方法2要好一點，但其計算的容量卻提早用罄。方法2可視為是比較聰明的方法，因為對於較為複雜的系統它仍能有效控制。但一個程式設計師無論有多聰明，或者所採用的實務做法無論有多優異，方法2的曲線具有與方法1相同之自然界的動態學──「規模對應於複雜度的動態學」。因此，雖然方法2可將複雜度的上限更向右推，但它能夠有效控制的系統總是有規模上的限制。

10.2.2 看穿數據背後的意義

圖10-6顯示的，是從使用Focus與COBOL這兩種程式語言得到的實驗數據所繪製的「規模對應於所費心力」之圖形[2]，可將兩者視為我們所用的方法1及方法2。一如往例，從代表數據的點之分佈狀態想要準確看出兩個方法孰優孰劣是有些困難，不過，圖10-7確能顯示出這兩個方法的最佳線性切合。

　　看著這兩條直線，我們會立刻認定Focus比COBOL要好得多。的確，許多的軟體經理人對於第四代語言也做出相同的結論。但是，圖

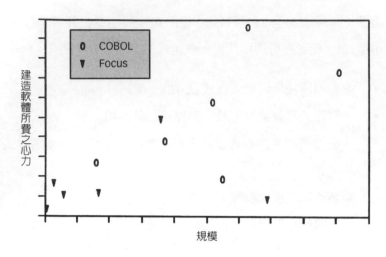

圖 10-6　從真實數據所呈現出來的各種變化中，靠著少量的實驗就想分辨出
　　　　兩個不同方法的優劣會是一件難事。

10-7中的數據都是取材自規模相對較小的實驗（不過其控制也較嚴
密）。在實際執行上，欲開發程式的規模若是比較大，則代表Focus與
COBOL的曲線會看來比較接近圖10-5。到了某一點之後，第四代語
言的表達能力與計算能力就失去優勢，而較為笨拙的第三代語言反倒
能向右推得更遠一些。

10.2.3　將兩個方法結合成一個混合的模式

因為這兩種方法對不同規模的問題各擅勝場，我們經常會發現多數的
機構是利用兩個以上的方法來做軟體的開發。例如，在圖10-5中，方
法1可用於規模較小的工作，而方法2則適用於規模較大的工作，如
此一來就產生圖10-8所示的那種混合式的方法。最起碼，這是最理想
的一種方法。在許多照章行事型（模式2）的機構中，會採用方法1
的是那些熟悉方法1的程式設計師及經理人員，而採用方法2的則是

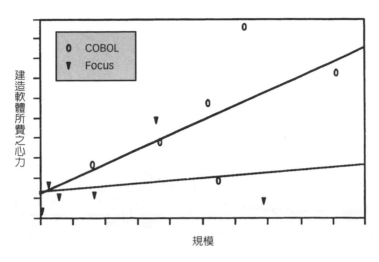

圖 10-7　找出最佳切合的直線，有助於我們對兩組不同的數據做出區隔，但
　　　　也會讓我們誤認為這是一種線性的關係，而不是像圖 10-5 所示的那
　　　　種非線性曲線。

那些熟悉方法 2 的程式設計師及經理人員。

　　採用混合式的方法，會使得經理人員在執行每件工作之前必須做
個選擇。選擇某個方法而捨棄另一個方法，何時該做此決定呢？一個
把穩方向型（模式 3）的經理不怕自己多擁有一套有各式方法的工具
組，即使這會因要選擇在何時用何種方法而增加其工作負擔。照章行
事型的經理人員若是生存在一個充滿責備氣氛的環境中，會寧可放棄
這樣的選擇權力。唯有如此，專案若是失敗了，他們才有藉口推託
說：「這個嘛，我們一直都是照著標準的方法來做事，因此這不是我
的錯。」

10.2.4 除「所費心力」之外，做選擇的其他考量因素

上面的這個例子告訴我們，經理人員在選擇該用何種方法時，考量的

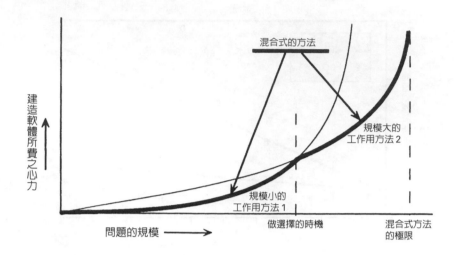

圖 10-8　當兩種方法對不同規模之問題的處理能力上有顯著的差別時，機構可能會選擇兩者皆採用，一個用來對付小型的問題，另一個則用來對付大型的問題。這種合成法的組成內容包括原本的兩個方法，再加上如何從中選擇一個來使用的方法。

因素中排除了「他們總共需要投入多少的心力」一項。除了「所費心力」外，最常見的考量因素或許就是風險。圖 10-9 顯示一個「規模對應於風險」的圖形，可做為做選擇時的一種輔助工具。這種形狀的圖形應證了一句格言「金錢不是萬能」，因為每一條曲線代表了該曲線所可能帶給你的最好結果，不論你願意再花多少錢亦無法改變這個事實。當問題的規模到了「方法 1 有 50% 成功的機會」這一點時，方法 2 成功的機會大約有 80%。如果你肯付代價的話，方法 2 顯然是比較安全的選擇，雖然從圖形上看不出代價是多少。為了這個緣故，我們需要有一個「規模對應於所費心力」的圖形以搭配「規模對應於風險」的圖形來一起使用。

　　圖 10-10 提供對圖 10-9 的另一種解讀。人類花了很長的時間才學

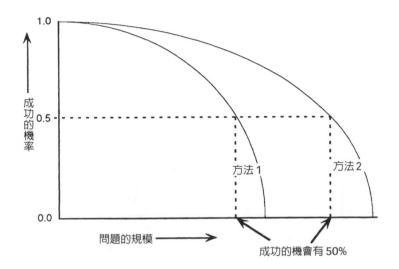

圖 10-9　這是規模對應於風險的圖形，圖中顯示專案成功的機會為什麼是取
　　　　　決於專案的規模（分別從兩種方法來看）。從方法 1 有 50% 成功機會
　　　　　時那一點的規模來看，方法 2 有大約 80% 的成功機會。顯然方法 2
　　　　　是比較安全的，雖然為這樣的安全要付出多少代價我們並不知道。
　　　　　因此，我們需要有規模對應於所費心力的圖形。

會的一個教訓，就是每當我們使用新的方法時，第一次所費的成本較
高而且所擔的風險較大。圖 10-10 是一個規模對應於風險的圖形，其
中的兩條曲線分別代表我們第一次及第二次試圖使用一個新方法的可
能結果，所謂的新方法可以是一種新的程式語言、一套新的專案管理
制度、甚至是一個新的模式。

10.2.5　降低改變所帶來的風險

「規模對應於風險」的圖形從風險的角度表達出一個觀念：第一次總
是最困難的。經理人員在研究這個圖形後或許會得到這樣的結論：他
們的前程可擔不起這等的風險，因此他們寧可讓別人去做開路先鋒。

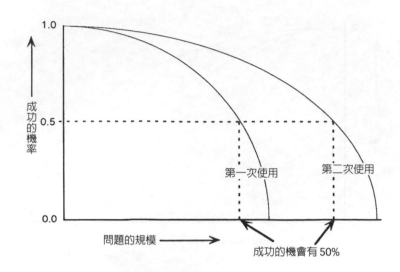

圖10-10　這是規模對應於風險的圖形，圖中顯示專案成功的機會為什麼是取
　　　　　決於專案的規模，以及它是第一次還是第二次使用一個新的方法。

立志做史上第二人對個別的經理而言總是比較合理的。因此，為鼓勵
大家願意從一個方法換到另一個方法，必須減少做決策者所擔負的風
險。有些手段可用來促成這樣的改變：

1.　將決定交由較高的管理階層去下達。對層級較高的經理而言，這
　　只是日常會面臨的諸多風險中多增加的一個，因此風險的嚴重性
　　被稀釋。然而，有可能會難以找到一個願意承接此專案的低階經
　　理。

2.　降低第一個專案的規模。這是在背後支撐領航專案（pilot project）
　　的主要觀念。不幸的是，有許多領航員忘了這個觀念，反而選擇
　　了一個大型的專案為領航專案，目的是想要「引起大家對新科技
　　的關注」。這是一個很糟糕的策略，因為這樣會使得你在第一次

就要承擔很大的失敗風險。如果你想要成為眾所矚目的焦點，就從一個極可能會成功的專案下手，而非一個極可能會失敗的專案。為達此目的，把第一個領航（試驗性）專案的重點放在經驗的學習上，而第二個專案才是引起他人的矚目。那麼，第一個領航專案唯有在你未能從中學到經驗的情況下才算是失敗。

3. 降低第一個專案的急迫性（勿使之成為生死存亡的關鍵）。這是在背後支撐領航專案的另一個觀念。如果你的第一個領航專案是志在學習，這就沒什麼問題，不過，如果有的使用者就要靠你第一個領航專案的成果來替他們賺幾百萬美金，那麼，這個觀念就行不通了。因為你一旦失敗，也許就再也沒有人願意給你一次機會把你所學到的經驗應用到下一個專案上。

這類的手段有助於提高新技術引進的成功機率，但沒有任何事能夠保證新技術的使用會絕對順利，不論它在廣告上說能為專案帶來多少的助益。不過，利用圖像式的方式來做推理可以保證，你絕對不會因為忘了去做某些重要的權衡取捨而導致失敗。對於一個管理用的工具，你所能要求的也只有這麼多了。

10.3 於事有益的人際互動

現在我們對下列的問題有了更深一層的了解：

1. 即使我們對事情的了解已更為透徹，但我們還是會一再重複做出對事情有傷害的事，這到底是怎麼回事？

2. 我們要如何做，才能成為一個對事情有持續助益的人呢？

10.3.1　不要造成傷害

我們會做出有傷害的事，那是因為我們所要控制的系統已經超過了我們的心智容量，以致我們無法做到完美的控制。這句話的意思是，或許我們對事情的了解並不是真的非常透徹，因為我們所了解的可能還只是一個過於簡化的概念，像是「永遠不可把皇后犧牲掉」，那是我們從所需控制的情況較為單純時所得來的經驗。

　　這句話的另一個意思是，或許我們無法看出真正在暗中主導某一情況的動態學是什麼，因為由多個動態學合在一起所產生的數據具有高度的變異性。唯有在我們使這些動態學一一受到我們的控制，這種隨機變化的現象才會消失，而我們工作所依循的過程才會變得易於了解。我們從模式2換成模式3時，必須能夠做到這樣的穩定性。

　　由於我們在觀念上還有這樣的混淆，使得我們所採取的行動或許可對短期的效應有所幫助；但對長期的效應卻是有傷害的，而我們還沒有聰明到能看出其中的關聯。這類的動態學會造成一種成癮的現象，此現象未必與藥物有關。我們會對任何的一種行為出現成癮的現象，比方說用機器語言直接去修補程式碼（patch code）。所有這類成癮的行為追究其根源皆因為所根據的干預模型是錯誤的──這是情報使人產生誤判的一種病症。

10.3.2　對事情有幫助的模型

我們總是會想盡一切辦法讓我們的世界變得有意義，也就是說盡我們的所能來控制這個世界，然而，這個世界天生就比我們的大腦要複雜得多。我們利用簡化的模型幫助我們去對正在發展中的事做量測，並據以決定下一步該怎麼做。因為所使用的模型都只是一個近似值，因

圖解智慧工廠：
IoT、AI、RPA
如何改變製造業

作者｜松林光男等
譯者｜翁碧惠
定價｜420元

改變世界的
九大演算法：
讓今日電腦無所不能的
最強概念

作者｜約翰・麥考米克
譯者｜陳正芬
定價｜360元

如何衡量萬事萬物：
大數據時代，
做好量化決策、
分析的有效方法

作者｜道格拉斯・哈伯德
譯者｜高翠霜
定價｜480元

自駕車革命：
改變人類生活、
顛覆社會樣貌的科技創新

作者｜霍德・利普森
梅爾芭・柯曼
譯者｜徐立妍
定價｜480元

如何「無所事事」：
一種對注意力經濟的抵抗

作者｜珍妮‧奧德爾　譯者｜洪世民

定價｜400元

名列歐巴馬總統「年度最愛書單」

商業周刊 1741 期書摘推薦

《紐約時報》、《紐約客》、《華盛頓郵報》、《洛杉磯時報》、《舊金山紀事報》、《紐約時報書評》、《Wired》等爭相推薦！

本書對於文化和企業力量的深刻批判已引起巨大的效應，為2019年最熱門話題書之一。

在一個人的價值取決於生產力的世界當中，我們的每一分鐘都被每天使用的科技捕獲、載入和挪用。當今的人類正處於訊息過載的沉重負荷，一種無法維持思緒的焦慮也籠罩著我們……

所謂「無所事事」並非真的什麼都不做，而是從資本主義生產力的角度來看。本書的前半部是關於如何脫離（拒絕），後半部則是如何在時間／空間的意義上，重新接觸別的東西，這只有當你真正把注意力放在某人／事／物身上時才有可能做到。

如何無所事事

經濟新潮社

數位轉型
迎向科技大時代來臨

改變人類生活、
顛覆社會樣貌的科技創新

FACEBOOK　BLOG

此有許多的原因會造成我們的失敗。或者，你會失敗，而我卻不會。

　　然而，有時你會完全與失敗絕緣。這只是因為你所用的模型不必然與我的相同，而實際上有可能與我的完全相反。因此，當我看到你做的某些事似乎會使得情況益形惡化，我也不會立刻就斷定你是想故意把事情搞砸。反之，我會採用我所謂的「對事情有幫助的模型」：

　　不論表面上看來如何，其實每個人都想成為一個對事情有幫助的人。

我經常會看到一些極其怪異的干預行為，怪異到讓我產生一個印象，認為人人都在想辦法去扯專案的後腿，並且要讓我的日子難過。我的「對事情有幫助的模型」讓我能夠：第一，看清楚別人的「想要對事情有幫助的模型」的問題出在哪裏；第二，用理性的態度來處理我自己因妄想症而引發的情緒。「對事情有幫助的模型」對我很有效，因為它會掃除責備他人的氣氛，並讓我能夠專注於動態學本身，而不去揣測他人的意圖。

　　它也可用以解釋為什麼一般人堅持要去做些沒什麼幫助的事。即使人們所用的模型相同，他們所追求的目標也有可能不同。因為他們相信自己所做的干預對事情是有幫助的，因此會堅持要花相當的力氣去創造一個新的干預動態學。對於扯後腿的事是沒有人會花那麼多的力氣與耐心在上面的。

　　利用「規模對應於所費心力」與「規模對應於風險」之類的取捨圖，可以讓大家所追求的目標得以放在檯面上由大家來公開討論；但是，當人們感覺到有人想要扯他的後腿時，他怎麼會想要與那種人一起討論取捨圖呢？如果你想要的是省錢，而我則因為害怕專案會失敗而在暗中發抖，那麼我在討論過程中所能做出的貢獻在你看來就沒有

的模型。

　　一個人如果有適當有效的模型的話，就永遠都不會有什麼事讓他耽溺其中，不論是藥物、或是修補程式碼的習慣、或是問題員工。到最後，能夠植入一個較為有效的模型才是最有幫助的干預措施。

10.4　心得與建議

1.　我們發現身處於模式1與模式2的人經常會互控對方想把事情搞砸。程式設計師會認為，只要經理人員不在那兒礙手礙腳，一切就能管理得很好；而經理人員會認為，程式設計師想要逃避該負的責任。他們都可從「對事情有幫助的模型」中獲益，因為此模型會提醒他們，模式2的人常常比模式1的人想要做更大的事。照章行事型的經理人員不時想要把當初在變化無常型的文化中所開發出來的產品加以擴充。這種求好的心會使他們遭遇到「規模對應於複雜度的動態學」，這足以說明為什麼他們會找一些「怪異的」事要程式設計師去做。

2.　照章行事型的文化在上了軌道之後，往往會在自身的文化中創造一個變化無常型（模式1）的環境來應付他們所不擅長的工作，這類工作的例子如要負責督導小型的專案或是需要有突破性創意的專案。這類模式1的環境可能是由一群獨立作業的個人、數個團隊、或承包的第三方開發人員所組成。與其指責這樣的環境無異於是在認同變化無常型的文化是比較好的文化，或許我們應該稱許這樣的環境對於嘗試不熟悉的工作有所幫助，且可以對軟體工程的動態學有深刻的了解。這樣的環境是邁向把穩方向型文化的一個好的起步，應該受到鼓勵。

3. 要購買軟體開發的工具時，應要求廠商提供規模與風險的對應圖，以顯示他們在已完成專案中使用該工具的經驗為何。如果廠商一口咬定不同規模的問題都有百分之百的成功機率，那麼廠商不是無知，就是麻木，或是吹牛不打草稿。不可向一個笨蛋、死不認錯、或啃死人骨頭的人購買工具。

4. 如果你要求照章行事型的經理人員（或請他們填問卷）畫出其所屬機構的規模與風險之對應曲線，往往你會得到的是對其勇氣高估的一種結果，因為他們對機構內的真實情況並不了解。因此，模式2的能耐在表面上會再度看來如模式3一般高。要求他們在圖形中放入一些代表真實數據的點，再來看他們對該曲線有什麼反應。如果他們無法提供代表真實數據的點，就問問他們為何無法提供？

5. 如果你要求經理人員繪製出規模與所費心力的對應曲線或是規模與風險的對應曲線，他們會開始為應該用哪一種規模的評量數值而爭論不休。不要讓你自己捲入這樣的爭論。對於願意花點力氣去蒐集自己滿意的評量值的那些人，運用「加法原則」幫他們繪製出一個不同的圖形。如果他們不願意去蒐集資料，對於他們的爭論可禮貌性的予以忽視。你很可能會發現，所有的圖形看來都是大同小異。如若不然，你將可從中學到一些很有用的東西。

10.5 摘要

✓ 我們的大腦對我們的野心來說總是嫌不夠大，因此我們永遠都需要能幫助思考的工具，像是規模對應於所費心力的圖形。

✓ 規模對應於所費心力的圖形可用來對「規模對應於複雜度的動態

學」做推論，比方說，替一個專案做預估或是比較兩種不同科技的影響力。不過，這類的圖形如同對數—對數圖一般，也會扭曲甚至掩蓋掉該動態學的非線性特質。我們必須要學會如何利用數據的變異性以及表現的方式來找出其中可長可久的意義。

✓ 因為有「規模對應於複雜度的動態學」的緣故，很容易讓所寫出來的需求變成即使有能力超強的程式設計師也做不出來。

✓ 很少有單一的方法或工具可在問題規模的整個分布範圍內從小到大都有最佳的表現。規模對應於所費心力的圖形可幫助經理人員把兩個方法結合成一個混合式的模式，以便能採用每個模式表現最佳的那一段範圍。

✓ 價格不是決定某種科技是否合宜的唯一條件。為減少有失敗可能的風險，經理人員往往是再多的錢都捨得花。規模對應於風險的圖形有助於思索該如何做出這類的決定，若能再搭配規模對應於所費心力的圖形一起使用，那麼效果會更好。

✓ 如果你打算讓一個機構有所改變，首要的法則就是古希臘的醫學之父希波克拉底（Hippocrates）所說的：「不要做出有傷害的事。」

✓ 我們都受到「規模對應於複雜度的動態學」的影響，因此，想要對事情有所幫助的各種干預往往會變得於事無補，或實質上是有害的。有個點子不錯，那就是在心中認定，不論表面上看來或聽來如何，其實每個人都想成為一個對事情有幫助的人。

✓ 我們能帶給某人最大的幫助，就是我們運用「加法原則」在某人的百寶箱中替他添加更多有效的模型。

10.6 練習

1. 舉出一個實例，當初你認為某人是存心搞破壞，但最後卻發現他只是想幫忙。你是如何發現他真正的意圖？你下次要如何才能更早發現？

2. 舉出一個實例，你只是想幫忙，而某人卻認為你是存心搞破壞。下次你要怎麼做才能保證讓別人明白你是真的很想幫忙？

3. 替你自己所屬機構的企業文化畫一張規模對應於風險的圖形。對於你成功率至少有五成可以解決的問題，且其結果亦讓人滿意，那麼這類問題的規模可以到多大？若是成功率至少要有九成的話，規模可以到多大？成功率至少可滿足你的顧客對於風險的承受度，規模又是多大？

11
回應顧客的要求

在 ImageWriter LQ 及 Laser Writer IIsc 等印表機上用較大的磅因（point，活字大小的單位）來列印有字體變化效果的文字時（附陰影或加輪廓），有些字會印不出來。這個問題只發生在 Mac-Plus 或 SE 上，而且錯誤的情況會隨著所使用之應用軟體、字型、字體變化、和字型大小等的不同而改變。當發生這樣的問題時，蘋果的建議是使用正常體的文字（plain text）。

——摘自蘋果電腦為麥金塔系統6.02®所做之《改變歷史》（*Change Histories*）

通常你可以從一個機構所表現出對待顧客或外人的態度，來判斷該機構是否陷入危機之中。一個陷入危機中的機構因有太多的內部問題纏身，以致忘了自身存在的最根本理由到底是什麼。到目前為止，我們所論及之軟體機構的動態學，都被視為是一個幾近封閉的系統，許多的軟體機構也是用這樣的方式來看自己。在本章中，我們要介紹一個可對現況產生震撼的方法，做法是對前述的假設放寬限制的條件，以便能夠看出外部的力量對於開發過程的不穩定現象會產生多大的影響力。

11.1 顧客會危害到你的健康

在第三章中，我提出有關顧客的要求的一些觀念，並說明這些觀念會
如何影響某個機構想要轉換到新文化模式的需要（實例可參看圖3-
1）。我所說「顧客的要求」究竟是什麼意思？而這些要求又如何強迫
一個機構要對文化模式做出選擇呢？

11.1.1 顧客愈多，開發的工作量也愈重

當你聽到如下的抱怨時，你就知道你所屬的軟體開發機構已陷入困境
之中：

- 「我們有太多的顧客。」
- 「只要顧客不來煩我們，我們就可以開發出一個了不起的軟
  體系統。」
- 「他們要拿這些東西去做什麼？我們知道對他們最有用的東
  西是什麼。」

這些抱怨的理由都很正當。如果你認為在專案中增加人手是不當的，
那麼想想看你若讓顧客的人數增加會有什麼後果？圖11-1顯示暗藏在
顧客所帶來的困擾之下的一種自然界的動態學。沒有哪兩個顧客會是
完全相同的，因此每一位新的顧客都會增加新的需求，這使得系統的
規模變大，並觸發「規模對應於複雜度的動態學」。這件事本身即有
非線性的效果，加諸新增加的需求不僅是隨顧客之不同而不同，有些
部分還會相互矛盾。

　　需求上的矛盾在建造一個系統時會造成如下之工作量的增加：

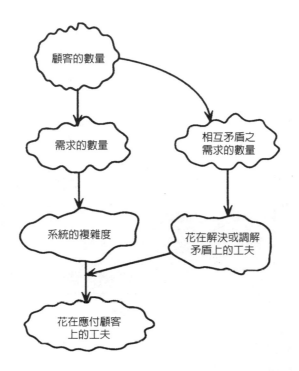

圖 11-1　隨著顧客數量的增加，需要花在處理顧客需求上的開發人力會呈非線性的成長。

- 花在解決矛盾上的工夫
- 花在解釋為什麼最終的解決方案是這樣而不是那樣的工夫
- 花在建立及維護多重的系統以便讓每個人都能滿意的工夫

11.1.2 顧客愈多，維護的工作量也愈重

即使你不改變現有產品的作業方式，顧客數量的增加也會使你的文化模式難以維持而癱瘓，如圖 11-2 所示。

這種類型的癱瘓曾真實地發生在許多我的客戶身上，正如下面這個案例中所顯示的：我被一家軟體機構請去提供顧問的服務，該機構

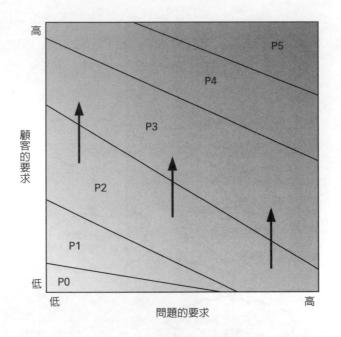

圖 11-2　顧客在數量上的成長本身即會將一個機構推擠到一塊新的區域，在
　　　　那裏需要有新的文化模式。這類成長的發生通常比一個機構改變其
　　　　文化的速度要快上許多，因此該機構必須採取正確的步驟來降低顧
　　　　客的實質數量，否則就會發生全面癱瘓的現象。

一直是一家以承包軟體為主要業務的獨立公司，直到八個月前被一家
規模大上許多，以行銷手法積極而聞名的公司所購併。該機構的產品
是十二星座公司運勢大預測（Zodiacal Business Forecasts，簡稱
ZBF），該產品的許多特色功能都很吸引人，但流於紙上談兵。這些特
色功能多半是即使能用也問題叢生，它的40個老顧客對於這個事實大
多都知之甚深。這些顧客在購買ZBF之前已充分了解該產品的特色功
能大多無法運作，而購買的目的只是為了其他一兩樣運作還算正常的
特色功能。對於ZBF目前錯誤百出的狀況這些顧客雖感覺不甚愉快，

但他們認為自己所花的錢還是買得到應有的價值，對於產品的狀況從來沒有人能騙得了他們。

同樣的說法就不適用於那110個新顧客，他們是母公司用積極的行銷手法在前六個月中被趕入ZBF的羊圈之中。他們已被誘導相信所有列在行銷廣告上的特色功能都能正常運作，如同任何人對一個成熟產品所會有的期望一般。尤有甚者，他們當中有許多人都得到承諾，產品還會繼續加強其特色功能以滿足他們真正的需要。

當這一波新的顧客要求衝擊到ZBF機構時，該機構就癱瘓了。新的管理階層為了要幫忙滿足新的顧客要求，而將開發部門的人力增加到三倍的規模，這使得該機構完全喪失復原的機會。兩個月後，有一個絕望的使用者團體（user group）來找我，看看我能否幫上什麼忙。

這個例子顯示的意義是，顧客所帶來的非線性效應並不侷限於開發活動的初期。對ZBF來說，愈多的顧客代表的意義是，顧客的要求難度會增加且會波及到整個的開發機構，這包括更快收到更多有關實地功能失常（field failures）的報告；要將這些功能失常的問題盡快修復的壓力大增；會有額外的要求希望能改變舊有的特色功能；需要與顧客有更多的互動；產品有更多的型態（configurations）需要人支援；產品有更多的版本（releases）需要人維護。

這些事全都會增加有待完成事項的工作量，同時會減損可用於其他工作的資源──可視為是將「布魯克斯定律」用在顧客身上的一種類型。更火上加油的是要將開發人員的數量在短短的數月之內增加到三倍所引發的真正的「布魯克斯定律」效應，以及與新的顧客建立新的工作關係所必須的額外人力。公司現行的文化不足以應付這些改變，因此必須對公司的文化做改變或是設法減少顧客的數量。稍後在11.2.3節中我們將會看到，因為公司的文化無法很快就改變，ZBF在

整個機構努力試圖站穩腳步的同時，發動了一個減少實質顧客數量的
方案。

11.1.3 與顧客來往密切可能會帶來危害

如果我們把一個軟體開發機構想像成是一個有機體，那麼顧客就具備
了疾病帶原者的許多特徵。比方說，如果我們與顧客的接觸太過密切
的話，我們會受到「傳染」；如果我們受到了「傳染」，我們在生產
軟體的工作上就無法有良好的表現。為了管控好系統的輸出部分，控
制者必須讓系統保持在健康的狀態，因此必須好好來處理這些「外來
的」力量（圖11-3）。

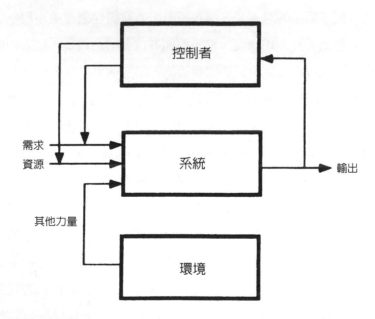

圖11-3　推敲一個系統之反饋模型的方法是，將系統用於管控外來力量的那
　　　　一部分顯示出來，例如疾病的帶原者即是。

11.1.4　你的機構可能替顧客帶來危害

當然，顧客用同樣的眼光來看你的軟體機構也一樣很有道理。我們若是把顧客看作是工作上的夥伴或許可以改善前述的比擬。為了讓整個物種能夠存活，你的機構必須與顧客密切的來往，但頻繁的接觸會讓整個機構受到某種可怕疾病（或至少是普通感冒）的威脅。就像夥伴一般，顧客並無意要把疾病傳染給我們。能夠有健康的夥伴是再好不過了。同樣的道理也適用於你的開發機構。如果你讓你的顧客染病，你就失去了這筆生意的機會。

　　圖11-4是對夥伴模型更完整的一種詮釋，其中「顧客的系統」要有來自「軟體開發系統」的輸出。為了要得到這類的輸出，它提供「需求」以表明自己的需要為何，並提供「資源」以授權開發系統來生產所需的東西。在過程中，它還提供某些「隨機變化」，或可稱之為「病毒」，這些東西對於它想要得到的所需結果具有潛在的威脅。「顧客的系統」未必知道每一個輸入條件是屬於哪一類，主要的原因是這些輸入條件大多要滿足不止一個的需求。

　　要注意，從這樣的觀點來看顧客就像是一個控制者，而事實也正是如此。顧客想要控制軟體開發系統的企圖，有的時候與系統本身的控制者在方向上是一致的，但並非永遠如此。當兩者的步調不一時，顧客所屬的機構其實是在做有違其最終目標的事，但顧客自己卻渾然不知。很容易就可明瞭這個情況會如何助長系統的不穩定性，正如曾舉過的那個電毯的例子。

11.1.5　顧客太多會有什麼後果？

如果我們再加上另一層現實的考量，情況將會變得更糟。圖11-5告訴

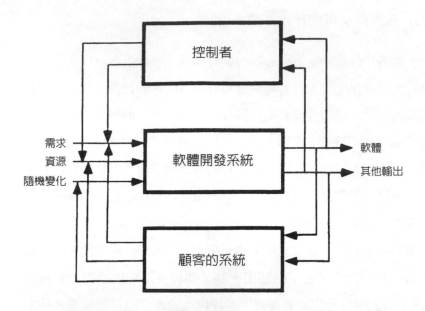

圖 11-4　把顧客的角色詮釋成是外部輸入條件的提供者，可推敲出一個軟體
　　　　　開發系統的反饋模型。這些輸入條件中有一部分是不可或缺的需
　　　　　求，而其餘的部分則可視為是隨機發生的干擾。

我們當顧客不止一個時會造成怎樣的效應。開發系統希望有許多個顧
客，因為如此一來可以從顧客那兒獲取更多的資源；但是這樣的壞處
是會接到許多的需求（有些是相互矛盾的）以及一大堆額外的隨機變
化，正如我們在ZBF的案例中所看到的。

11.2　外來者的角色

具有危險性的外來者不只是顧客而已。對軟體開發的穩定性會造成威
脅的外來者是如此之多，若能加以分門別類對我們是大有益處。可將
外來者分為如下的幾個大類：顧客與使用者、行銷部門、其他代理

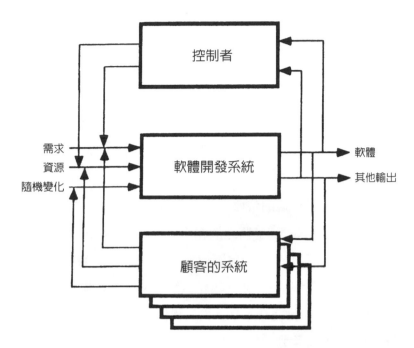

圖 11-5　如果顧客不止一個，就可得到比較多的潛在資源。同時，需求將倍
　　　　　增（有些還會相互矛盾），隨機變化也多出許多。

人、測試人員、以及不在事先規劃之列的代理人。

11.2.1 *顧客與使用者*

有的時候，將顧客與「使用者」（使用者包括被系統影響的每一個人）
區隔開來是很有用的。你不必像「要讓顧客感到滿意」那樣地使所有
的使用者都滿意，因為顧客有權用「告訴你需求是什麼」的方式來定
義他所要的品質。即便如此，經常與系統互動的人是使用者，這個事
實的本身難免會產生某些額外的需求。最起碼，使用者對產品的各種
功能失常的現象會有切身的經歷。當這些功能失常的報告回到你的機
構，就變成了另一種需求，你必須找出錯誤的確切位置並加以修正。

11.2.2 行銷部門

開發軟體的機構同時也販售自己的產品的話，經常會設有行銷部門。
行銷人員並不是軟體開發機構的顧客，而是代表顧客的代理人，這個
工作有時可以做得不錯有時則做得不好。你讓顧客感到滿意的，不一
定會讓行銷人員滿意；但是，如果你不信任你的行銷人員，你的麻煩
就大了。

如果說顧客像疾病的帶原者，那麼行銷人員就像皮下注射的藥
物。我們設立行銷部門，並將之放在疾病帶原者與系統之間以減少干
擾的直接衝擊（圖11-6）。在這層意義上，「行銷」可扮演多重的角
色，例如找出產品有哪些需求、幫忙做好新系統的安裝工作、訓練使
用者、以及為出現在顧客端的所有問題提供服務。

然而，為減少受到外界的干擾所付出的代價是，要將另一組人
──行銷人員──放在最接近系統核心的地方，也可說是緊貼在皮膚
下面。而行銷人員所佔的這個位置，會使他們所造成的干擾可穿透所
有其他的防禦工事。或許干擾的數量會變少，但個個都變得更難以應
付，因為干擾都已進入「體內」。游移在開發人員中間的這些人，所
造成的效果猶如游移在你體內的強效藥物。他們的作用發揮得更快，
而他們的作用也絲毫不打折扣。帶給你的副作用或許比原本的疾病還
要強烈。這是為什麼行銷機構，猶如任何的藥物一般，很容易就失去
解決問題的功能，反而自己開始變成了問題。

11.2.3 其他人的代理人

行銷人員不是唯一的代理人。機構所賣的產品即使不是代人販售而是
自行開發，也需要在開發人員與顧客之間設立一個顧客聯絡人

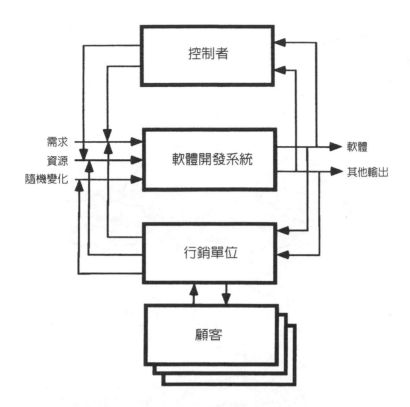

圖 11-6　行銷部門的設立是要站在顧客與開發機構之間，始能將輸入條件與
　　　　輸出結果加以過濾。在減少干擾的直接衝擊這一點上，這個角色有
　　　　很大的幫助；但因為行銷部門更接近開發機構的核心，使得它更有
　　　　可能造成傷害。

（customer liaison）。所有這類代理人的功用在於可將實際顧客的數量
用「有效數量」來取代──這個數字是開發機構必得去處理的（圖
11-7）。

　　另一種常見的代理人是客服部門，有時被視為是行銷部門的一部
分，有時又被視為是開發部門的一部分，有時則是完全獨立的。一個
超然獨立的客服部門，若真能做到不受開發部門或行銷部門所左右，

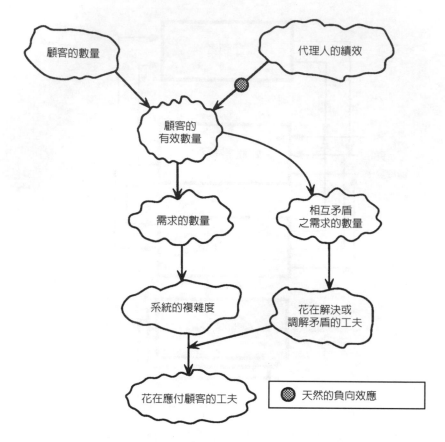

圖 11-7　如果代理人的表現優異可降低顧客的有效數量，亦可降低由顧客的
　　　　　數量所造成的非線性效應。

將最能發揮過濾的功能。這是我在ZBF所採取的做法，雖然ZBF承受
到來自老資格的開發人員極大的抗拒，因為他們想要提供給顧客一些
「私人的特別服務」，就像他們在「光榮的過去」所做的一般。最初得
到的結果是來自新顧客的干預數量減少，不過，若只求半數的老顧客
不再直接打電話給開發人員，則得要花上超過一年的工夫，並且要將
電話系統做全面的更新。

11.2.4 程式設計師以使用者的代理人自居

程式設計師都以使用者的代理人自居。從這層意義來看，他們是「潛伏在內部的外人」。當他們認為系統有不妥之處，他們有權停止系統的運作，宛如自己就是顧客一般——速度還更快。如果說行銷人員猶如皮下注射的藥物，那麼程式設計師就更糟；他們猶如注射到體內的病毒，會直接散布到細胞的內部。從那裏他們可做出令人又愛又怕的事來——可愛的是他們帶來了創意，可怕的是他們造成了破壞，或兩者兼具。因為有造成破壞的可能，這使得照章行事型（模式2）的經理人員有強烈的動機非要把變化無常型（模式1）文化的餘緒給徹底剷除不可。

弔詭的是，在變化無常型的文化中，程式設計師的所作所為不可能如顧客或使用者代理人一樣，因為程式設計師與顧客間經常會存在著一種親密的一對一關係。如果變化無常型的程式設計師不知道顧客要的到底是什麼，他們只要一問便知。然而，一旦他們所擁有的顧客多了起來，他們很容易在倉促間即替顧客做決定，不論是否得到顧客的授權。

一個不穩定的機構會出現的徵兆是，程式設計師未經授權即決定（且不通知對方結果）顧客真正要的是什麼的頻率有多高。當壓力大增時，替顧客做決定是一條誘人的捷徑。你總是會聽到程式設計師在那兒喃喃自語道：

- 「這個巧妙的手法棒透了，他們一定會高興死了。」
- 「無論如何他們一定不會想要那麼做的。」
- 「這會讓事情變得清楚多了，尤其是對聰明的人。」
- 「如果他們不喜歡這個功能特色，那麼他們也沒資格得到它。」

有的時候，甚至是大多數的時候，程式設計師的想法是對的。但是，萬一不對的話，那該怎麼辦呢？那時，你有愈多的程式設計師，就會有愈多的具有潛在危險的顧客代理人。

11.2.5 測試人員做為正式與非正式的代理人

測試人員是顧客當然的正式代理人，盡力忠實地模擬顧客來使用某一系統，以便能先於顧客找出系統的不當之處。如果扮演好這個角色，測試人員可降低顧客數量上的增加所帶來的不良效應；然而，因為比顧客還要更接近開發人員，這使得他們往往無法成為好的代理人。在遇事爭論時若有開發人員堅持說：「有哪個頭腦正常的顧客會要求那樣做呢？」測試人員為了不惹惱開發人員，會輕易即贊同對方的看法。

於是，對於顧客會怎麼做以及不會怎麼做，測試人員是以非正式的方式不斷暗自做出決定。這種暗自做出決定的方式是模式2機構的特徵，且往往會阻撓到籌畫完善的測試計畫之進行。

11.2.6 不在事先規劃之列的代理人

顧客聯絡人與客服人員照規劃就是為因應日益增加的顧客要求，但有些外人會以顧客的代理人自居，正如來自內部的程式設計師所做的一般——想要對事情有幫助。某一顧客會替一群顧客發言，或自稱是替他們發言。一個所謂的使用者團體是一群顧客的代理人。新聞界的成員會毅然承擔起代表一群顧客的責任，甚至是一群潛在的顧客。此外，讓我一想到就不寒而慄的是，政府某些部門裏的人會自認為唯有自己才知道什麼是對使用者最好的。

這些代理人個個都有蒐集資訊（在別處難以取得的資訊）的能

力，也能夠像行銷人員一樣，在過濾眾多雜亂的顧客意見反應時，可提供應予考慮的因素有哪些。他們也會製造出額外的麻煩，讓已不穩定的機構手忙腳亂一番。從動態學的觀點來看，不論是哪一種的外人或代理人，最關鍵的問題是：

1. 他們站在哪個位置上與系統互動——很接近或遠遠的？
2. 他們在互動時會產生怎樣的影響力，其力道有多強？
3. 他們出現的頻率為何？

讓我們來檢視幾個重要的互動狀況，要記得這些互動狀況極可能都是想要對事情有幫助。

11.3 與顧客互動

當顧客的數量增加時，對動態學所造成最明顯的改變就是與顧客互動的數量必定會改變。互動的數量會成長多少，這樣的成長對於該機構的生產力和品質又會造成怎樣的影響呢？

11.3.1 被打擾的動態學

如果你在工作的一個小時當中被人打擾，就不會有一個小時的工作成果。狄馬克與李斯特研究過「不被打擾的時間」對於生產力所產生的效應。他們引用一個數據[1]：

$$E因素 = \frac{不被打擾的時數}{身體在場的時數}$$

在某個實例中，他們做了一個寫程式的實驗，把每次的E因素都記錄下來，其範圍是從0.10到0.38。做第一次實驗的人與做第二次實驗的

人相比，需要3.8倍的「身體在場的時數」才能完成相同的工作。

　　要找出被打擾所造成的效應，這是一個相當粗糙的方法。要更精確地來看待這個數字，就必須考量被打擾後的持續效應。狄馬克與李斯特引介了「重新進入聚精會神狀態所需時間」這樣的觀念：

> 如果接一通打進來的電話平均費時五分鐘，而你重新進入聚精會神狀態所需的時間是十五分鐘，那麼，那通電話在「文思泉湧時間」（工作時間）上所造成的損失就是二十分鐘。若有十二通電話就會耗掉你半天的時間。如果你的工作再被多打斷十二次的話，那麼你剩下的半個工作日也全泡湯了。這是為什麼我們會對你保證：「從朝九到晚五，你在這裏肯定無法完成任何一件事。」[2]

11.3.2 被中斷的會議

當然啦，並不是只有在我們獨自做事的時候才會被人打斷。狄馬克與李斯特引用 IBM 聖塔特瑞沙軟體實驗室[3] 所做的研究顯示，軟體開發人員的工作時間中有30%是獨自工作，50%是與另一人一起工作，20%則是與兩個或兩個以上的人一起工作。

　　工作被打斷對這些與人一起工作的時間會有怎樣的影響呢？依我們的顧問經驗，丹妮與我發現，中途被人打斷的工作團隊若人數愈多，要重新進入聚精會神狀態的時間則愈長。舉例來說，一個有七人參加的會議若因其中一人要接聽一通緊急電話而中斷，則其餘六人就會逐個離開會議室跑回自己的座位去忙自己的事了。中斷的會議一直要等到七人中的最後一人也回來了才能繼續，這將是一段很長的時間。因為這兩個因素，使得人數的多寡對於浪費多少時間造成一種非線性的效應，如圖11-8所示。

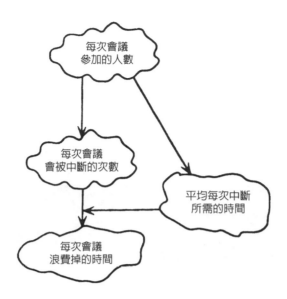

圖11-8　參加會議的人數愈多，會議被中斷的次數就愈多，每次中斷所需的
　　　　時間也愈長，因此可以說，參加會議的人數對於會議所浪費的時間
　　　　呈現一種非線性的效應。

即使人人都到齊了，還得再花一段時間讓大家進入狀況。通常，這段時間會被拉長，因為總是有人要談論一下在他們離開會議室的時候發生了什麼事。

對於我的一個客戶，我把我們與七個人一起進行的一連串審查會議的過程都記錄下來。在六次的會議中，有13次中斷的原因是其中有一個人被叫出會議室。從有人被叫出去到會議得以繼續討論的時間從13分鐘到47分鐘不等，平均是21分鐘。（被中斷了47分鐘那一次，有兩個人從此不再出現，而會議在枯等47分鐘後，只好在沒有他們的狀況下繼續進行。）

如果這就是典型的模式，而開會的平均人數是七個人的話，那麼該名客戶在開會期間每一次的中斷會浪費21 × 7 = 147個「工作分

鐘」。無疑這段時間中的一部分會被善加利用，但我估計每次會議的中斷還是會造成足足兩個工作小時的損失。如果所支付的人力成本是每小時50美金，則每次會議中斷的代價是100美金。於是我們設計出一條標語問道：

　　　　造成這次會議中斷的原因值100美元嗎？

標語每次就掛在審查會議的門上。這麼做似乎還有一點效果，會議被中斷的次數因而減少許多。

11.3.3　會議的參加人數與頻率

麥丘（McCue）的觀察報告是針對單一機構（IBM）單一類型的工作。我自己的觀察結果顯示，這些數字會隨機構的不同而不同，決定的因素很多，而顧客的數量就是其中的一個。

　　顧客的數量會影響到兩件事——會議的頻率以及平均與會的人數。我發現，會議的數量會隨著顧客數量的增加而增加，並且在大約十到二十個顧客的時候到達頂峰。到了頂峰後，顧客數量若繼續增加，所造成的非線性效應比圖11-8所示的動態學還要大得多。在此情況下，圖11-9對所造成的效應有更詳盡的說明。

　　當顧客的數量成長到十至二十人後，複雜度為什麼不隨著增加呢？此一怪異的模式似乎是由顧客的期望所造成。一個機構在所服務的顧客數量還少的時候，顧客所屬的機構無一不覺得應該受到特別的關注。這個模式在某些情況下堪稱是典型的模式，例如：

- 一個機構內部的應用軟體，僅供少數客戶使用，因為幾個部門都需用到這項功能，比方說，存貨盤點。

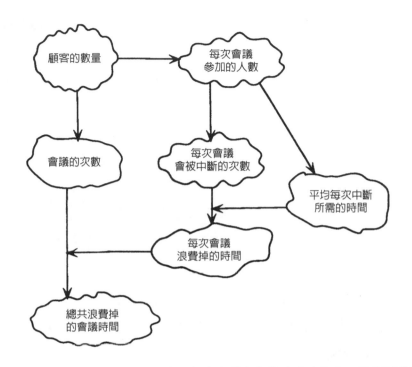

圖 11-9 顧客愈多，會議就愈多，每次會議參加的人數也愈多。這些因素綜合起來，使得因顧客數量的增加而造成時間上的浪費會呈現更強烈的非線性現象。

- 共同體（consortium）的設立，藉此軟體開發人員只需提供服務給少量的機構，以節省成本；例如，貝爾核心（Bellcore）這個機構為重組前的貝爾各營業公司開發軟體。
- 一個新成立的機構，所擁有的顧客只限於第一次往來的少數幾個。

以上的每一個案例中，決定用一個套裝軟體來供好幾個顧客使用的那個人認為這些顧客的需求都是類似的。不過，當考慮到細節的時候，每個顧客的需求卻各有不同。一個軟體機構必須花些時間與每一個顧

客碰面，以發掘其確實的需要，並調整套裝軟體的功能以配合顧客的個別需要。

然而，當顧客的數量成長到相當數量後，想要滿足每個人的需要在實際上就變成不可能的事。此外，顧客大多並不真的期待套裝軟體是完全照著他們的需要來修改。無論如何，軟體機構開始用統計學的方法來正視顧客的需要，因此他們與顧客非開不可的會議的次數就不會再繼續增加。

11.4 型態支援

顧客愈多，可能意味著需要軟體做支援的硬體型態也愈多，因為行銷工作希望每一個人都是它的對象。要支援各種不同的硬體型態，會產生怎樣的效應呢？

11.4.1 對測試涵蓋率與修復時間所帶來的效應

型態的數量往往會隨著時間而呈指數的成長，因為要使某一型態與另一型態有所不同，唯有修改軟體產品所用到的每一個組件。看看這個例子：

UGLI（醜橘）軟體公司為個人電腦出了一套軟體產品，可搭配使用的有15種不同款的CPU（有的稱做IBM相容，但其實與IBM原廠有些許不同），21種不同的印表機，16種不同的硬碟機，以及4種不同的網路。這導致有 $15 \times 21 \times 16 \times 4 = 20,160$ 種不同的型態，還不包括需要與這個文字處理軟體搭配使用的其他各種不同的軟體。

當然啦，我們不可能對這些型態全都加以測試。雖然其中大多數能夠正常運作，不過我們卻沒有一天安穩的日子可過，每天都會有顧

客打電話到UGLI的技術服務部門，要求技術人員解決一個他從來不曾見過但與型態有關的問題。每當有顧客打這種電話來，UGLI通常都無法在測試環境中重建出那一種型態，因此不得不在一個與顧客真正使用的硬體型態不同的環境中設法找出問題。即使UGLI能夠把那樣的型態重建出來，安裝設備所需的時間也會嚴重拖延到修正錯誤的時間。

有著各種不同的型態意味著測試的涵蓋面較不完整，這又意味著會有更多的錯誤需要修復。但不同的型態也意味著每一個修復動作所需的時間會拉長，且每一個修復動作都會變成要修復多重的問題——其乘數或許就等於需要支援的型態之總數。因此，修復動作的數量可能比存在於軟體中的所有錯誤的數量還要大得多，而且也會隨著顧客數量的增加而呈非線性的成長。整體修復工作所需的時間當然就等於修復的總數乘以每次修復所需的時間。圖11-10顯示其整體的效應。

顯然，在實務上，任何會生產出大量錯誤的軟體文化永遠都無法趕上可能出現之各種型態變化的速度。因此這類的軟體文化被迫只有兩種選擇：改變其文化，或是降低對於型態所提供的支援水準。而通常會選擇後者，在看完下一節的分析後原因就會很明顯了。

11.4.2 用極端的方式來分析測試的狀況：蘋果的例子

在本章一開始節錄自蘋果電腦的那段文字是一個典型的例子，說明任何一位開發人員當他在一個有多重硬體型態的環境下，想要對具多重功能特色的組合做支援時會遇到怎樣的問題。我會知道蘋果6.02版的這個故事，只因為我是麥金塔的忠實愛用者，而不是因為我是該公司的內部人員，因此這是一個很好的例子可用以說明如何從外部來分析狀況。

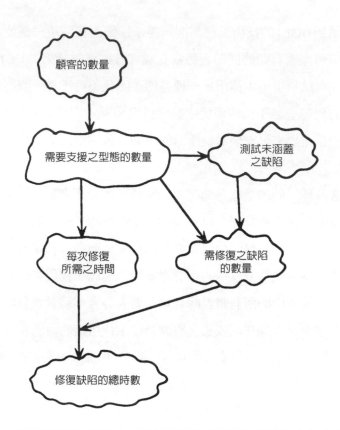

圖11-10　顧客數量若是過大，對缺陷修復工作所需之時數會有非線性的影
　　　　　響，原因在於需加以維護之軟體型態數量亦變大。

　　如果我算得沒錯的話，這個系統在發行上市的時候，蘋果電腦要
支援的麥金塔CPU有七種，而正式的蘋果印表機也有七種，各式的相
關硬體型態少說也有49種之多。（至於那些使用非蘋果正牌印表機及
CPU之升級產品的用戶而言，他們想必早已學會自行承擔哪些可以用
哪些不能用的風險。）

　　在軟體方面，問題就更加嚴重。字型的數量是沒有極限的，單單
去計算隨蘋果印表機而發行的字型就至少有10種字型需要支援。字體

變化的選單（style menu）中除了正體之外，還提供7種選項——粗體、斜體、加底線、加外框、加陰影、字體縮小、字體放大。前五項可以任意組合來用，這就有32種不同的組合，而正體字只是其中的一例。這些組合還可以有正常體、濃縮體、或加強體的變化，這意味著每一個字型（font）有 $3 \times 32 = 96$ 種字體（style）。還可任意去調整字型大小（font size）——我曾用過的大小從4磅因（point）到72磅因都有——為方便說明，讓我們假設在字型大小選單（font menu）中所顯示的標準選項數有8種。我們即使不去考慮若是將一個72磅因的 Zapf Chancery（由Zapf所設計的一種字型）濃縮、斜體、加陰影的字型用上標（superscripted）或下標（subscripted）的方式來顯現會有怎樣的結果，蘋果電腦都得要去做 $10 \times 96 \times 8 = 7,680$ 種字型組合的測試。

　　但是在備忘錄上寫著說，列印的結果會「依應用軟體之不同」而改變。麥金塔的應用軟體有數百種之多，但我們假設蘋果電腦只對其中最常用的100種做測試。這樣的話，他們將有100種的應用軟體，乘上49種的硬體型態，再乘上7,680種的字型組合，所得到的總數是 37,632,000 種的型態要測試其列印結果是否正確。假設蘋果電腦的測試技術已高度自動化，可在列印一頁紙所需的時間裏測試完一個型態。那麼，若有七台不同的印表機可同時列印，則將以上所有的型態都測試一遍，會需要五年以上的時間。如果在一頁紙上可列印十種測試的話，那麼印出來的紙張堆起來會有120層樓的建築那麼高，而且還需要有人去仔細檢查印出來的每一張紙，看看有哪些字無法列印。

　　此一分析顯示出，在類似的情況下，蘋果電腦或是任何人對於「蘋果電腦理論上所支援之型態的所有組合都能一一加以測試」不該抱任何的期望。因此，在顧客嘗試過一些「怪異的」功能特色之組合

後，該公司預期抱怨會蜂擁而至。當我想要在頁首印出加強體、加外框、Times字型時，在我的LaserWriter Plus印表機上還真的親眼看到一個如假包換的硬體錯誤哩。第一頁的列印都很正常，到了第二頁就出問題了。也許他們只測試過第一頁。也許只測試過頁尾的部分，但完全不去測試頁首。對這樣的結果你會感到意外嗎？

11.5 正式發行版

蘋果電腦的問題出現在6.02版的系統軟體上。所謂的正式發行版（release）指的是一個時間點，此時有一個工作成品從一個工作團隊交到另一個團隊的手上。說得更明確點，一個軟體的正式發行版（software release）發生在某個工作成品開始實際用於某項有生產力的工作上。6.02意指（可能）這個版本是第六次主要版本的第二次「小幅度」修訂。我們不能肯定是否可以這麼說，因為行銷部門會在版本的編號上玩花樣，以便讓公司的軟體開發文化看起來不會那麼簡陋。

11.5.1 發行前與發行後的動態學

這個正式發行版的觀念對軟體品質的動態學至關重要，因為在正式發行的那一刻，動態學的結構有了變化。例如，對某一特殊的軟體產品而言，該軟體若已出過一個以上的版本，則終身都要對每一個版本負責。其結果是，開發人員真正要應付的不止一個系統，而是N個，這勢必將他們的工作負擔立刻增加了N倍。有時N是一個非常大的數字。此外，錯誤會以結構相當鬆散的形式非常快速地滲透到開發機構的內部，因為會有更多的人發現錯誤。

　　修正錯誤的急迫性也大幅增加，因為一旦有人開始正式使用產品，

通常就一定會一直使用下去，不會中斷。因此，開發機構的部分人力如今是受外部的時鐘所驅策，而這樣的外部時鐘又可能有好幾個，以致無法維持讓自己的步調大致上由自己來控制。為一次不正確的修改要付出的代價也變得很昂貴，有時甚至是原來的數百萬倍，因為所產生的效應不再侷限於開發機構的範圍之內。顧客的業務單位也會蒙受損失，而且有不止一家公司曾經因發行版有錯誤（released errors）而宣告破產。只有軟體公司才會因不予公開的錯誤（unreleased errors）而倒閉。

11.5.2 多重版本

即使只有一位顧客，在運用正式發行版的觀念時仍然不能把軟體當作是只有一份實體的拷貝，而以這份實體的拷貝來界定軟體目前的狀態。當然啦，很有可能你正在開發另一個新版本。如果顧客變多了，你就有正式發行版本的必要，否則你將被迫有多少的顧客就得去維護多少個版本。如果你適時會出個別的正式發行版，則理論上你需要維護的版本就只有現役版以及內部使用版。

從實務面來看，顧客愈多意味著有比正式發行版這個觀念所指涉的還要更多的版本。如果某次的正式發行版送到重要顧客的手上後卻發現有問題，軟體機構經常會補送拼湊式的修正碼（patch）給該名顧客。很快地不同的顧客就會拿到各式各樣的拼湊式修正碼，每一個相當於一個稍許不同的正式發行版。此外，這樣的效應在顧客的數量還不太多的時候最為顯著，但當顧客的數量多到可以用統計的方式來公平對待每一顧客時，此效應即會隨之消失。

隨時都要讓多個正式的發行版保持在堪用狀態，這樣的版本愈多意味著修復工作會遇到的麻煩也愈大，因為每次的修復工作必須要考

量每一個尚有人在使用的正式版。理論上，這句話所隱含的意思是，每次的修復動作在每個正式發行版上都必須通過測試；但實際上，這般周全的做法在遇到壓力後即會開始偷工減料，這會使得新的錯誤進入到產品的機會大增。

當顧客增多後，他們會在不同的時間來安裝正式的發行版，以致對錯誤所做的修復版會不斷累積，使得安裝順序不正確或是完全不去安裝的機會大增。這麼一來更增添了了解功能失常報告的困難度。

某個軟體項目——可能是單一的臨時修正碼或整套的軟體系統——在正式發行給顧客之後，所遵循的動態學與一個僅供內部使用的軟體項目截然不同。顧客會在日常工作中利用到該項目；該項目若依然有功能失常的現象，則修復的急迫性將比開發機構內部遇到類似的功能失常現象時要大得多。

尤有甚者，在產品開發生命週期中，功能失常現象發生的時刻往往也是機構準備好要應付它的時刻，此時軟體人員會盡全力加以修復，然後才繼續原來的開發工作。在正式發行版送到許多顧客手上後，功能失常的問題幾乎是隨時都可能回報到軟體機構來，這時不管你在哪個開發階段也得停下手上的工作。

11.5.3 正式版的發行頻率

管理人員試圖減輕功能失常所造成的負擔，採用的方法經常是減緩推出修復性正式發行版的速度；但這意味著產品流通的時間變長，會使得同一個功能失常現象有多次的回報。另一方面，顧客的數量若是增加，要更頻繁地推出正式發行版的壓力也隨之增加，這會抵銷掉延緩推出正式發行版的壓力。或許這就是為什麼我們會經常發現，在成熟的機構中軟體產品推出正式發行版的頻率正好是一年兩次，不論應用

的領域為何、顧客數量的多寡、或是其他的因素。如果正式版的發行頻率與一年兩次差距太大的話，這可能是該機構不穩定的徵兆，它也告訴我們對動態學有更深入的研究檢查可得到很大的益處。

11.6 心得與建議

1. 顧客聯絡人理當代表顧客來面對開發人員，並代表開發人員來面對顧客，過濾來自雙方的要求，並減少實質顧客的數量。通常，顧客聯絡人是由顧客或開發人員的某一方所選出，因此，他們反倒扮演起紛亂的擴大器——而非過濾器。

2. 有一種動態學可顯示出「滿足顧客」對應於「顧客的數量」的困難之處。在此動態學中考量的因素包括：顧客對於所有的需求都能得到滿足所抱的期望、開發人員為使顧客滿意而遵循的工作標準、滿足多項需求可能遇到的困難等。當顧客的數量向上攀升，超過某一點之後，顧客大多不再期望所有的期望都能得到滿足。同理，對於 100,000 個顧客的所有需求，開發人員不再幻想自己能夠全數予以滿足。

　　其結果形成一個弓形的曲線，根據我個人的觀察，這條曲線的最高點通常會出現在九個顧客附近。當一群利害一致的顧客所組成的共同體決定要分攤工作以節省開發成本時，你就會得出這樣的曲線。每個顧客都希望每一件事皆能如其所願，因為他們支付的金額仍然遠超過他們為一個訂製的軟體產品所支付的。

3. 當顧客的數量成長得更多，開發人員首先會試圖讓所有的顧客都感到滿意，然而，這終究是件做不到的事。為保護自己，他們開始替顧客訂出不同的重要性，所用的基準或許是顧客付出的金額

多寡，或許是顧客與開發人員往來時態度的好壞。顧客的數量一
旦多到一定的程度，任何一個單獨的顧客就會被放棄，他們得到
的待遇將是開發人員聳聳肩然後說：「你無法讓每一個古怪的要
求都得到滿足。」

4. 就我所知，布魯克斯（Fred Brooks）是第一個寫到有關一個程式
（program）與一個程式產品（program product）之間的差別。[4]
一個產品必須具備較多的功能性，也必須有「防彈」能力，因此
製作起來所需的工作量會呈非線性的增加。在推出的程式大受歡
迎後，經理人員往往會忍不住想將之變成產品，卻不知道有上述
動態學的存在，更別提正式發行版的動態學以及組合式型態的動
態學了。

11.7　摘要

✓　與顧客的關係是驅使各機構採用特定軟體文化模式的第二重要的
因素。

✓　只要增加顧客的數量就會讓一個機構產生極大的改變，諸如：

- 增加開發的工作量
- 增加維護的工作量
- 打亂開發工作的模式

✓　在另一方面，軟體開發機構可能引發顧客間極度的混亂。這是為
什麼顧客若想要成為軟體開發機構的控制者，會導致有多個控制
者的情況出現。控制者若是愈多，在其他控制者看來隨機變化的
情況也愈嚴重。

✓　會影響軟體開發工作的外來者扮演多種的角色，其中包括：

- 顧客和使用者
- 行銷部門
- 其他代理人
- 程式設計師和自我任命的使用者代理人
- 測試人員，扮演正式與非正式代理人
- 不在規劃之內的代理人

✓　這些外來者的角色原本大多是設計來減少實質顧客的數量的。

✓　某些代理人對軟體開發的系統比其他的代理人要更熟悉，這使得他們與系統互動的力道與頻率增加，最後抵銷掉他們在減少實質顧客的數量上的功效。

✓　當顧客的數量增加，與顧客的互動會充滿危機：工作被打斷的次數增多；會議的參加人數與頻率增多；因會議中斷而造成時間上的損失亦增多。所有這些增多的情況都是非線性的。

✓　顧客愈多，需要支援的型態也愈多。型態愈多，意味著程式撰寫的工作增多，測試工作變得更複雜，有效測試的涵蓋率下降，修復錯誤的時間會拉長等。

✓　每當顧客的數量超過一個以上，就需要有正式的發行版。一旦某個產品正式發行到顧客的手上，主宰的動態學隨即改變，與在開發機構的庇護下是全然不同的一種動態學。

✓　一個軟體產品具有多重的版本，會促使維護工作變得極其複雜，然而，顧客愈多意味著版本也會愈多（不論是正式版或非正式版）。若經常出正式的發行版會使開發及維護的過程變得複雜（但若不經常出正式的發行版亦然），其結果是，幾乎所有的軟體

文化往往會漸趨於每年固定正式發行兩次左右。

11.8 練習

1. 畫出一個效應圖，類似「布魯克斯定律」的圖形，以顯示顧客數量的增加對一個開發機構會有怎樣的影響。在你所畫的圖形中，是否出現具自我限制特性的反饋迴路？

2. 有哪些力量會對客戶服務部門產生影響，使之視顧客為生命共同體？有哪些力量會對該部門產生影響，使之視開發人員為生命共同體？你能夠用圖形表現出這些力量嗎？

3. 說明為什麼去減少實質顧客的數量會比去改變一個開發機構的文化要來得更迅速？

4. 提出一套工作用的指引，以減少「顧客的數量」對「會議參加的人數與頻率」所造成的影響。

5. 提出一套工作用的指引，以減少「會議的參加人數」對「時間上的浪費」所造成的影響。若把這些工作指引應用到你自己機構中，你預見會有哪些困難之處？

第四部
缺陷的模式

　　我們這個年代三個最偉大的發現，都與程式設計（programming）有關：人類心靈的程式設計法（精神分析法）、藉DNA而遺傳的程式設計法、以及電腦上的程式設計法。而「錯誤」（error）這個概念在每一個場合中都扮演主角的地位。

　　佛洛伊德（Sigmund Freud）所發展出來的精神分析法啟發了二十世紀，也為未來的兩個世紀定下基調。在幾篇介紹性的文章中，[1]佛洛伊德揭開人類心靈的神祕面紗，利用心靈所犯的錯誤——如今我們稱之為「佛洛伊德式的說漏嘴」（Freudian slips，在無意中洩露出真實的欲望）——來對之詳加檢視。

　　第二個大發現是DNA。[2]同樣地，遺傳作用的關鍵線索是由對錯誤所做的研究而來，比方說突變，這是在複製從上一代傳給下一代的基因密碼時所產生的錯誤（mistakes）。

　　第三個大發現是存放程式的電腦。從一開始，電腦的先驅們就把錯誤當作最關切的焦點。馮紐曼（John von Neumann）[3]注意到自然界中有機體的大部分力氣都投注於面臨錯誤時是否能夠存活下來的問題上，他也注意到，值得電腦程式設計師關切的也是這類的事。

　　這三大智力上的創新，都並不把錯誤當作是智力上的失誤、或道

德上的瑕疵、或微不足道的芝麻小事——在過去，這些都是極為常見
的態度；反之，卻把錯誤當作是珍貴資訊的來源。

　　把錯誤當作是珍貴資訊的來源，正是這樣的心態將具有反饋能力
（錯誤受到控制）的系統與較其能力為差的上一代區隔開來——也因
此將「把穩方向型」的軟體文化與模式1及2區隔開來。處於模式1及
2的機構對於軟體開發工作中出現的錯誤所抱持的態度比較偏向傳統
——也比較沒有生產力，如果他們想要讓自己轉型成模式3的機構，
他們就必須改變這樣的態度。因此，在接下來的幾章當中，我們將會
探討，對於模式1及模式2的機構（尤其是模式2），當他們與存在於
他們所生產的軟體中那些「無可避免的」錯誤展開奮戰的時候，會遇
到什麼樣的事。

12
對錯誤進行觀察與推論

會讓人感動的不是事物，而是人對事物所抱持的觀點。

——艾彼科蒂塔斯（*Epictetus*，希臘斯多噶學派哲學家，*A.D. 60-120*）

本書的一位編輯跟我抱怨，這一章的前面幾節花費了「過多的篇幅在語意學（semantics，研究語言符號與其意義間的關係）上，而相對較少著墨在軟體之功能失常及其偵測工作的諸多棘手問題上」。我想要答覆她的以及我想要告訴本書讀者的是：語意學是造成「軟體之功能失常及其偵測工作的諸多棘手問題」的根源之一。因此，從本書的這個部分開始，對於功能失常（failure）應有的定義以及某些極不正確的觀念，我必須加以釐清。對於軟體的功能失常，如果你已經有了清楚而正確的了解，那麼你可以蜻蜓點水的方式略讀本章，並請原諒我的多事。

12.1 對於錯誤的一些觀念上的錯誤

12.1.1 錯誤並不是道德的問題

「有一個人他的體重超重了九百磅，而他在處理這個問題的時候卻完全不去思索他的體重為什麼會超重九百磅，對於這樣的人你要拿他怎麼辦？」當狄馬克（Tom DeMarco）看到下面幾章的初稿時，他向我提出了這個問題。有些客戶為了每個產品都有上萬件的錯誤報告需要處理而窮於應付，對此現象他深感氣惱。我亦有同感。

　　三十多年前在我第一本談電腦程式設計的書上，里茲（Herb Leeds）與我都大力鼓吹當時我們所提出的「程式設計第一定律」：

對付錯誤的上上策是在一開始就不要製造錯誤。

在當時，就像許多程式設計的高手一樣，我所謂的「上上」具有道德的意味：

1. 我們這些不會製造錯誤的人比起你們這些會製造錯誤的人要好得多。

至今我仍然認為這是程式設計的第一定律，但是總之我對於這條定律不再賦予它任何道德的意涵，而只賦予它經濟的意涵：

2. 多數的錯誤花在善後工作的成本，比起花在預防工作的成本要高得多。

這句話在我看來，就是克勞斯比（Crosby）所說「品質免費」的部分涵義。就(1)的意義來看，即使這是一個道德問題，但我不認為模式3

的文化（它花很多力氣在錯誤的預防工作上）有資格宣稱自己比模式1及模式2的文化（它們不做錯誤的預防工作）有任何道德上的優越性。你不可為了人們沒有去做他們沒有能力做到的事就說他們在道德上是低落的，你也不可以說模式1及模式2的軟體文化（這是多數程式設計師所處的環境）在預防大量錯誤一事上是文化的低能。為什麼呢？

　　讓我用另一種說法來表達狄馬克所提的問題：「某人他很有錢、為千萬人所景仰、有份極具挑戰性的工作佔據了他所有的時間、他的體重超重了九百磅、他覺得一切都『沒有問題』，除了只有背痛的問題會偶爾讓他無法工作，對於這樣的人你要拿他怎麼辦？」狄馬克所提問題的假設是，這個一千磅重的人自知有體重過重的問題，然而，如果這個人自覺的只有背痛問題的話，那該如何是好？體重本身不是問題，除非你覺得它是個問題──覺得它會引發你其他的問題。

　　同理，我那些模式1及模式2的客戶，他們所開發的軟體雖有數以萬計的錯誤，卻並不感覺自己在軟體的錯誤這件事上有什麼嚴重的問題。他們依然賺到錢，他們依然贏得客戶的讚美。所推出來的產品，三個中有兩個得到的抱怨一般而言還在可容忍的範圍。至於他們的獲利率，有誰會在乎他們的產品中有三分之一必然會被認列為無利可圖呢？

　　如果我試圖要與模式1及模式2的客戶討論這堆積如山的錯誤，他們的回答會是：「程式設計工作有錯誤是難免的，但它或多或少已受到我們的控制。你不必為錯誤擔心。我們找你是要你來幫我們能夠按照時程推出東西來。」在他們的心目中，驚人的錯誤率與時程延後了兩年兩者間的關係，並不比一個超級大胖子的心目中九百磅的肥肉與背部疼痛兩者間的關係要更密切。我可以因此就指責他們對錯誤所

抱持的態度有道德上的瑕疵嗎？如果答案是肯定的，那麼我也大可去指責一個盲人對於彩虹所抱持的態度有道德上的瑕疵。

　　但我是他們的顧問，對於我這就是一個道德的問題。如果我那一千磅重的客戶過得很快樂，我就沒有必要告訴他該如何減輕體重。如果他主動向我請教要如何解決背痛的問題，我即可以利用「體重會如何影響背部」的效應圖來向他說明。然後，一切就由他自己決定，每吃下一口巧克力蛋糕他願意承受多少的疼痛。

12.1.2 品質與沒有錯誤出現不是同一回事

存在於軟體中的錯誤，以往對我而言是一個道德的問題，至今對於許多軟體相關書籍的作者而言仍然是一個道德的問題。或許這是為什麼這些作者會主張「品質就是沒有錯誤」。對他們而言這必定是個道德問題，要不然在邏輯的推論上會出現嚴重的錯誤。在此說明他們的邏輯推論會有怎樣的錯誤。或許他們早就發現，當他們的工作因軟體出現許多錯誤而被迫中斷時，即使軟體還有其他好的特質，也無法改變他們的惡感。他們從此一觀察結果得出的結論是：軟體的錯誤太多會使軟體變得毫無價值——也就是說，毫無品質。

　　但是，以這樣的方式來思考，其謬誤之處在於：

> 如果錯誤的數量龐大，可保證該東西毫無價值，雖然如此，如果錯誤的數量為零，也完全不能保證軟體的價值為何。

我們找個例子來看。我有一個軟體程式，它可以毫無錯誤地算出菲力普‧安柏利‧沃柏馬克森先生的星座，沃柏馬克森先生在俄亥俄州亞克朗市的一家製帽工廠擔任管理檔案的小職員37年，他在1927年去世。你願意花100塊美金向我購買這個程式嗎？我想不會，因為要軟

體有價值的話，它必須具備完美之外許多其他的條件。它必須對某個人有用處。

　　儘管如此，我從來不會去否定錯誤的重要性。首先，如果我這麼做的話，模式1及模式2的機構就不會繼續看完這本書。對他們而言，追逐錯誤就像一隻德國牧羊犬去追逐綿羊一般的自然。如我們所見，當他們看到模式3的機構過著完全不同的生活方式，他們簡直不敢相信。

　　其次，我深知，當我們無法駕馭錯誤時，我們就喪失了品質。或許，我們的顧客願意容忍有10,000個錯誤；不過，就像狄馬克問我的，他們願意容忍有10,000,000,000,000,000,000,000,000,000,000個錯誤嗎？從這層意義上來看，錯誤是關乎品質的事。因此，我們必須把人訓練到所造成的錯誤愈來愈少，同時也要學會在他們造成錯誤後該如何去管理錯誤，以免讓錯誤失去控制。

12.1.3 與錯誤有關的專業術語

有時我發現，要談論存在於軟體中之錯誤的動態學是件難事，因為可以有許多不同的方式去談錯誤這個觀念本身。一個顧問要評估某機構的軟體工程成熟度最好的方法，就是仔細去研究他們的用語，特別是他們在討論錯誤時的用語。舉一個最明顯的例子，那些把凡事皆稱為「bug」的人，若是寄望他們能擔負起控制好他們自己的工作過程之責任，那還有好長的一段路要走。要等到他們的用語開始變得既嚴謹又正確後，教這樣的人去學基本的動態學觀念才有一點點意義。

缺陷與功能失常

首先，能夠將功能失常（指疾病的症狀）與缺陷（指疾病的本身）做

出明確的區隔是大有好處的。穆沙（Musa）等人所下的定義是：[1]

- 功能失常（failure）：程式運作的外在結果會產生背離需求的現象。
- 缺陷（fault）：存在於程式中的瑕疵（defect），在特定的情況下執行程式會造成功能失常的現象。

例如，一個會計用的程式中，有某個排版功能的常式用錯了一個指令（缺陷），該常式是負責在諸如$4,500,000這樣大的數字中加上逗點。當使用者要列印的數字超過了六位數，就會漏印一個逗號（功能失常）。許多功能失常的現象都是由此一缺陷所造成。

一個缺陷會造成多少次功能失常的現象呢？這要由缺陷發生的地點、缺陷被消除前在系統裏存在了多久、以及有多少人用到此一軟體系統來決定。這個加逗點的缺陷導致數百萬次的功能失常發生，因為它所在的那段程式碼經常被使用，它所在的軟體系統有數千個使用者，且它存在了一年多仍未予修正。

當我研讀各家客戶的錯誤報告時發現，經常他們會在做統計時將功能失常與缺陷兩個觀念混為一談，這是因為他們未能理解兩者有何差別。如果把這兩種量測值混為一談，想要弄清楚他們自己曾經歷過的是怎麼一回事，就會困難重重。比方說，一個錯誤會造成許多功能失常的現象，因此若是不小心翼翼地在語意學上做明確的區隔，想要將兩所機構的功能失常現象加以比較，將是一件完全不可能做到的事。

機構A有10,000個顧客，他們平均一天有三個小時要用到機構A所開發的軟體產品。機構B僅有一個內部的顧客，此顧客每個月只會使用一次機構B所開發的軟體系統。機構A每一千行的程式碼有一個

缺陷，每天卻會收到超過一百次的顧客抱怨。機構B每一千行的程式碼有一百個缺陷，但每個月充其量也只會收到一次的顧客抱怨。

　　機構A宣稱，自己的開發人員素質要比機構B更優秀。機構B也宣稱，自己的開發人員素質要比機構A更優秀。可能他們兩個說的都是對的。也可能他們都深知該如何去開發軟體，才可使開發的結果在自己的顧客看來是最好的。

系統故障事件

缺陷與功能失常之間的差別是如此之大，因此我鼓勵客戶至少要保存兩種不同的統計資料。第一種是系統故障事件（system trouble incidents，簡稱STIs）的資料庫。在本書中，提到STI時我的意思指的是對於功能失常的現象所做的事故報告，這些功能失常是發生在顧客或模擬的顧客（例如測試人員）身上。

　　就我所知，在工業界對於這類的報告所用的標準專業術語，必然是以TLA（Three Letter Acronym，三個英文字母的字首縮寫）的形式來表示。我曾看到過的TLA有：

- STR代表軟體故障報告（software trouble report）
- SIR代表軟體事故報告（software incident report）或系統事故報告（system incident report）
- SPR代表軟體問題報告（software problem report）或軟體問題紀錄（software problem record）
- MDR代表運作失調偵測報告（malfunction detection report）
- CPI代表顧客問題事件（customer problem incident）
- SEC代表重大錯誤案例（significant error case）
- SIR代表軟體爭議報告（software issue report）

- DBR代表錯誤細節報告（detailed bug report）或錯誤細節紀錄（detailed bug record）
- SFD代表系統功能失常描述（system failure description）
- STD代表軟體故障描述（software trouble description）或軟體故障細節（software trouble detail）

通常我會試圖遵照客戶的命名習慣，但我也會盡力找出能夠完全代表我原意的那個名稱。我鼓勵每個機構多多使用既有特色又有豐富意涵的名稱。當一家軟體機構為同一事物使用一個以上的TLA，這就告訴了我許多的內幕。該機構的員工會因此而感到困惑，正如本書的讀者，如果我用了十個不同的TLA來指涉同一種STI，其困惑的程度是一樣的。我捨以上的這些名稱而偏愛使用STI，其原因如下：

1.   對於是怎樣的缺陷會造成這樣的功能失常，不做預先的審判。例如，原因可能是誤解了手冊上的說明，或是打錯了字而尚未被人發現。將它稱為bug、錯誤、或問題，往往都是一種誤導。

2.   將它稱為「故障事件」隱含的意思是，從前，某個人，在某處，因某樣東西而感到非常煩惱，煩惱到他願不辭勞苦寫份報告。所謂品質的定義是「對於某人具有多少的價值」，因此在人人都不喜歡煩人的事的前提下，會令某人感到煩惱所隱含的意思是，去看看STI是值回票價的。

3.   「軟體」和「程式碼」這些名詞也含有必然有罪的推定，這會使我們對找出錯誤之所在以及相應的矯正工作做出不當的限制。為了改正一個STI，我們所用的方法可以是提供程式碼的修正，但我們也可以去更改手冊、強化訓練的內容、調整廣告詞或推銷商品時的用語、提供說明的資訊、變更設計、或維持原狀不做變更

等。「系統」一詞傳達給我的意思是，整個系統中任何一部分都可能有缺陷，而有需要針對其中的任何一個部分或好幾個部分進行矯正的工作。

4. 「顧客」一詞排除了同樣受害卻恰巧不是顧客的那些人，比方說，程式設計師、分析師、業務人員、經理人員、硬體工程師、或測試人員。我們將很樂於在將這些故障事件的報告送給顧客之前能先行過目，因為我們也不願讓任何人感覺失面子。

把握相同的原則，做到語意學上的精確，可引導你設計出合你所用的TLA，以多消除一個錯誤的根源，或多排除一個去除錯誤時的障礙。模式3的機構比起模式1及2的機構總是更能精確地使用TLA。

系統缺陷分析

第二種統計資料就是儲存缺陷相關資訊的資料庫，我稱之為系統缺陷分析（system fault analysis，簡稱SFA）。我的客戶中只有少數在一開始就建立這樣的資料庫，以與STI作區隔，因此我尚未見到這類的TLA。不過，伊里（Ed Ely）曾告訴我，他見到有人用RCA來代表根本原因分析（root cause analysis）。既然RCA永遠無法達到應有的效果，SFA這個名稱就會是一個很好的選擇，因為，第一，它清楚提到的是缺陷，而非功能失常。這當中的差別非常重要。一直要等到有某個缺陷被指認出來，才會有SFA的產生。當某個SFA產生之後，就像提肉粽一樣，可以把跟它綁在一起的所有STI都揪出來。最早出現的STI與可解釋其成因的SFA之間的時間差是一個很重要的動態學量度。

選擇用SFA的第二個原因是，它可清楚地說明系統的相關情況，因此在系統任何地方出現的缺陷都可在資料庫中找到其相關的缺陷報告。最後，「分析」一詞所隱含的意思可正確傳達此一資料是在仔細

思考後的結果，唯有等到某人對其推論的過程有十足的信心後，分析工作才算完成。

缺陷並不含責備之意

「缺陷」一詞在語意學上有一點不周全之處，即它可能隱含責備之意，而未含資訊之意。在一個SFA之中，有兩個地方（與某一缺陷有關）我們必須謹慎加以區隔，且兩者皆不影射這個缺陷是誰的「錯」：

* 起源：在整個過程中，該缺陷是從哪個階段開始的
* 修正：系統有哪些部分必須加以改變，以改正這項缺陷

模式1和2的機構往往會把這兩個觀念混為一談，但「誰弄壞的，就要誰負責修好」的信條經常會引發一場毫無效益的「批鬥大會」。「修正」告訴我們在現有的情況下從哪裏下手做改變是最明智的，不論當初是什麼原因把缺陷留在那裏。例如，我們可能決定要去修改的是文件的部分，倒不是因為文件寫得不好，而是因為設計實在太爛，故而需要有更多的文件來補強，而設計太爛的原因是程式碼寫得太紊亂，使得我們不敢從修改程式下手。

　　如果模式3的機構並未陷入互相批鬥的泥沼中，那麼他們為什麼需要把某個缺陷的起源記錄下來呢？對這類的機構來說，起源只是要告訴大家，未來若是想要防止類似的缺陷再度發生，你應朝什麼方向來採取行動，而不是要找出哪個員工讓他成為代罪羔羊。然而，對起源進行分析，是一件需要技巧及經驗的工作，能夠在工作的過程中找出可達到預防之目的的最早及最可能的時機。例如，需求文件若是能寫得更清楚些，就可能預防程式碼中的某些錯誤。情況若是如此的話，則我們可以說缺陷的起源是在需求階段。

12.2　對處理錯誤的過程做不當分類

用「處理錯誤的過程」這個名詞，我們所指涉的是一個與錯誤有關的
整體型式（pattern），此一型式可分解成數個小的活動。我們一旦能了
解這些細部活動之間的差別，我們就能對個別活動的動態學加以描
述，並提出改善的方法。但是，模式1和模式2機構的特質是不太清
楚自己處理錯誤的過程到底是怎麼回事。你若是問他們，所得到的制
式答案是「除錯」（debugging）。所用的語言是如此不精確，想要改善
處理錯誤的方式就難如登天了。

12.2.1　偵測

要偵測出缺陷所用的方法隨軟體文化的不同而各異。模式1和2的機
構往往是依賴在某種機器上執行程式碼時是否出現功能失常的現象來
偵測缺陷，執行程式碼的方式包括機器軟體測試（machine software
testing，譯註：亦稱alpha test，指在實驗室內的封閉環境中對新開發
的軟體進行測試）、beta測試（譯註：指使用者在其開放的環境中依
日常操作的情況對新開發的軟體進行測試）、以及由顧客用於實際的
操作。這些都屬STI。

　　模式3的機構也會經由功能失常的現象來偵測缺陷，不過，他們
往往偏好透過不必真正的用電腦去執行程式碼之類的過程來直接找出
缺陷。這些機制的實例包括：意外事件（例如，為了其他目的而看程
式碼時無意間發現了一個錯誤）；各種形式的技術性審查會議；以及
各式的工具，這些工具將程式碼、設計結果、需求文件等當作是一份
可分析的文件來處理，而不必在真正的電腦上執行程式碼來找出缺
陷。這些方法所產生的結果是SFA，如果能夠及早運用這些方法來防

止因缺陷而導致的功能失常發生，那麼每個SFA不一定會有與之相對應的STI。

12.2.2　找出所在的位置

找出所在的位置，或可稱之為隔離，就是將功能失常現象與缺陷加以配對。即使是直接找到一個缺陷（例如在某次程式碼的審查會議中），經驗顯示SFA中包含了可向前追溯出存在於系統中的一組已知的功能失常現象。尚未解決的功能失常現象唯有利用向前追溯的方法才能夠將之從STI資料庫中清除。如果資料庫中尚未解決的功能失常為數過多，經理人員與程式設計師往往就全數放棄處理，這會使得要找出還在活躍中的STI之所在位置的工作變得更加困難。

12.2.3　找出解決之道

找出解決之道是一個過程，此過程確保某一缺陷不復存在於系統中，或某一功能失常的現象永遠不會再出現。一個功能失常現象可能在與之相關的缺陷未予消除的情況下被解決。缺陷的消除是一個可有可無的過程，但找出解決之道則否。一個STI的根本解決之道可以由下列幾種方法來達成：

1. 將導致某STI的缺陷予以消除。這是除錯的典型方法。
2. 把STI歸類為無關重要，像是「太細瑣，無修正之必要」，或是「問題無法重現」。
3. 把STI歸類為不是由系統中某缺陷所引發，而通常將之歸類為此STI提報人的個人缺陷。
4. 把該缺陷歸類為並不是一個缺陷，像是利用「波頓定律」而做結論說：「凡是你無法修復的問題，就把它當作特點」[2]。

在麻煩不斷的模式2機構中，絕大多數的STI是由(2)、(3)及(4)所解決，而管理階層卻認為是由(1)所解決。

12.2.4　*預防*

對陷於模式1和模式2機構而無法自拔的人而言，談預防猶如在空中畫大餅般不切實際。其他工程領域的歷史帶給我們的教訓是，用以預防錯誤的圖謀終將得勝，但由多數我的客戶現下的立足點來看，要達到這樣的目標還有很長的一段路要走。當我把一些介紹模式3機構的文章拿給他們看時，其反應是「這些並不適用於他們的機構」。當我把一些談論無菌室（cleanroom）軟體開發[3]或其他模式4所用技術的文章給他們看時，他們只是暗自竊笑以示完全無法置信。

　　然而，在軟體開發機構對錯誤所做的工作中，其中絕大多數其實是屬於預防性的工作，雖然模式2的經理人員不自知是如此。唯有當他們在軟體工程動態學的分析能力上變得歷練更豐富之後，他們方能體會：他們日常工作中的絕大部分都適合於預防錯誤，而非僅止於修正錯誤。舉例來說，問問一般人他們為何要遵守「在動手寫程式之前先做好設計」的工作習慣。他們之中只有少數人會把這條規則當作是為了打贏「規模對應於複雜度的動態學」這場戰爭而必備之預防錯誤的戰略。

12.2.5　*分配*

在模式2的機構中，把錯誤分配出去是一件重要的工作，但經常也是很費時的。所謂的分配，我們的意思是，藉由把錯誤分配到其他的處所的手段，避免將錯誤的責任集中在機構中某一部門的做法。例如，開發人員迫不及待地把程式碼丟給測試人員，為的是有錯誤發生時能

讓人覺得問題怎麼老是出在測試上，而不是出在程式上；或是，某機構跳過設計審查的工作，為的是讓人把設計上的缺陷視為程式上的缺陷；或是，測試人員讓程式碼過關進入實機操作的階段，為的是讓所有的問題會被歸類成是維護上的缺陷。

　　這三個例子都屬於為免於遭人責備而做出的分配性質的活動；此類活動的出現為的是對某些評量制度作反應，該評量制度的目的只在責備，而不在對日常活動加以控制。你若是不知該如何預防錯誤的發生，除了讓自己免於因犯錯而遭到責罰外，還能怎麼辦呢？當然，把缺陷當成燙手山芋在那兒推來推去的人是基層員工，這使得他們沒剩下多少時間可從事有實質生產力的工作。稍後，我們在研究管理階層應付壓力的動態學時，會看到更多這種把缺陷當作燙手山芋的現象。

　　分配活動並非全都是以燙手山芋的偽裝形式出現。當問題的本質不在責罰（尋找代罪羔羊）時，能夠將錯誤作正確的分配自有其積極的一面。模式3的機構往往比模式2的機構更能將缺陷分配到開發過程中的早期，並可因此而獲益。比方說，把需求工作與設計工作當作是在開發過程的早期即找出缺陷的好辦法，而不要等到晚期才找出缺陷，此時為解決問題所付出的代價將會大增；此外，在開發過程早期即開始撰寫使用者手冊，透過這個手段可將介面需求中所存在的缺陷突顯出來並奠定驗收測試的基礎。此外，此法可減輕開發生命週期後段的負擔。

12.3　對錯誤進行觀察時容易犯的錯誤

偵測出功能失常的現象，這是一個過程，其目的在辨認出期望與實際兩者是否有差距。如果我們從控制論（cybernetic）模型來看控制這件

工作，我們就會知道，對一個負責控制反饋的人而言，能夠看出兩者間的差異——偵測出功能失常的現象——有多麼的重要。

　　替一件事物貼上一個標籤，這表示我們已注意到它。我老是會強調控制者所用詞彙的重要性，這是另一個原因。對兩個不同的事物你卻用了同一個名字，你很容易會注意不到兩者間的重大差異，反之，如果你給它們取了不同的名字，那麼本來沒有什麼差異的你也會看出差異來。

12.3.1　選擇的謬誤

有一種經常可見貼錯標籤的例子，我將之統稱為選擇的謬誤。這是發生在控制人員因做了不正確的線性假設而得到如下的觀察結論：

> 「我不必去監看所有的資料，因為有一組易於監看的資料可以正確無誤地代表它。」

說它是個謬誤，那是因為它沒有考慮到，選出這兩組資料的過程可能是不同的，因此從某一組資料得出的結論未必可套用到另一組資料上。選擇的謬誤在錯誤發生後很容易就可看出來（在錯誤發生前則很容易即陷入此一謬誤中），尤其是當為了某種原因，比起其他的結論來我們更想要得到某一結論的時候。在本節中我會討論三種典型的謬誤。

專案的完成對應於專案的終止

這裏有個例子是有關軟體業常見的一種選擇的謬誤：

　　有一個客戶對 152 個專案做調查，看看每一千行程式碼（thousand lines of code，簡稱KLOC）中所產生的缺陷之數量。這個

研究的進行非常謹慎，每一個專案都用上了SFA的資料庫。研究所得到的結論是：綜合起來這些專案每KLOC所產生之缺陷的數量範圍是6到23，而平均值是14。他們的感覺是，此一結果與業界其他機構的結果相當，因此他們沒有強烈的動機要對降低缺陷數量繼續做更多的投資。

在聽取這個謹慎研究的成果報告時，我一不小心就會把有沒有犯了選擇的謬誤給忽略掉；不過，對此我一向不敢掉以輕心，於是我問道：「這152個專案是怎麼選出來的？」

「哦，我們極力避免這項研究會受到個人喜好上的偏差所影響，」報告的人回答。「我們所選的專案每一個都是在三個月的期間內完成。」

「你要強調的重點搞錯了地方，」既然已經看出有選擇的謬誤，我只好這麼說。

「此話怎講？」他問。

「你應該要這麼說：『我們所選的專案每一個都是在三個月的期間內完成。』公司裏有多少個專案是在動工之後就永遠無法完成的？」

報告的人不知道答案，而整個會議室裏也沒有人知道。我請他們給我一個大概的數字即可，在事後稍做一番研究也證實這個數字是正確的。這家機構歷年來所啟動的專案中有27%永遠無法完成。這些專案在該機構的開發經費中佔了四成以上，因為有些專案在經過一段很長很長的時間後仍然不甘於放棄。從這些專案中隨便挑出幾個來做樣本，結果顯示每KLOC所產生缺陷的數量範圍是19到145，平均值是38。後來把平均值依專案的規模大小加權之後，結果增加到86。其中最大的兩個專案每KLOC所產生缺陷的數量也是最多的。

他們有什麼地方做錯了呢？把完成的專案當作是所有專案的代表

來做成報告，這個報告的人就犯了選擇的謬誤，使得該機構誤認為他們在製造缺陷的表現上還不太差。不過，當他們把所有失敗的專案拿來當作當他們表現最差的專案的代表時，他們以相反的方向犯了同樣的謬誤。第二種謬誤使他們忽略掉一個事實，那就是他們完全不知道該如何去開發一個大型的專案，可能的原因是他們不會應付自己所生產出來的缺陷。

初期使用者對應於晚期使用者

第二種常見的選擇的謬誤與在一段期間內所發生的STI有關。例如，一家軟體機構完成了產品X修訂版的出貨工作，並將頭兩個月所接到的STI加以記錄追蹤。該機構利用這些初期的STI資料，對接下來幾個月內將要處理之STI的工作負荷量做個線性的預測。對STI數量的預估值相當準確，但是，由這些STI所產生的總工作量卻低估了達3.5倍之多。

　　這個機構犯了好幾個選擇的謬誤，這些謬誤都是基於一個假設：初期所發生的STI足以代表晚期會發生的STI。實際上卻不然，原因在於，第一，晚期的STI有一個遠遠高於初期的功能失常／缺陷比；將有更多的顧客使用該系統，並會多次遇到相同的功能失常現象。針對同一個功能失常現象會收到多次的報告，該公司還找不到一套有效的解決辦法。

　　其次，更新版的早期使用者並不能代表晚期使用者。早期使用者通常較能自立，懂得如何避開許多的功能失常狀況，而那些晚期使用者就只有提報成STI以求得他人的幫助。這些功能失常的狀況雖然很容易即可找到避開的辦法，但潛藏於其下的軟體缺陷卻不一定是容易解決的。

第三，早期使用者所使用的功能特色與晚期使用者往往也大不相同，後者的工作所涵蓋的功能特色較為廣泛，且必須依賴系統做事的人數也較多。這些特質的意義是，其安裝的程序更為複雜，以致更慢，這也是他們會成為晚期使用者的原因。有更多的人要依賴系統來做事，並且會用到更多的功能特色，這意味著會有更多的 STI 產生。

「他就像我一樣」

選擇的謬誤並不僅出現在觀察的結果上，也會發生在觀察者的身上。在此我們繼續來講有關賽門的故事（前情見 7.2.2 節）的下集，他是一個看不到別人眼中含著淚水的專案經理。

聽到賽門問我赫布的眼睛裏是不是有什麼東西後，我說：「唔，我也不太清楚。你為什麼不直接問他呢？」

「呃，這件事還不值得去花這個時間，」賽門這樣回答。「我真正想請教的是，你對專案目前的進展狀況有何看法？我真的很高興赫布有如此優秀的工作表現，能夠只延遲一個禮拜就完成那支程式，尤其是那支程式還有那麼多的問題。」

「真的嗎？」我說。「我還以為你對他延期交貨感到非常不滿哩。」

「哦，這樣啊。的確，那支程式能夠準時完成是我很希望看到的，不過做不到也不是什麼大不了的事。」

「我覺得赫布認為那是件天大的事。」

「你為什麼會這麼想呢？」

「我認為當你對著他大吼大叫時，他的心情很不好。」

「哦，不會吧。赫布非常了解我的作風，不會只為了我講話的聲音稍微大了一點就心情不好。他就像我一樣，因此他知道我只是求好

心切罷了。」

　　賽門犯了選擇上的謬誤，假定「他就像我一樣」。一個軟體機構裏的經理跟機構裏的其他人就是不一樣——否則的話，他們為什麼會被選為經理，而且他們的薪水會比較多？為什麼不對其他的人多作觀察，而去假定你們兩個是完全相同的人呢？

　　任何一位經理凡是不能或不願去看看或聽聽其他人的感覺的，就像是一艘船的船長試圖不用雷達或聲納而在黑夜裏航行。人的感覺就是專案生命中的雷達或聲納——反映出會讓你專案擱淺的礁石、沙洲、和暗灘。即使只因為你的責任跟其他人不一樣這一個原因，你也不能閉上眼睛並摀住耳朵，只用你自己腦中的地圖。

12.3.2 得出與事實相反的觀察結果

未能對某件事做正確的觀察是一回事。做了正確的觀察，但事後對觀察的結果卻做出與事實相反的詮釋，使得黑的被貼上白的標籤，白的被貼上黑的標籤，則又是另外一回事。有些人難以相信，一個領高薪的軟體工程經理其實是會把觀察的結果貼上與事實相反的標籤，因此在此提供從我個人觀察所得的數百個實例中挑出的幾個例子：

誰是最好的程式設計師？誰又是最差的？

曾有一個軟體開發經理告訴我，他有一套方法可評量出誰是他最好的程式設計師，誰又是最差的。在好奇心的驅使下，我問他他是怎麼做到的。他告訴我說，他觀察誰總是拼命在向使用者或其他程式設計師問東問西。我認為這個方法不錯，我並以極端興奮的心情跟他繼續討論。然而，聊沒幾分鐘後我發現，他認為花最多時間在問問題的程式設計師是最差的。反之，我卻認為這樣的人可能是他部門中最優秀的

程式設計師。

哪一次發行版的品質最好？

當她收到某個最新發行產品的第一份每月STI摘要報告時，這位軟體技術部門的副總經理揮動那份報告得意地對我說：「好啦，我們終於推出一個高品質的正式發行版。」事後卻發現，此次發行版所提供的新功能甚少，基本上沒什麼顧客願意浪費時間去安裝它。因此，幾乎沒有收到什麼問題的回報。後來，當有人真的去安裝該產品後，大家才發現該產品跟之前所有的發行版一樣有一大堆的錯誤。

為什麼有的人會工作到很晚？

一個程式設計小組的經理告訴我：「賈許是我最好的程式設計師。他每天下午才開始工作，但會工作到很晚，原因是這樣才不致被較沒有經驗的程式設計師打擾。」實情卻是，賈許對自己工作成果的不良品質深以為恥，他不願讓任何人看到自己所做的東西有許多問題在裏面。

誰才知道什麼是對的，什麼是錯的？

另一個開發小組的技術負責人告訴我，「辛西雅很生氣，因為我會指出她所寫的程式中有什麼地方不對，以及在剛開始寫程式時應該注意的事項。我想請你告訴她，我會學著說得更有技巧一點。」辛西雅把她寫的程式拿給我看，證明該開發小組技術負責人所說的是錯的。她的程式一點錯誤都沒有。辛西雅說：「讓我發火的是，要在一個不但技術是一竅不通，又不知道如何去聽取別人意見的主管底下工作。對每個問題他的處理方式就是在那裏大呼小叫。」

哪個過程才是在排除問題？

有一個專案經理告訴我：「這個專案我們放棄了技術性審查會議。這些會議一開始還很有價值，從中我們發現了許多個問題。不過，如今這種會議能找到的問題數量不多——不足以證明花這麼多的時間在上面是值得的。」實情卻是，找不出任何問題的原因在於，程式設計師會私下去召開審查會，免得讓經理看到那些錯誤，因為如果有任何人所負責的產品在審查會中被抓出錯誤的話，這位經理就會開罵。這使得大家不但放棄了技術的審查會議；大家也放棄了把他們做技術審查的結果讓經理知道的工作慣例。

　　反饋的控制者利用對於行為的觀察所得，來決定要採取怎樣的行動以消除所不樂見的行為。他們把這類的行動反饋給該系統，以期創造一個可使系統穩定下來的負向反饋迴路，如次頁圖12-1所示。

　　不過，反饋的控制者若是把觀察結果的意義給弄反了，則所設計出來的行動會創造一個正向的反饋迴路，這反而會鼓勵所不樂見的行為，如圖12-2所示。

12.3.3 控制者的謬誤

讓技術性審查會議不能召開的例子可說明另一個常見的觀察上的謬誤。即使參與審查的人無法找出錯誤，就可以因這個理由而放棄審查會議的召開嗎？技術性審查會議在軟體專案中具有多種的功能，而其中最重要的功能就是：它所提供的反饋資訊可用於專案的控制工作上。換句話說，它是控制者系統的一部分。

　　反饋的控制者與其想要加以調控的系統之間具有逆轉的關係，這是控制者的天性。[4] 例如，我們花錢買一台恆溫機，就是希望能不必額外花錢在購買暖氣機和冷氣機的燃油上；我們讓消防隊很興旺，目

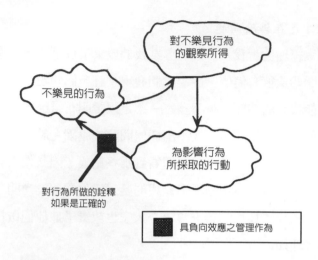

圖 12-1　反饋的控制者利用觀察所得來決定要採取怎樣的行動以使系統的行
　　　　　為能夠穩定下來。

的就是要讓火災變得不興旺；我們去限制政府的權力，目的就是要讓
政府不致將不必要的限制施加在受其管理的民眾身上。

　　這種逆轉關係所造成的結果是：

一個調控良好之系統的控制者或許在表面看來工作不很勤奮。

但是，對於那些並不了解這種關係的經理人員而言，若是看到欠缺明
顯的控制者活動，經常就把它當作是控制過程出問題的一個徵兆。這
就是控制者的謬誤，它會以兩種形式出現：

如果控制者不忙碌，那麼他就沒有把工作做好。

如果控制者很忙碌，那麼他必定是一個好的控制者。

經理人員凡相信第二個形式的，就是會為了「證明」自己有多麼重要

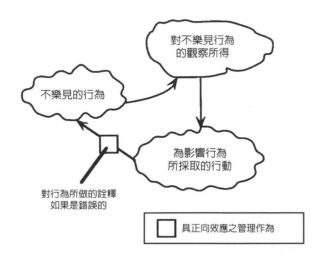

圖 12-2　若是把某次觀察結果的意義給弄反了，會創造出一個干預迴路，使得該被遏止的卻得到鼓勵，或是該得到鼓勵的卻被遏止。

而讓自己過於忙碌，忙碌到無法看到自己屬下員工的那種經理人。

　　第一個形式適用於技術性審查會議的反向觀察。如果技術性審查會議未能找出許多錯誤，這可能意味審查系統的故障。但從另一個角度來看，這也可能意味審查系統的運作非常良好，可以藉由下列的行動來預防缺陷的發生：

- 激勵大家工作更講求精確
- 提升大家有重視工作講求品質的意識
- 教導大家如何在審查會議前找出缺陷
- 在工作造成真正的缺陷之前即偵測到工作成果不良的指標
- 教導大家利用在審查會議中所看到的優良技術來預防缺陷的發生

12.4 心得與建議

1. 功能失常的現象通常比缺陷的數量多，但有時有些缺陷不會產生
    任何功能失常的現象，至少可讓軟體一直維持堪用的狀態到今
    天。有時，要有一個以上的缺陷才會造成一個功能失常的現象。
    例如，可能有兩個「半錯的缺陷」存在，兩者單獨使用都正常，
    但合在一起使用就會出現問題。另一個例子，比方說效能
    （performance）上的錯誤，可能要累積許多個小的缺陷才會成為
    單一的功能失常現象。這使得分辨功能上的失常與效能上的失常
    成為一件很重要的事。

2. 大量使用由首位字母所組成的縮寫字，是一所機構向模式2邁進
    的一個徵兆，在這樣的機構裏「名稱的魔力」非常之大，以致一
    個新的名稱可為它的創造者帶來權力。以戒慎恐懼的心來設計縮
    寫字並避免其濫用，是一所機構邁向模式3的徵兆，在這樣的機
    構裏溝通扮演了重要的角色。

3. 第一位顧客與之後的顧客並不相像，大體上你可以相信這個事
    實。經理人員時常犯的一種選擇的謬誤，就是他們都是根據早期
    顧客對其軟體系統的有利的反應，來規劃未來的軟體供應商之
    路。第一位顧客之所以會是第一位，是因為他們的需求與軟體系
    統最契合。因此，他們很可能與原始的設計人員及開發人員「臭
    味相投」。開發人員與顧客的溝通良好，想法也相近。當顧客的
    數量增多之後情況就不復如此，必須發展出一套明文的過程，以
    取代這種日漸喪失的「天生的」和睦關係。

4. 選擇的謬誤是無所不在的。每當有人拿出統計數字來向你證明某
    件事的存在，你保護自己的方法有二：你可以在脖子上戴上大蒜

編成的花圈，或是問對方：「你的例子用的是哪些案例？哪些案例被排除在外？在選擇你的案例時，依循的過程是什麼？」

12.5 摘要

✓ 所有的機構在處理軟體錯誤時會發生困難的原因是，他們犯了許多觀念上的錯誤。

✓ 有些人把錯誤當作是一個道德的問題，忘記了他們處理錯誤時所用的方法從業務的觀點來看是否恰當。

✓ 品質與沒有錯誤出現不是同一件事，但是，有許多錯誤出現的話卻可以推翻對產品的品質所做的任何其他量測值。

✓ 錯誤處理得不好的機構，在談論錯誤時也無法將之說得清楚。例如，他們經常無法將缺陷與功能失常做明確的區隔，或者他們會利用缺陷來責備機構裏的員工。

✓ 運作良好的機構可由一件事上辨認出來：他們有一套制度化的方式利用缺陷與功能失常的現象做為控制其工作過程的資訊來源。系統故障事件（STI）與系統缺陷分析（SFA）是有關功能失常與缺陷的基本資訊來源。

✓ 錯誤的處理過程至少有五種變化：偵測、找出所在位置、找出解決方案、預防、與分配。

✓ 除了觀念上的錯誤之外，人們在處理軟體的錯誤時還有一些常見的觀察上的錯誤，其中包括選擇的謬誤、得出與事實相反的觀察結果、以及控制者的謬誤。

12.6　練習

1.　我還聽到過有些名詞，用作軟體「缺陷」的同義詞，在此列舉：
lapse, slip, aberration, variation, minor variation, mistake, oversight,
miscalculation, blooper, blunder, boner, miscue, fumble, botch,
misconception, bug, error, failure 等。可以將你所聽到過的字眼加
到這份清單上，然後將這些名詞排序，順序是依照該名詞對造成
某缺陷的人苛以責任的大小。

2.　一所機構若是利用系統化的方法將每個功能失常的現象與某個已
知的缺陷加以配對，即會發現某些功能失常的現象找不到相對應
的缺陷。在模式 3 的機構中，這類功能失常的現象被劃歸為「過
程的缺陷」──他們的軟體過程有不對勁的地方，或是會產生虛
構的功能失常，或是會阻礙真正的功能失常被隔離出來。請將你
的機構中經常會遇到的「過程的缺陷」之實例列舉出來，比方
說，草率地填寫 STI 紀錄。

3.　花一個星期的時間，用下述的方法來蒐集你所任職機構的相關資
料：在事情正常發展的情況下，就你所遇到的人向他們詢問：他
們正在做什麼。如果是與任何種類的錯誤有關的任何事務，注意
他們為自己的活動所貼的標籤：除錯、找出功能失常的所在位
置、與某個顧客交談等等。在一週的最後，把你的發現整理後放
在摘要報告的「過程」分類中，此分類在說明你所屬機構的文化
中錯誤的處理方式。

4.　試描述你親身經歷過的一次選擇的謬誤，並描述所造成的結果。
要如何讓所做的選擇可以更適切？

13
功能失常偵測曲線

我們的工作已完成百分之九十九！

　　　　　　　　　　——成千上萬的軟體專案經理之共同傑作

翻開軟體業的歷史，軟體的從業人員一直為了一件事而深感沮喪，那就是當專案的進度到了「完成百分之九十九」之後，專案的終點就一直往後退。在模式2的機構裏，任何人只要他站著不動的時間過久就會成為箭靶，終點不斷後退的責任會落在他的身上。與此相對照，模式3的機構則知道真正在發揮影響力的是另外一種動態學，也就是「差異偵測的動態學」。在本章中，我們要來研究這個動態學對於「完成百分之九十九」的狀況所提供的解釋。

13.1 差異偵測的動態學

選擇的謬誤會造成嚴重的後果。在羅德與德魯合寫的〈石油發現率之模式〉這篇文章中，談到一個有關選擇謬誤舉世皆然的精采故事。[1]多年以來，分析專家基於鑽探工作早期成功的經驗，對於在探勘區可

找到石油的機率都有嚴重高估的現象。這些專家為自己所用的模型在預測上的錯誤提出了各種解釋，但羅德與德魯最後卻證明，這些模型在預測上的錯誤可以用選擇的謬誤來解釋：「首先，在某個探勘區域內的石油與天然氣大多蘊藏在少數幾個大型的油田之中；其次，大型的油田大多在探勘該區域的初期即已被發現。」

顯然，如果你用隨機的方式來鑽油井，你在這些大型油田中挖到石油的機會要比在某個小型油田挖到的機會要高出許多。這種事關數十億美元的大事，為什麼花了這麼長的時間才發現這一段與選擇有關且由同義字堆砌而成的贅述（tautology）呢？難道是因為石油工程師們比較笨嗎？在我們嘲笑這些石油工程師之前，且先把部分的嘲笑留給我們自己，我們這些軟體工程師。

13.1.1 差異偵測時的羅德—德魯式謬誤

在軟體開發的工作中，當你試圖以測試早期的結果來預估剩餘的測試工作還需花費多久時間，羅德—德魯式謬誤就是你每天都會犯的錯誤。要了解其中原委，可從圖13-1的心理測驗開始。此一測驗充分模擬了偵測差異時所用到的各種處理過程，其中也包括軟體測試工作所用到的處理過程。例如，我時常利用這種極為相似的兩張圖片來模擬軟體工程師的測試工作。一旦我們將找出缺陷所在的過程區隔開來，我們所說的「測試工作」就變成了偵測出軟體需求（寫下來的或是沒有寫下來的）與軟體執行結果之間的差異。

如果找許多人來「測試」如圖13-1的這兩張圖片，他們找出差異的順序不會完全相同。例如，在最近一次的研習營中，我請47個人來做這樣的實驗。沒有任兩個人是以相同的順序找出其中的差異。[2] 觀察這個實驗後有人得到的結論是，軟體的測試工作無所謂順序或系統

圖 13-1　比較這兩張圖，盡可能找出最多的差異並寫下來。找到每一個差異
　　　　要花費多少時間的資料都要保留下來。

的存在，對軟體缺陷的偵測尤其是如此。

　　然而，確實有順序的存在，但是我們必須以不同的方式來檢視這些資料才能看出來。如果我們把找出來的差異內容遮住不看，而直接畫出在多少時間內找到了多少個差異的圖形，我們會發現眾人之間有一重大的一致性。圖13-2以找到的差異之百分比對應於時間所形成之曲線來顯示這種固定的狀態。這條曲線我稱之為「功能失常偵測曲線」，因為它是對於發掘差異或是功能失常（用軟體的術語來說）的過程的一種一般性描述。

　　當然，最後的結果演變成這條「功能失常偵測曲線」跟羅德與德魯對發現新油田所做的觀察完全吻合。最容易找到的油田總是最先找到，而兩張圖片中最容易看出來的差異也是如此。我們可以套用羅德與德魯的話，稍加改寫之後即成為對圖13-1的描述：

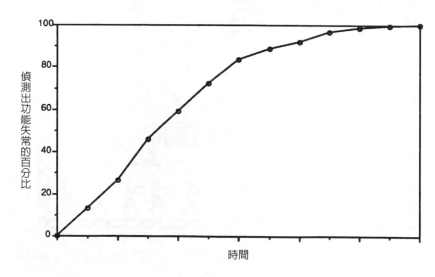

圖13-2　由許多人從兩張類似的圖片中找出其間差異的速度來看，具有顯著
　　　　的一致性，形成一條S曲線。

首先，少數易於解決的問題只需花極少量的測試時間；其次，大多數易於解決的問題都在測試週期的早期即已被找到。

這就是「差異偵測的動態學」。

13.1.2 為什麼我們會錯估功能失常的偵測工作

在圖13-3中，我把「功能失常偵測曲線」依時間分成三段，以突顯「差異偵測的動態學」具有「由同義字堆砌而成的贅述」之特性：

- 並非每一個功能失常的現象都一樣容易被偵測出來。
- 最容易（所需時間最短）的功能失常，如字義所示，會最先被偵測出來。

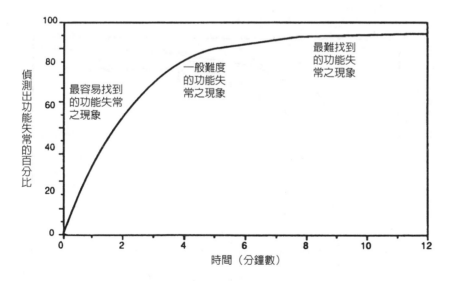

圖13-3　「功能失常偵測曲線」如同由同義字所堆砌而成的贅述，原因在於最難找到的功能失常現象要到最後才能找到。這正是「最難找到」的原義。

- 最困難（所需時間最長）的功能失常，如字義所示，會最後才偵測出來。

- 因此，平均所需的偵測時間會隨專案的進行而不斷增加。

此一選擇的謬誤可解釋為什麼測試工作看起來會隨著專案往前推進而變得愈來愈困難。它也可以解釋為什麼有許多專案的時程會在測試階段失守，此時專案的進度月復一月停留在「完成百分之九十九」。圖13-4顯示出，拿那兩張類似的圖片來做一次預估的練習所得到的結果。首先，我告訴參加練習的人兩張圖片總共有十六個不同處。兩分鐘後，我要求他們做一次預估，要找出剩下的不同之處還需要多少時間。預估的平均值剛好落在四分鐘左右，非常接近他們目前經驗值的線性投射。

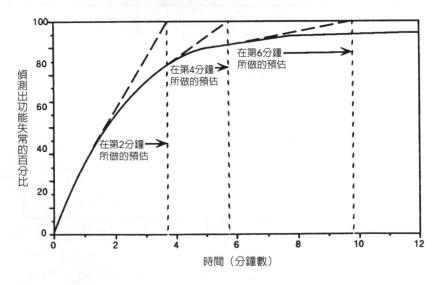

圖13-4　偵測過程中的每一刻，預估者往往是利用他們最新最近的經驗來做線性的投射。

　　到了第四分鐘，我要求他們再做一次預估，而他們也再度利用線性投射法，得出六分鐘的預估值。到了第六分鐘，他們的預估值是十分鐘。到了第十分鐘，所有參加的人開始分成三組：

- 第一組的人仍然估計他們已完成百分之九十九。
- 第二組的人預估他們已完成百分之百（並說我給的十六個的答案是騙人的）。
- 第三組的人預估他們永遠無法完成。

依照我的經驗，這三組的人等同於所有真實專案中存在的三種人格類型。當然，在真實的專案中沒有人有辦法知道尚餘多少的功能失常有待偵測，但是經理人員總是有辦法找到某個人所給的答案正是他們心目中所想的答案——專案一旦進入百分之九十九完成的狀態達數月之久後所樂於見到的答案。

13.1.3 有關「功能失常偵測曲線」的壞消息

功能失常偵測曲線足以做為所有功能失常偵測技術的代表性曲線，這類的技術如：

- 由開發人員所做的書面檢查（desk check）
- 由他人所做的書面檢查
- 利用檢驗（inspection）的技巧所做的技術性審查（technical reviews）
- 利用逐步說明（walkthrough）的技巧所做的技術性審查
- 由人工所產生的整組測試案例
- 由電腦所產生的整組測試案例

- 由特別選出的顧客所做的beta測試
- 由數以千計的顧客所做的實地（field）測試
- 隨興的測試（random test）

每一個技術所畫出來的曲線其形狀都與此相同。這代表不同技術的曲線在局部的細節上或許有少許的不同，但一定都會有那一條代表了「最後一個功能失常」的長長的尾巴。這條尾巴可以解釋為什麼對於「還剩下多少個功能失常的現象？」這個問題的正確答案似乎總是「一個」，不論至今已經解決了多少個。在「功能失常偵測曲線」中所透露出的一個壞消息是：

　　沒有任何的測試技術可以線性的速度來偵測功能失常的現象。

但也有好消息。雖然每一個技術所畫出來的曲線其形狀都與此相同，但各個技術要偵測的功能失常現象中「最難偵測的」與「最容易偵測的」卻不一樣。就像我們要從那兩張圖片中找出不同之處，沒有任何兩個人的測試過程是以完全相同的順序偵測出所有的功能失常。這個事實帶給我們一個好消息：

　　把兩種不同的偵測技術結合起來可產生一種新的改良技術。

圖13-5顯示，在我們把兩種不同的技術結合使用後對「功能失常偵測曲線」會有怎樣的影響，比方說，除了電腦自動測試之外再加上技術性審查會議，或利用兩個測試人員做beta測試，而不是一個。這條結合的曲線一定會比兩條個別曲線中的任何一條都要來得好。但不幸的是，不論你加入多少個新做法，結合的曲線仍然帶有「功能失常偵測曲線」的那條長尾巴。這意味著，這條曲線所代表的是一個自然界的

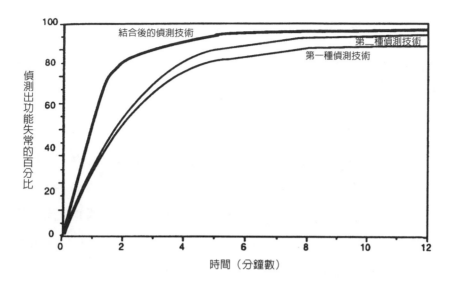

圖 13-5　把兩條「功能失常偵測曲線」加在一起會形成另一條「功能失常偵
　　　　測曲線」，只要原來的兩種功能失常偵測技術不完全相同，新曲線的
　　　　表現都會比較好。

動態學，因此我們必須設法接受擺脫不掉這條尾巴的現實。

13.2　接受功能失常偵測曲線的事實

與「規模對應於複雜度的動態學」一般，「功能失常偵測曲線」表現
出軟體工程受到侷限後的狀況。你可以做得比它更糟，但無法做到更
好。模式1與模式2的機構時常會表現得比「功能失常偵測曲線」所
容許的更差，出現這樣的情況已經夠糟了，但他們還一直自認為可以
做到比它容許的更好。因此，他們所承諾的與他們表現的成績之間的
差異就變得更大。

13.2.1 把功能失常偵測曲線當作是一個預言家

模式3的機構學習到如何利用功能失常偵測曲線來預測軟體未來功能失常的模式。[3]為能達成這個預測的目的，至少需具備下列三個條件：

1.　整個錯誤處理的過程必須相當穩定。比方說，如果軟體測試的程序在實際執行上會隨各專案而有所不同，那麼各專案的「功能失常偵測曲線」將無法加以比較。

2.　測試的涵蓋面必須已相當完整。如果系統某一部分的測試比起其他部分要嚴密得多，那麼就會產生兩組截然不同的「功能失常偵測曲線」，而不是一組。如果系統的某些層面完全未加測試，那麼未來系統的功能失常會有怎樣的發展我們完全無法預測。

3.　軟體模式必須用系統工程的心態來面對功能失常的現象，而不是用道德判斷的心態。所謂系統工程的心態，是指把功能失常的發生率、發生兩次功能失常間的平均時間、或其他功能失常現象的量測值等，當作是一個參數，且可與其他的參數相互替換，例如成本、時程、以及可替顧客帶來最大價值的各種功能。而道德判斷的心態是指把功能失常的現象當作是人格墮落的徵兆，因而必須堅持非得做到全無功能失常不可。然而沒有任何辦法可從「功能失常偵測曲線」預測出何時可達到全無功能失常的現象。但從另一個角度來看，此曲線可預測出功能失常能夠達到水準的上限是什麼——像是，「發生兩次功能失常間的平均時間」何時可達到某一水準——且如果能滿足穩定度與多樣性的條件，預測的結果還會有相當的準確性。

由於有這三個必備的條件，模式2的機構想要做到這樣的預測是遙不

可及。就在那些迫切需要能對時程做準確預估的專案中，他們所採用的過程卻往往是不穩定的，而無法對測試的涵蓋率做好控制的也正是這些專案。在許多模式2的機構中，對於功能失常抱著道德判斷的心態，會使得自己無法以小幅度的方式來改善不利的狀況。

13.2.2 *會侵蝕測試涵蓋率的根基*

若想讓「功能失常偵測曲線」成為一個有效的預估機制，測試的涵蓋率必須達到相當的完整程度。運用智慧做好事前的規劃是得到合宜的測試涵蓋率之必要條件，[4] 但仍不能滿足充分條件。即使是規劃最完善的測試涵蓋率，往往也會受到許多事件的破壞，其中包括缺陷遭阻擋及掩蓋，以及受測版本的交期遭延誤。我在下面將逐一討論。

缺陷遭阻擋

在此舉一個缺陷遭阻擋的例子。普通一般軟體工廠（Common Ordinary Works for Software，簡稱COWS）所開發的乳牛群管理軟體（dairy herd management software，簡稱DHMS）9.0版眼看著就要誤了它的交期。測試部門的每一個人都承受了極大的壓力要把自己所負責的測試腳本（test scripts）試上一遍，以便能夠把STI送還給開發人員讓他們解決。

很不幸，DHMS的9.0版包含了一個全新的資料庫介面常式，該常式的原始設計是讓該產品可賣給那些擁有各種廠牌硬碟機的顧客。此一資料庫介面的常式如期交給測試部門，但測試進行得很不順利。不僅如此，它還使得系統許多功能的測試工作都無法有效進行長達七週之久。

從COWS公司的立場來看，整個系統其實可分成兩大部分：入口

處被那個有缺陷的資料庫介面常式所阻擋的部分，以及入口處未被阻擋的部分。依目前的情況來看，「功能失常偵測曲線」會比較像圖13-6中所示。然而，這並不是管理階層預期的那一條「功能失常偵測曲線」，而是下兩條曲線的加總：測試沒有阻礙如期開始的第一條曲線，以及測試遇到阻礙晚了七週才開始的第二條曲線。

如果在預估完成時間時所根據的假設是：在整個測試期間的測試涵蓋率是均勻的分布，那麼預估所用的曲線就會是圖中最上面的那一條，而預估出來的結果與實際的情況將會差很多。因為部分的測試工作開始得晚，使得兩者之間至少有七週的差距，加上壓力和挫折感不斷升高的氣氛，會導致原訂的測試程序在執行時會發生各種偷工減料

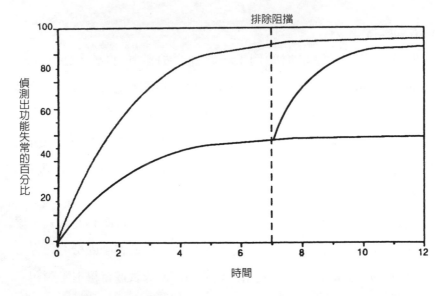

圖13-6　「功能失常偵測曲線」在功能失常現象受到阻擋的情況下會不按照
　　　　預期中上面的那條曲線來發展，而是按照下面的曲線發展，那是另
　　　　兩條曲線的加總，其中之一唯有在某些失常功能的阻礙遭排除後線
　　　　形才會開始上升。

的情事，這會使得測試的過程拖得更久且測試的涵蓋率變得不完整。

缺陷遭掩蓋

缺陷遭掩蓋所產生的效應與缺陷遭阻擋極為相似，如圖13-7所示。兩者的不同處在於管理階層（至少對模式3的經理人員而言）一旦發覺有阻礙的存在，就會採取行動替受到阻擋的缺陷排除造成阻礙的因素，或者找出避開阻礙的方法。然而，對於缺陷遭掩蓋的情況，管理階層可能永遠都不會發覺其存在，例如下面的這個例子：

在COWS公司終於交出9.0版後，一切似乎都進行得很順利。市場上回報了幾個STI，但都沒什麼大不了。但是四個月過後，STI卻如潮水般湧來。系統中的每個新功能似乎都有一大堆的缺陷，而開發部門沒有一個人知道為什麼事態會變得這麼糟，而他們稍早卻毫無警覺。

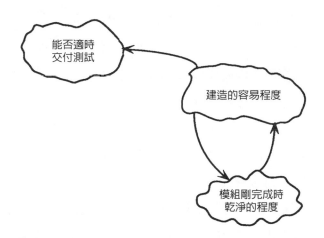

圖13-7　一個模組的撰寫程式工作若是以錯誤的第一步開始，那麼隨後的修正工作會引發一個正向的反饋迴路，使得撰寫程式的工作變得更糟。

　　管理階層成立了一個調查小組來找出問題出在哪裏。該小組的發現是，負責包裝的部門未能準時收到新的使用手冊，因此就在不附上使用手冊的情況下讓9.0版出貨。顧客還是可以利用手上的8.0版使用手冊，但無法以有系統的方式來發掘9.0版到底提供了哪些新的特色功能。在顧客終於收到9.0版使用手冊後，他們才開始使用這些新的特色功能——或至少是試著去使用——結果就碰到許多功能失常的現象。

　　總而言之，COWS公司要依賴顧客才能替他們完成功能失常的完整偵測過程，然而，系統的某些部分對顧客而言在新的使用手冊收到之前一直都是處於被掩蓋的狀態。因此，這些部分在心理的層面上是受到裝運程序中的一個缺陷所阻擋，正如在實質的層面上受到資料庫介面常式中的一個缺陷所阻擋一樣。

交付測試的進度遭延誤

模式2機構的特點是擁有一套井然有序的過程計畫（process plan），可將眾多的小模組組合而成大系統。然而，在組合的過程中，某些模組會無法依計畫完成，因而使得交付給測試過程的時間受到延誤。測試人員的因應之道可能是將時程拉長，但這個做法通常會不為管理階層接受。對過期才收到的模組，可接受的做法是犧牲其測試的涵蓋率以縮短原訂的測試時間。為能以較短的時間完成等量的測試，你要不就是做得快一點（以致會找不出功能失常的現象，或者發生記錄錯誤的情形），不然就要讓測試本身大幅縮水。不論是何者，有過期才收到模組的情況發生時，就會破壞「系統各部分都需有相同之測試涵蓋率」的基本原則。

13.2.3 完成進度落後的模組

模組為什麼會發生延誤交付測試的情況呢？當然，可能的原因有很多，但延誤交付的原因大多是開發人員難以達成一定水準的單元測試。這樣的結果是由四種常見的問題所造成：程式的品質不良、易於有缺陷的模組、管理上的決定、運氣不好。

程式品質不良的循環

經常遇到的情況是，開發人員陷入一個正向反饋迴路之中，如圖 13-7 所示。或許當初是因設計的不良或是對問題的理解有誤，使得開發人員所寫出來的某個程式不是非常乾淨（clean，指沒有 bug）。程式不夠乾淨會使得它難以處理，而對程式的修正工作更會使得程式變得更髒（dirty，指 bug 多）。這會形成一個需對程式加補丁（patch），然後又要對前一個補丁再加補丁的循環──這個循環可能是以放棄原有設計而從頭開始為結束，而更可能的結果是在管理上施加壓力以迫使程式直接交付測試。

易於有缺陷的模組

在 1970 年，Gary Okimoto 與我一起研究 IBM OS/360 前後的各版本中所存在缺陷的歷史，我們發現有「易於有缺陷的模組」（fault-prone modules）的現象。這些模組在 OS/360 的程式中所佔的比例不到 2%，但終其一生在缺陷的貢獻上卻超過 80%。因為 1970 年正值結構化程式設計興起之時，我們試圖以控制結構脆弱（例如 GOTO 指令）的觀點來解釋何以會有這類模組的存在。我們的假設是，這些模組在開始撰寫程式時就寫得不好。

我們在這方面的研究結果不太成功，但全世界的人持續關注此易

於有缺陷的現象。最近，我們開始領悟到，在多數的情況下，易於有缺陷的模組就是那些不曾達到其原訂測試涵蓋率的模組，不論其原因為何。而這類模組中的絕大多數都有延後交付測試的情況，甚至是完全不交付測試。當然，如果在它們交付測試時不是已有太多的缺陷，那麼就算測試的涵蓋率不足也無所謂。如圖 13-8 中所顯示的，易於有缺陷的模組至少是兩個因素的結果——測試的涵蓋率，以及剛完成時乾淨的程度。

做管理決策的時點

圖 13-7 與 13-8 的動態學關係密切，且兩者可合併而成圖 13-9 的效應圖。此圖說明了測試的涵蓋率與乾淨的程度之間並非互不相干，而彼此相關的特性則是由管理上的決定所造成的結果。在此圖中，我們顯示了一個典型的模式 2 管理者所做的決定：

> 「不必為我們的時程是否落後而擔心；我們可以在測試階段趕上進度。」

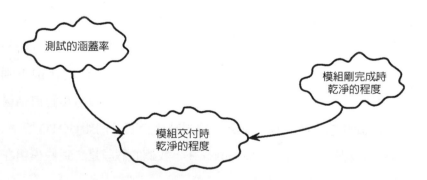

圖 13-8　要製造出一個在交付時易於有缺陷的模組，你的模組必須一開始就是不乾淨的，而且你必須未給予該模組適切的測試涵蓋率。

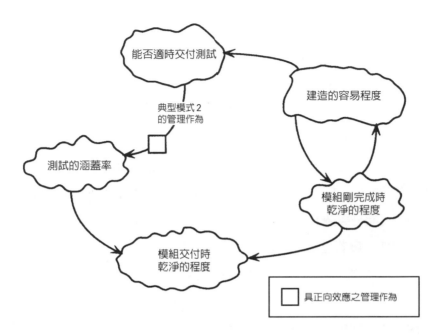

圖 13-9　由模式 2 的管理口號「不必為我們的時程是否落後而擔心；我們可在測試階段趕上進度」所形成的動態學。

模式 2 的經理人員希望在測試階段會「運氣變好」以彌補因模組品質不良所造成進度上的落後，但該效應圖顯示事態的發展卻往往是事與願違。進度落後的模組往往就是易於有缺陷的模組，或者如果你高興的話，亦可稱它為「命不好」的模組。在這類模組的測試涵蓋率上做刪減或壓縮保證會讓它在送出大門時仍然是「命不好」的狀態。

　　模式 3 的經理人員因為對這樣的動態學非常熟稔，因此不會指望運氣。他們知道，從一個模組交付測試的日期遭延誤的事實可得出該模組乾淨程度的相關訊息。因此，他們會做出與模式 2 相反的決定，堅持該模組要有更大的測試涵蓋率，而不是更小的涵蓋率。

「運氣不好」的預估

模式2的經理在預測測試進度時所根據的是原訂的時程，這會讓問題變得更嚴重。圖13-10顯示，乾淨程度相同的四個模組（A, B, C, D）依序送進測試過程後所形成的「功能失常偵測曲線」。

如果乾淨程度相同的假設是對的，那麼圖13-10的那條合成曲線就可用來追蹤專案的進度是否照著時程走。但是，我們剛剛說過，交期遭延誤的模組很可能就是易於有缺陷的模組，因此這種情況更正確的圖形可能是與圖13-11相類似的。

經理人員若是用圖13-10來預測功能失常的偵測進度，但實際所經歷的卻是如圖13-11的曲線，就會覺得自己「很倒霉」。只要這些經理人員把自己所經歷的都用運氣來解釋，他們將會永遠陷在模式2的狀態。要走向模式3管理的第一步，一定要先接受專案若是做得不好

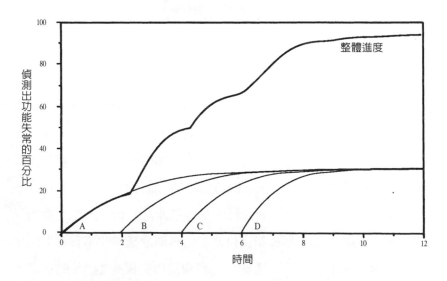

圖13-10 若是將模組以一個接一個的順序帶入測試，且每一個模組的乾淨程度皆相同，則功能失常偵測工作的整體進度可用以預估測試是否完成。

那是管理階層的責任。

　　一個專案若是與預測不符，問題不是出在運氣不好或是 bug 太多，當然也不是出在程式設計師不好或是測試人員不佳。問題出在專案管理得不好，或預估得不準，或兩者皆是。不論是何者，那都是管理階層的責任。正如美國陸軍所流傳的一句話：

　　沒有不好的士兵；只有不好的軍官。

或許我們可以把這句話送給軟體的管理人員：

　　沒有不好的程式設計師；只有不知功能失常動態學為何物的經理
　　人員。

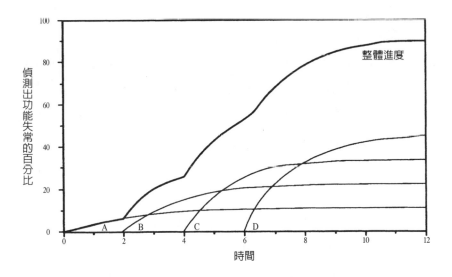

圖13-11　模組的進度落後若是在管理決策上的意義是該模組很可能就是易於
　　　　　有缺陷的模組的話，那麼功能失常偵測曲線受到扭曲的程度很可能
　　　　　要比想像中嚴重得多，這會使得我們在預估功能失常的偵測進度時
　　　　　會過於樂觀。

13.3 心得與建議

1. 造成功能失常的原因不盡相同。因此，要打敗「功能失常偵測曲線」的方法之一是制定出一套測試的過程，將早期出現的功能失常與最嚴重的功能失常之間的關係建立起來。比方說，缺陷若是藏在某程式的深處，而此程式為許多其他的程式所常用，那麼這類的缺陷對測試的阻擋效果比起那些藏得比較不深的缺陷就可能要嚴重得多，因此，測試的過程若是能先對這類的程式加以嚴格的測試，就能加強對時程所產生的正面影響。同理，測試腳本（test scripts）若是能參酌顧客實際的使用情況而產生，相較於用數學方法所製作的腳本（不管這些腳本對顧客是否有價值，而只顧能涵蓋所有可能的邏輯狀況），將會對顧客的接受程度產生正面的影響。

2. 如果最難偵測的功能失常與最難找出並解決的缺陷之間有關聯性，這更會增強對整個「偵測—找出—解決」的循環產生誤判的效果。我未曾見到有任何實際的數據可支持這樣的關聯性，但從表面看來這符合我的客戶的經驗。

3. 「功能失常偵測曲線」可能是 S 形的，如圖 13-2 所示，或是在開始時沒有那一小段的彎曲線，如圖 13-3 所示。一開始的那一段彎曲線就是「啟動時間」，凡是測試活動對機構而言是全新的一種活動即可看到這樣的彎曲線。一個有測試經驗的機構已經有許多的專案經歷過同樣的測試程序，那條尾巴就會消失。

4. 當然，偵測功能失常時會影響時間長短的因素並不是唯有「差異偵測的動態學」所造成的效應。這正是為什麼我們可以有許多種說法來解釋為什麼對「還剩多少個功能失常沒有找到？」這個問

題的正確答案看來總是「一個」——不論已經解決掉了多少個。
例如，任何有把新的缺陷帶進某系統之虞的動態學都會使「功能
失常偵測曲線」拉長，正如任何會使錯誤處理過程的進度普遍遭
到延緩的過程一般。

13.4　摘要

✓　功能失常的偵測工作受到一句由同義字堆砌而成的贅述所支配：
　　最容易偵測出來的功能失常就是那些最先被偵測到的功能失常；
　　偵測工作做得愈久會變得愈困難，因此所產生的「功能失常偵測
　　曲線」其特徵是有一條長長的尾巴。

✓　經理人員對功能失常的偵測工作會產生錯估形勢的主要原因在於
　　「功能失常偵測曲線」的那條長尾巴。

✓　因為「功能失常偵測曲線」所代表的是一個自然界的動態學，要
　　我們做到比它說的還要好的程度是絕無可能的事。不過，我們若
　　是對「如何管理好功能失常的偵測過程」的工作掉以輕心，我們
　　很可能會做得比它更糟。

✓　「功能失常偵測曲線」所帶來的不全都是壞消息。隨時間增加而
　　偵測到的功能失常有一固定的模式，在沒有任何事會破壞到測試
　　涵蓋率的條件下，此模式可用以判定欲偵測出某一水準之功能失
　　常所需時間的多寡。

✓　會破壞到測試涵蓋率的事情計有：缺陷遭阻擋、缺陷遭掩蓋、交
　　付測試的進度遭延誤。

✓　模組的完成進度會落後可能是由程式品質不良的循環所造成，這
　　句話的意思是，這些模組很可能也是易於有缺陷的模組。管理階

層為加速完成進度落後模組的測試工作所設想出來的對策，其實反而會使問題更為惡化，也要為所謂「運氣不好」的預估負起絕大的責任。

13.5 練習

1. 盡可能去蒐集一個專案中所有模組的相關資料，並加以研究。對於每個模組，將該模組實際交付測試的時間與原本排定交付測試的時間加以比較，並記錄下來。同時要記錄的，是這些模組在測試期間所產生功能失常現象的數量，以及缺陷的數量（如果可能的話）。在交付之後，如果能取得功能失常與缺陷的相關歷史，也將之記錄下來。然後，製作一份交付測試與模組乾淨程度的各種量測法之間關聯性的研究報告。

2. 易於出現缺陷的模組為什麼同時也具有將缺陷遮蔽的特性，亦即會使得缺陷在正常的測試中難以被發現，請給一個說得過去的理由。然後，試說明此一特性在預估功能失常的偵測進度時會產生怎樣的影響。

3. 請從你親身的經驗中舉出一個缺陷遭阻擋的例子。為了減少缺陷遭阻擋對時程所造成的衝擊，你會怎麼做？從事後諸葛的角度來看，你應該怎麼做？

4. 請從你親身的經驗中舉出一個缺陷遭掩蓋的例子。是哪些事最後去除掉掩蓋物的？若想更早去除掩蓋物，你應該怎麼做？

13.6　本章附錄：圖13-1兩圖之間不同處的標準答案

- 不是 "Untied States" 而是 "United States"。

- 第二張圖片的最右邊，有一個帶子是編在上面，而不像其餘的是編在下面。

- 左邊的樂隊中有一個鼓手沒拿鼓槌。

- 兩張圖片中國旗的條紋數目不同。

- 老鷹一隻向左看，一隻向右看。

- 第二張圖片中，最底下的直線邊界與編織狀邊界相連。

- 維吉尼亞州打點的密度不一。

- 愛荷華州加的條紋不一。

- 新罕布夏州與佛蒙特州的州界不見了。

- 俄克拉荷馬州的人形圖大小不同。

- 阿拉巴馬州的樹狀圖形狀不同。

- 標示南北的箭頭形狀不同。

- 密蘇里州的西南角在第一張圖片中不見了。

- 奧勒岡州的旗子掛反了。

- 第二張圖片中長島和紐約市不見了。

- 新墨西哥州，一個的箱型車接觸到德州邊界，另一個則否。

14
找出藏在功能失常背後
的缺陷

……複雜的系統要從簡單的系統開始演化時，如果有穩定的中間形
式做為過渡，會使演化的速度加快許多。在此情況下所得到的複雜
形式將會是階層式的。

—— *Herbert A. Simon*[1]

處理缺陷的工作中最艱難的部分可能就是找到缺陷的所在位置。
很少模式2的機構能明瞭他們投入了多少的人力於找出缺陷所
在位置的工作上，因為他們將之與其他的工作混為一談。有些機構會
將找出缺陷所在位置的工作與功能失常的偵測工作混為一談，都放在
「測試工作」的名目下。有些機構則將之與找出缺陷的解決方案混為
一談，都放在「除錯工作」的名目下，雖然此一名目亦可用以囊括其
他三種活動——偵測、找出所在位置、以及找出解決方案。

不過，模式3的機構會更謹慎地檢查他們工作用的過程，也知道
處理錯誤的活動中最棘手且最耗時的部分，就是對每一個功能失常的

現象往回追溯出在源頭的缺陷為何。有時，功能失常現象與缺陷之間
的關係明顯；如若不然，就會有非常嚴重的延誤發生，造成此現象最
常見的原因我們將在本章加以探討。

14.1 找出缺陷所在位置的動態學

圖14-1所顯示的是三個典型的客戶，對於找出缺陷所在位置的工作的
量測結果（有別於功能失常的偵測工作）。其中的三個圓形比例圖顯
示出每個客戶在功能失常的偵測、找出缺陷所在位置、及找出缺陷的
解決方案等工作所耗費之人力的相對數量。（當然，這些圖形仍然將
尚不知其重要性的預防和分配活動排除在外，它們所佔比例或許還更
重。）三者之中，花費於找出所在位置的時間是已知花費中最大的。
為什麼會這樣呢？

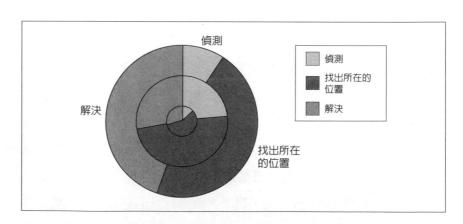

圖14-1　典型的軟體機構在找出缺陷所在位置的工作上所花費的心力，是偵
　　　　測及修復工作兩者的總和。

14.1.1 系統規模的直接影響

我們已經談過「功能失常的偵測動態學」，它是「規模對應於複雜度的動態學」的一個特例（如圖9-7所示）。在特定的軟體文化模式中，各個部分的「乾淨程度」差不多都會保持在一個固定的範圍內。因此，分割成小部分的數量增加，缺陷的數量亦隨之增加。若是有功能失常的現象發生使得我們不得不從這些缺陷中找出一個對應的缺陷時，我們需要去尋找的地方也更多，因此尋找的時間會更長。結果是，找出所有缺陷所在位置所需之時間至少會隨系統規模的平方而增加，原因在於有更多的缺陷與更多的地方有待我們去尋找（圖14-2）。在我研究過的機構中，都明顯呈現出此一動態學所帶來的多種結果。

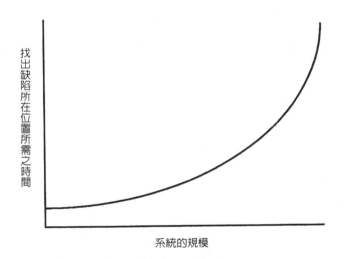

圖14-2　找出缺陷所在位置的動態學：當系統變得愈大，找出問題根源所需的時間也會呈非線性的增加。

14.1.2 以切割後各個擊破的方式來打敗規模對應於複雜度的動態學

「規模對應於複雜度的動態學」對於找出缺陷所在位置所需之時間也有一些非直接的影響。為能打敗此一動態學，軟體工程師所採取的策略是「切割後各個擊破」[2]。以數量化的例子來說明其推理的過程會是這樣：

1.　假設系統的規模是1,000個單位。（單位可能是小時、週、或年。）

2.　依「計算的平方定律」，所需之人力是$1,000^2$的倍數，或1,000,000的倍數。

3.　將系統分割成10個部分，則每部分有100個單位。

4.　有100單位的每一個部分所需之人力是100^2的倍數，或10,000的倍數。

5.　計有10部分，總共所需之人力是$10 \times 10,000$的倍數，或100,000的倍數。

6.　因此，依此法切割之後，我們將所需之整體人力降為十分之一。

當然，這樣的推理方式做了某些樂觀的假設。我們實際能達到的結果不可能這麼好。雖然我們降低了每個部分的人力，卻增加了一種新的人力支出，那就是將各部分整合起來的人力（參考圖14-3）。就是這種整合工作所需的人力，使得我們無法將「切割後各個擊破」的想法發揮到最極致——也就是在建造一個百萬行的程式時將系統分割成一百萬個模組！

　　決定該切割成多少個部分，這是一個複雜的設計問題，但若能以

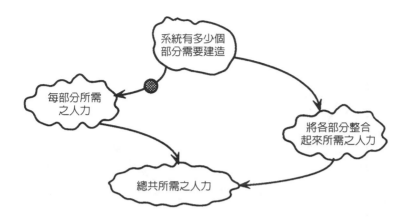

圖 14-3　試圖要打敗「規模對應於複雜度的動態學」時，我們會訴諸各種過程改善的手段。「切割後各個擊破」是最主要的方法。

如圖 14-4 的圖形將之畫出來，要了解此問題的整體動態學就容易得多。總共所需之人力是各個部分建造工作之人力與整合工作之人力的加總。這兩大成分與系統由多少個部分所組成之間都是非線性的函數關係，兩者朝相反的方向移動；因此，我們在某個方向上有斬獲，就會在另一個方向上有損失。在系統是「由一個超大的部分所組成」與「由一百萬個小的部分所組成」之間的某個區段，我們可找到最佳的切割方式，讓解決問題所需之整體人力是最少的。

14.1.3　對人力做切割以打敗交貨時間

然而，從軟體工程的觀點來看，「切割後各個擊破」的策略還有另一個成分要考量。如果毫無時間的限制，我們會容許在每一個專案中只派一位程式設計師來使用「切割後各個擊破」的方法。為了讓工作進度加快，我們可能決定不只將工作加以切割，還會切割成可讓數名程式設計師同時並行工作。然後，總共所花的時間並不是將所有切割後

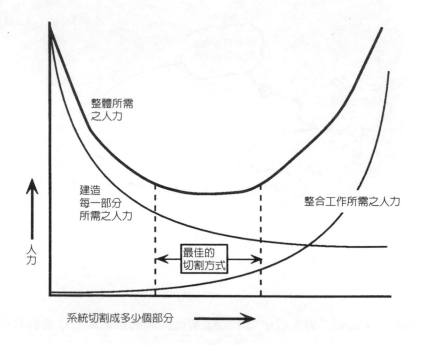

圖 14-4　我們若是將系統切割成愈多個部分，每一部分所需之人力會變得愈
　　　　線性化。但在另一方面，系統若切割成愈多個部分，則整合工作所
　　　　需之人力呈非線性的增加。最後，因有太多個部分需要整合，會使
　　　　花在整合工作上的人力反而超過花在建造工作上的人力。

各成分之建造時間的總和再加上整合的時間，而是切割後最大的那個
成分的建造時間再加上整合的時間，如圖14-5所示。

　　圖14-5顯示，切割問題與切割責任所用的手法完全不同，兩者各
有其獨特的效應。將問題加以切割往往會減少整體的工作量，因為此
法可打敗「計算的平方定律」。將責任加以切割會減少整體的工作日
數，因為此法可同時利用多重的資源。但除非工作的過程受到正確的
控制，否則兩者皆完全無法發揮應有之效果。

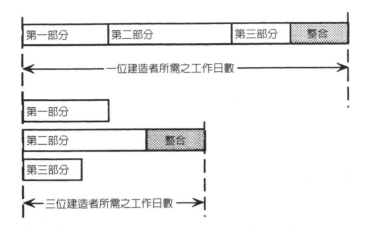

圖 14-5　多派幾個人去建造一個系統，可減少整體的工作日數。此圖的假設
　　　　　是在兩種情況下整合工作所需的時間是一樣的。

14.1.4　系統規模所造成的間接影響

在切割問題時，我們必須注意要控制好設計，以免因增加了太多與整
合有關的工作而得不到應有的好處。在切割責任時，我們必須注意要
控制好過程，以免因增加了太多與過程有關的工作而得不到應有的好
處。與過程有關的工作會增加，那是因為有許多人的日常活動必須加
以協調。圖14-6顯示，過程的基本支出會如何使工作日數與總體的人
力都增加。派更多的人參與一個專案總是會造成成本上的增加，但可
能的好處是可使專案進展得更快。為了使責任的切割能夠滿足加速專
案完成的初衷，此一工作必須要有良好的管理。如我們所常說的，要
達到良好的管理，對於該項工作的動態學你必須有充分的了解。圖
14-7顯示，在切割責任時所引發的四種額外工作中，每一個都會對找
出缺陷所在位置所需的時間產生影響：

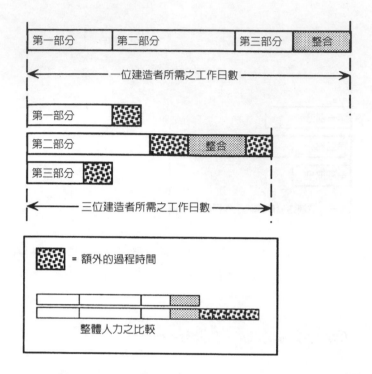

圖14-6　然而，從更實際的角度來看，參與的人愈多，則需要有更多的過程
　　　　時間，那是因為除了模型與模型間的整合工作之外，人與人之間還
　　　　有協調的問題。這些額外的過程時間意味著會損失在工作日數上所
　　　　省下的部分時間，也需耗費更多的整體人力。

● 　STI（系統故障事件）公文旅行的時間

● 　過程的缺陷

● 　行政管理的負擔

● 　辦公室政治的時間

這兩個動態學都向我們展露出一種可能會失去「切割後各個擊破」策
略之優點的途徑，因為有過程太複雜與控制不得法等因素在作祟。對

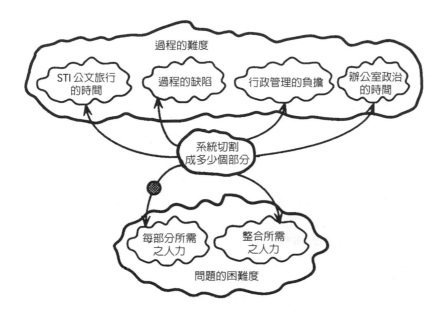

圖 14-7　當我們採用切割後各個擊破的方法，我們不只增加了整合的工作，
　　　　也使得過程變得更複雜。

此我們將一一加以探討，尤其是要認清這些因素如何能告訴一個模式
2 的機構，在何時應嚴肅思考「為了應付問題要求的難度不斷增加，
要具備哪些條件方能順利邁向模式 3 的機構」這類的課題。

14.2　STI 解決前的公文旅行時間

假設我們收到一個因程式碼有缺陷而造成的 STI。要解決這個問題必
須去更改程式碼，因此該 STI 最後還是得交到此程式碼的負責人手
上，才能進行修復工作。如果只有一位程式設計師，這不會是個問
題。不過，如果有多人參與，則每個人都只能對整個系統中的一小部
分負責。

　　一個機構是如何處理所有的STI，這就變成檢驗該機構軟體文化最靈敏的一種測試方法。當系統逐漸變大，STI往往就不再是由第一個看到它的人來處理。當一個機構所承受來自顧客要求與問題要求的難度日漸增加，就會有許多STI在各辦公桌之間做公文旅行，有的會旅行達數月甚至數年之久。在下一節中，讓我們來檢視與STI有關的各種動態學，包括找出缺陷所在位置、公文旅行、找出解決方案等。

14.2.1　找出解決者的時間

一個機構第一個該取得也是最容易取得的量測值就是該機構從接到STI到找出解決問題的最佳人選之間所需的時間，我們稱此為「找出問題解決者的時間」（resolver location time，簡稱RLT）。即使沒有SFA的資料庫，也很容易可從任何形式的傳閱用小紙條上得到這類的數字。例如：

約翰	10/10/上午8點
瑪莉	10/12/下午4點
保羅	10/13/上午9點
約翰	10/13/下午2點
瓊安	1017/上午11點

這張STI最初是在10月10日的早上8點送到約翰的辦公室，經過一段曲折的路途，終於在10月17日的早上11點來到瓊安的手上。瓊安一定把這個問題解決了，因為她是紙條上最後一個出現的人。因此，STI送達解決者手上的時間是紙條上第一時間和最後一個時間之差，也就是七天又三個小時。從RLT並無法得知瓊安花了多少時間來解決這個STI，只知道STI於何時到了她的手上；而這個時間與找出事件

解決方案的時間（incident resolution time，簡稱IRT）完全不同，後者完全取決於瓊安要花多久的時間。

　　如果RLT的平均值開始上升，或是RLT的最大值開始增加，就一定有事情不對勁了。模式3的機構會依慣例對RLT的分佈狀況進行監控，因為這是判斷是否失去控制的敏感指標。RLT不一定能告訴我們為什麼控制工作會出問題——問題可能是出在程式碼上，也可能出在STI的處理方法上——但上述時間的分佈狀況可以提供線索，知道該往何處去尋找更進一步的資訊。無論如何，平均值的上升或是RLT最大值的增加都是得採取進一步管理行動的徵兆。

14.2.2　公文旅行的動態學

圖14-8畫出STI公文旅行的動態圖，以及系統規模對STI公文旅行問題可能產生的效應。因為有「規模對應於複雜度的動態學」的緣故，當機構試圖要解決更大的問題時，更可能會遭遇到此效應的非線性部分。缺陷的整體數量若是變大，會有更多的STI在機構內傳閱。系統若是更大，就需要更多的時間來找出缺陷的所在位置（即使不去考慮

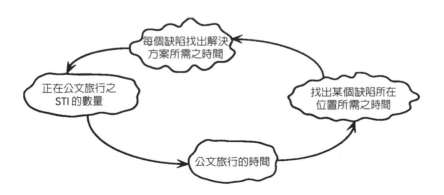

圖14-8　公文旅行的動態學，可用以模擬圖14-9的模型。

公文旅行的效應）。換句話說，問題要求的難度會讓你在一起步就不順利；而一旦你稍有落後，就很難再趕上進度。

　　因為有公文旅行動態學的緣故，STI公文旅行的失控狀態是判斷一個機構是不是「處於模式2且承受到來自問題要求的難度不斷升高的壓力」最簡單的方法。剛開始，公文旅行的時間會因所產生的缺陷數量增多而被拉長；因此，機構若是不去改善各模組的乾淨程度，一旦各個系統的模組數量開始飆升，這些「不乾淨」的模組就會被捲入這個大漩渦中。

　　圖14-9所展現的，是根據圖14-8中的公文旅行動態學而做出之教學性模擬的結果。該圖顯示，要將兩個系統中待解決的STI全部清除所需之時間，一個系統有90,000行的程式碼，而另一個系統有100,000行的程式碼。在這個模擬中，系統規模若增加11%，將導致

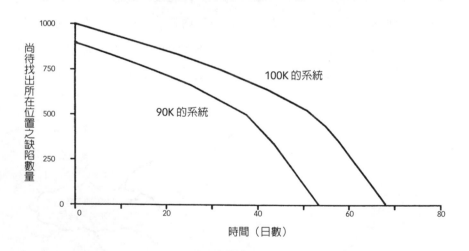

圖14-9　因為STI需要有公文旅行，要找出系統中所有STI的所在位置所需之時間增加的速度會比系統規模的平方還要大，即使假定修正一個STI的時間為零。

要找出最後一個STI所需之時間會增加28%。

此觀察結果的背後有一個發人深省的故事：YES系統是一家獨立的軟體開發公司，該公司標下了一個90,000行程式碼的專案。一切都進行順利，直到有一天專案經理要求專案的技術負責人要增加10,000行的新功能。在估計這個要求將會增加多少時間時，專案的技術負責人把找出缺陷所需之時間增加了11%，從53個工作日調整為60個。

後來，YES的經理請我出馬，去幫他們找出整個專案的進度落後達四個月的原因何在。我設計了幾張效應圖，好讓經理知道問題出在哪裏。然後，我把該公司的一些數字輸入一個簡單的模型[3]中，該模型的目的在模擬一個用以找出缺陷所在位置的過程。

此模型是以在開發第一個版本時需要投入多少的測試人力為模擬的對象，並有兩個假設條件（當然，這太過樂觀）：其一，在修正已找到的缺陷時不會引發新的缺陷；其二，已找到的缺陷可立刻將之解決。此模型還假設在進入發行前的測試時，每一千行的程式碼會有10個缺陷（10 F/KLOC），這是得自從前YES開發類似系統時的經驗；另一個假設是每個缺陷僅會產生一個STI（這是非常樂觀的看法）。然後，在模擬過程中，規模較大的系統一開始程式碼就多出11%，缺陷總數也多出11%，而所產生的STI數量少多了11%。但是毫無疑問的，欲找出所有的缺陷需要多花費的時間也會遠大於11%。

在此例中，需要有69個工作天，而不是專案的技術負責人根據90,000行的系統所推估的60個工作天。因為當時有大約三到五個程式設計師參與尋找缺陷所在位置的活動，單單考量規模變大以及公文旅行所帶來的效應，此模型即指出會造成二至三週的延誤。實際的量測值顯示，找出缺陷所在位置的工作就差不多花掉了75天（而且未能將所有的缺陷都真正清乾淨）。

　　因系統規模11%的增加而產生的效應，若想將之抵銷，則YES系統公司此次開發的程式碼要比平常乾淨多少呢？為了要符合完成90,000行系統所需的時間值，整個100,000行系統的程式撰寫工作必須品質要好到不得超過7 F/KLOC。依YES正常的經驗，要改善到這樣的程度是一件不可能的任務，而經驗也顯示該公司必須在開發過程上有重大的改變，才足以抵銷在問題要求上不斷升高的難度。

　　此一實況的模擬帶來一個有趣的效應，就是激發YES系統公司開始量測的工作。量測的結果發現，新併入的10K部分其缺陷的發現率高達17 F/KLOC，幾乎是平常經驗值的兩倍。這是YES針對該公司在承受壓力且用最快的速度撰寫程式的狀況下，程式碼的品質將會惡劣到何種程度所做的第一次實際量測。

　　這個粗糙的模擬方式在動機上與模式4機構為找出最佳運作模式而進行的精確模擬有很大的不同。在此我們的目的是為了教育：幫助一個模式2的機構學習該機構要進行怎樣的改變，方可使自己可以轉型為模式3的機構。

14.3　過程的缺陷：遺失的STI

模式2的機構在面對顧客的要求與問題的要求難度不斷升高的情況若是束手無策，那麼在這樣的機構裏STI不只要耗費許多的時間在公文旅行上，而且還會「迷路」。某些STI甚至會永遠找不到歸路。人人都希望不要有STI來纏著自己。也許只要能讓STI不留在自己的辦公桌上，就能讓STI永遠消失。

　　讓STI消失可能是對工作負擔過重所做的一種有意識的反應，也有可能是一種無意識的反應，正如下面這個故事所描述的：在第一聯

邦富達金融（First Federal Fidelity Financial）公司裏，平均每一個STI
的相關資料都厚達半英吋。有一位程式設計師名叫金剛砂，在他桌旁
有一疊近七英呎高的文件，這是約170張尚未解決的STI的成果。
（顯然這只是個平均值，因為該公司有40位程式設計師，以及超過
6,000張的STI，不過該公司不能確定真正的數量是多少，因為公司的
資料庫已經發生故障。）

　　我問金剛砂先生他怎麼決定接下來要處理哪一份文件，他說他用
的是「先進先出」的方式。他知道自己永遠也無法消化所有的STI，
因此他覺得這個辦法不失「公平」。每當他收到新的STI，他就把它放
在那疊文件的最上面。每當他處理完一個STI，下一個要處理的就從
最底下抽出。

　　這個做法看似公平，直到我眼見他接到一通電話後的處理方式。
他接到一通貸款部門總經理打來的電話，詢問在那疊文件中央的某一
個STI的處理狀況。在一陣手忙腳亂的尋找後，金剛砂先生好不容易
從那疊文件中底下算來約一英呎高的地方找到了那個STI的相關資
料。他仔細看了一會兒，在電話上向那位總經理解釋問題的情況，然
後就把那份資料放在那疊文件的最上面。

　　我拿這個程序來質問他，金剛砂先生似乎真的不知道自己剛才做
了什麼。他發現自己這套堪稱「公平」的系統竟然會去懲罰任何來詢
問STI處理狀況的無辜者，他本人也深感驚訝。其實，你不需做實際
的模擬就可看出來，你詢問的次數若是過多的話，你的STI就會永遠
無法脫離那疊文件。總而言之，它會迷失在這個系統中——永遠在兜
圈子，就好像那艘受到詛咒的鬼船Flying Dutchman一樣要永遠在狂
風中航行，直到世界的末日。

14.4 辦公室政治時間：身分的壁壘

要讓一個STI找到對的人來解決，這個問題不是單靠有正確的意識和做事邏輯即可。在多數大型機構的公司文化中，存在著一種身分的階級，往往會對找出缺陷所在位置這個簡單的邏輯造成妨礙。例如，那些從事與作業系統（operating system）有關的程式設計師所擁有的身分地位，通常要高於那些從事與應用程式（application）有關的同僚。

當接到了一個STI而該由誰來解決又不明確時，往往很快會把它丟給你所能想到應該負責的人當中身分最低的那種人身上。在這樣的機構中：

1. 作業系統上的錯誤往往到最後是推給了應用程式部門

2. 應用程式上的錯誤往往到最後是推給了技術文件部門

3. 技術文件上的錯誤往往是退還給顧客，附上要求「請正確使用本系統」的說明

若是一開始就發生這類傳遞方向的錯誤，往往會使得找出缺陷所在的時間有一定的延誤。不幸的是，身分的階級不但在一開始會造成分類上的錯誤，而且還會在不同部門間築起一道堅固的防禦高牆。當專案受到的壓力升高，這道牆也會變得更牢固，因此一旦問題落入一個不該落入的區域，想要再把問題拉出來也是難上加難。

當然，系統若是變得更複雜，有許多缺陷會是各部門間溝通不良的結果，因此很難說到底是哪個部門的責任。再者，兩個部門若不攜手合作就無法徹底解決問題。然而，由身分所形成的這道壁壘一旦變得更高更堅固，想要讓來自不同部門的人共同合作，來正確地指認這類責任歸屬的界線問題就已經是件難事，更別說要把問題給解決掉

了。

　　在某些模式2的機構，管理階層為了要加速STI的處理，會替每個部門打分數。經理人員每週會去計算每一部門留在手上的STI數量，並對無法將此數字降低的部門施以懲罰。為免遭責罵，因應之道是不要在一週的結束前還把燙手山芋留在自己的手上。這導致STI在旅程中的每一站都被快速處理，但是要找到正確的歸宿卻是一條漫長的旅程——這是管理手段的干預會收到反效果的另一個實例。

14.5　人力損失：行政管理的負擔

在麻煩不斷的模式2機構中，類似這種不斷發生的公文往返再加上尚待處理的STI有增無減，更加重了開發人員肩頭承擔的行政管理負擔。他們真正花在解決STI的時間不多，大多數的時間都花在：

- 尋找遺失的STI
- 為某個STI在一份不該被修改的技術文件上做修改
- 不時要回答有關某個STI的處理進度如何之類的詢問
- 抱怨顧客或測試人員不該發出這個STI
- 撇清自己的責任，不致因STI而受到責罰
- 玩互踢皮球的遊戲，以逃避管理階層的量測系統

這類的工作使他們沒有多餘的時間和力氣可用在真正重要的行政管理工作上。比方說，對每個已獲解決的缺陷，要回溯追查出與之有關聯的所有STI，以便STI資料庫可以清理乾淨，這是一件很重要的行政工作，而且唯有開發人員才有完成的能力。這麼做既可讓STI資料庫瘦身，又可減輕因工作壓力及不必要的行政工作所造成的負擔。

　　這類的行政負擔會全面影響到程式設計師的工作，尤其會增加「找出隱藏在功能失常現象背後真正的缺陷所在位置」的平均時間。難怪有許多機構當尚待處理的STI達10,000個時，處理的方式是將之全部作廢，然後重新開始。如此一來，可紓解有太多的STI在做公文旅行的壓力；但是，如果不把文化中的根本原因找出來，他們很快又會有另10,000個STI在做公文旅行。

　　他們真正該做的是靜下心來自問：「STI公文旅行造成如此沉重的負擔，這透露我們的文化出了什麼問題呢？」在得到答案後，下一個要問的是：「對此我們該怎麼辦呢？」

14.6 心得與建議

1.　每週將傳閱紙條上的部分資料做成表格，即可正確估計出機構RLT的趨勢。從每張紙條需經過關卡的平均值，亦可大致估算出大家玩踢皮球遊戲的技術水準。

2.　如果把STI公文旅行的非線性效應亦列入考量，那麼把尚未解決的STI宣布作廢，做為讓機構重回受控制狀態的第一步，倒不失為是一個好辦法。然而，這要有系統地去做，並且不要把它當作是遭遇重大挫折後的一種情緒性反應。最好的策略是，任何一個STI若是無法在，比方說，兩個月之內獲得解決，就要將之退還給發出此STI的人。如果他們仍然堅持，可以再把它送回來。依我的經驗，STI的再度提出率小於10%，而實際的數值可能更低，因為一般人都已對程式設計師感到厭惡。

3.　要把STI退還給原始發送人，若能再附上一封禮貌性的信函倒不失為是一個好的做法。例如，我有位客戶是這麼寫的：

「經過兩個月的努力，我們仍然無法找出導致 STI #99999（如附件）的缺陷為何。此缺陷可能已經以另一個 STI 的名義獲得解決，若是如此，您將不再遇到此問題。

　　不過，如果您願意的話，您可以重新提出此 STI。當然，如果您能補寄來這段期間發現的新資訊，將會對我們有很大的幫助。為了我們無法盡快解決此一問題，請接受我們的歉意。」

4. 即使潛藏在後面的動態學是完全相同的，顧問應該給一所機構怎樣的忠告，這完全要看該機構的文化模式而定。請考慮下面幾個 STI 公文旅行的例子：

- 如果你所屬的機構為了要掌握 STI 的狀況，累積的文件量已達每疊有七英呎之高，那麼你該做的第一件事就是確定你已將「切割後各個擊破」的策略妥善運用在那一疊疊的文件上。正如我給金剛砂先生的建議，從兩疊五英呎高的文件中找資料，要比從一疊七英呎高的文件中找資料容易得多。基於我所給的建議，他認為我是一個天才。

- 如果你所屬的機構已進步到用電腦化的資料庫來掌握 STI 的狀況，那麼你該做的第一件事就是考慮「群組軟體」（groupware）的使用，這類軟體可供不限數量的人同時共用 STI 的資訊。但若是將群組軟體引進到金剛砂的公司卻有可能引起大亂，因為這麼一來會讓金剛砂先生一下子就要為 6,000 個 STI 傷腦筋，而不是只為他桌旁那一疊 170 個 STI 而煩惱。這個例子說明文化改變的一個基本原則：你無法一步登天，一下子就從石器時代的工具跳到太空時代的工具。

14.7 摘要

✓ 系統的規模大小對於找出缺陷所在的動態學有直接的影響，但也有一些非直接的影響。我們利用「切割後各個擊破」的策略來打敗「規模對應於複雜度的動態學」，我們也將人力加以分割以符合交貨時間的要求。然而，這些努力會使系統的規模對於找出缺陷所需之時間產生非直接的影響。

✓ 經由觀察一個機構如何在處理STI，你可對該機構有更深入的了解。尤其是，你可以探知該機構的文化模式受到「顧客或問題要求的難度」不斷升高的壓力已到了何種程度。

✓ 有一個重要的動態學可描述STI公文旅行的情況，若有更多的STI加入公文旅行的行列，將會使STI的數量呈非線性的增加。

✓ 過程上的錯誤，如STI遭遺失，也會使找出缺陷所需之時間增加。

✓ 辦公室政治的問題，例如由身分所形成的勢力範圍，是以非線性的方式拉長找出缺陷所需之時間。誰擁有STI就懲罰誰，想要用這樣的管理行動來減少找出缺陷所需之時間，只會收到反效果。

✓ 大體而言，如何處理STI的管制工作若是沒做好，會使行政工作的負擔更加沉重，這又造成處理STI的管制工作做得更差。若是出現STI失控的情況，管理階層需要去研究，有哪些資訊可用以判斷該機構的文化模式；然後，採取行動以找出根本原因，而不是僅應付表面的症狀。

14.8 練習

1. 把STI的踢皮球遊戲畫成一張效應圖。其中的一個變數是「出現在傳閱紙條上的人名之平均數」。讓大家都看見要如何在管理的干預手段上做改變，方能使不想出現的效應得以逆轉。

2. 顧客要求的難度——例如系統售出的數量變成兩倍或三倍——若是增加，對於STI公文旅行的現象會有怎樣的影響，請加以說明。尤其是，對於許多顧客都遇到過許多次的那些缺陷，每一個所造成的影響皆要納入。

3. 提供現場服務的技術人員——有時包括數個層級的技術人員——經常會被派駐行銷部門，負責過濾顧客送來的STI，然後才後送給開發人員。然而，現場服務部門的每個層級都會拖延一些STI從顧客傳送到開發人員手上的時間。遭延誤的時間愈長，為同一個缺陷所開出來的STI則愈多，因為顧客等待該機構能找到它、解決它、並送出修正版的時間也愈久。請用效應圖來顯示，此一因延遲而產生的效應對於這種有多層級之STI過濾過程的效率會有怎樣的負面效果。

15
缺陷解決的動態學

「我希望他們不會破壞了這棟房子的美觀，」羅拉夫人歎息道。「人
們想要把一棟既優美又富詩意的老宅邸整修得更加完善，通常反而
是弄巧成拙。」

—— Mary Elizabeth Braddon, *Miranda, Book II*

如果把「宅邸」這個詞換為「程式」，那麼羅拉夫人就可以成為
一個現代的軟體開發人員了。偵測出功能失常並找出缺陷所在
位置是一回事。要修改所找出的缺陷並真正達到改善的效果，又是另
外一回事。就像既優美又富詩意的老舊房子一樣，要改善有些年歲的
系統會益發的困難。因此，在表面上看來顧客的情況堪稱穩定的一家
模式2的機構，終究會遇到問題要求的難度不斷升高的挑戰 —— 要求
讓那個既優美又富詩意的老舊軟體能夠繼續發揮功能。在本章中，我
們要來看看這種情況發生的原因何在，以及這些原因向我們透露了關
於一個機構的軟體文化的哪些訊息。

15.1 缺陷解決的基本動態學

如果系統每一部分的品質都保持固定，則系統被切割成許多小塊時，修復問題所需時間的增加幅度將至少是系統規模的平方。這是因為會有為數更多的缺陷產生，而每一缺陷都需要更多的時間才能修復，且修復時需要考量的可能副作用也更多。此一動態學與「找出缺陷所需時間的動態學」非常類似，因此你若發現這兩個動態學都只是「規模對應於複雜度的動態學」的小幅修改版也就不足為怪了。（請參考圖15-1。）

另一個缺陷解決的動態學就是選擇先去修復較易解決的問題。這

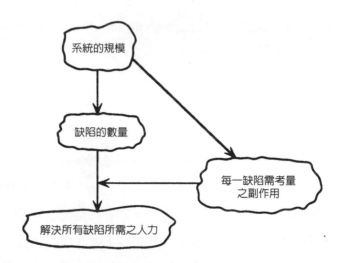

圖 15-1   此圖說明在解決存在於系統中的缺陷這類問題時，「規模對應於複雜度的動態學」會產生怎樣的影響。如果你在開發過程中製造缺陷的速率維持一定，那麼當系統的規模增加，就會有更多的缺陷產生。因為當系統變得愈大，為解決一個缺陷需要考慮的可能副作用也就愈多。因此，缺陷解決所需之整體時間會呈非線性的增加。

可能是出於無心，因為那些難以找到的缺陷要修復也更為不易；或者這是出於有意，因為程式設計師會把棘手的問題先放到一邊，以應付時間的壓力。不論選擇何者，其效果幾乎是一樣的——缺陷全數獲得解決所需之時間，比起你根據目前清除缺陷所需之時間以簡單的外插法所求得的時間，一定會大上許多。

這些「缺陷解決的基本動態學」非常近似於「缺陷偵測的動態學」及「找出缺陷所在位置的動態學」，因為我們還沒有把找出解決方案與偵測或找出所在位置間的不同之處列入考量；也就是說，解決一個缺陷時通常會導致許多的改變，而要改變程式碼就像寫任何新的程式碼一樣，難免會引發新的缺陷。並非每一個解決方案都可以帶來改善。

若是將解決缺陷時可能會犯錯亦列入考量，則整個的解決過程就要延長許多。愈是複雜的系統，愈可能產生許多的副作用——在改正缺陷時對程式碼做出無心之失的改變。因此，當我們對一個大系統中的某個項目做修正時，就有更多的地方要考慮。有更多的地方要考慮意味著「規模對應於複雜度的動態學」會開始作怪，這又意味需要有更多的時間才能完成正確的修正工作，如圖15-1所顯示的。

即使我們能夠愛用多少時間就有多少時間可用，但沒有人是完美的，尤其是在我們寫程式的時候。對於所有可能的副作用我們可以忽視不管，並希望能藉此而打敗圖15-1所代表的動態學，但這並非解決之道。如果我們不把副作用考慮清楚，我們會在缺陷修正的過程中把新的缺陷引進到系統中，反而變成是用另一種方法使工作變得更複雜，且會延宕得更久，如圖15-2中所標示的一般。

副作用不一定會立刻顯現，也不一定會以新缺陷的方式現身。可能的副作用有程式碼的大小增加（有時反而減少）、程式碼的品質受

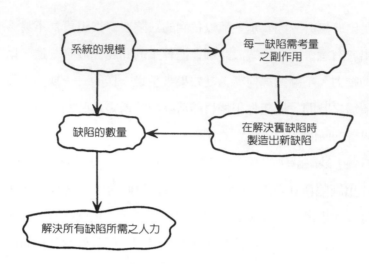

圖 15-2　如果我們在解決缺陷時不考慮可能引發的副作用，能否戰勝「規模
　　　　對應於複雜度的動態學」？若真如此去做，舊的缺陷雖然解決了，
　　　　卻會製造出新的缺陷。因此，會有更多的缺陷等著你去修正，而解
　　　　決缺陷所需的整體時間會呈非線性的增加。

損、設計的整體性喪失、以及技術文件的過時等。所有這類的副作用
都會導致系統的可維護性變差。

15.2　缺陷反饋的動態學

副作用最明顯的一個結果，就是會製造出更多的缺陷要人修正。當試
圖修正舊缺陷卻為系統帶來新缺陷，這稱為缺陷的反饋，而其動態學
可反映出某個文化可交付高品質產品的能力。

15.2.1　缺陷的反饋率

軟體文化最敏感的量測指標就是每次的修正會製造多少個新問題，也

可稱作缺陷的反饋率（fault feedback ratio，簡稱FFR）。其公式是：

$$FFR = \frac{所引發的缺陷數量}{獲解決的缺陷數量}$$

慣常求取FFR近似值的方法是去計算程式碼中有多少的缺陷是為解決一個早期發現的缺陷而產生。然而，此一近似法對FFR會有所低估，因為還有許多的缺陷尚未被找出，但這無礙於此法的效用。

　　圖15-3顯示，在一個為期六個月且問題日益嚴重的專案中FFR隨時間而變化的情形。管理階層發覺FFR不斷攀高，於是引進「修正審查」（fix reviews）來遏止情況的惡化。因為有許多舊的未經審查的修正尚待消化，花了好幾個星期才讓這套新做法的效果在FFR的數字上顯現出來。經過事後檢討，管理階層同意他們應該為所有早先的修正結果制定出一套補救審查的辦法。能夠有此洞見即顯示管理階層已開始有模式3的思維。

　　若要量測任何軟體機構的品質狀況，FFR是最重要的一個參數。

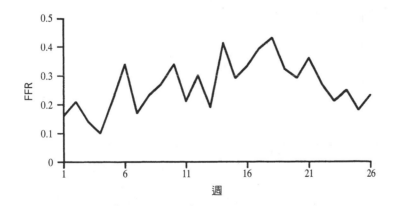

圖15-3　缺陷的反饋率（FFR）是專案是否出狀況的一個敏感指標。在此專
　　　　案中，管理階層發覺FFR有增長的趨勢，因而引進「修正審查」來
　　　　遏止情況的惡化。

它易於被量測，它必須被量測，但它卻最少被量測。一旦對它進行量測，我們發現一次修正平均會引發0.1到0.3個新問題。但若不去量測它，則FFR值可能都很高，因為一個亟需對它進行量測的文化反而是最不可能進行任何量測工作的機構。

15.2.2 FFR 的衝擊

為什麼FFR是如此的重要？缺陷的反饋率是缺陷解決過程的一個敏感指標。圖15-4中的三條曲線所顯示的是模擬某次缺陷之反饋副作用所得到的一個具教學意義的結果。第一條曲線（約在第240天結束）的FFR是0.3。第二條曲線（在第480天後結束）的FFR是0.36，而第三條的FFR是0.396。

這三條曲線顯示當機構所用的過程開始變得不穩定時，FFR上些

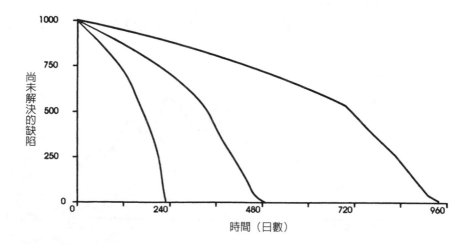

圖15-4　完成清除缺陷的工作所需之時間完全取決於缺陷的反饋率。這兩種模擬方式間的差別只在於反饋率的不同。反饋率上20%的差異會導致完工時間上88%的差異，但下一個10%的增加會導致112%的增加。

微的改變會造成怎樣的結果。此外，當然也可顯示當機構所用的過程開始變得不穩定時，缺陷的反饋率通常會大量增加，而非少量增加，其影響是使得情況變得更糟。

FFR是缺陷解決過程的一個敏感指標，因為它可將許多有形無形的態度及作為所產生的結果都具體而微地呈現出來。這意味著凡是想要控制缺陷解決過程的經理人員皆可利用FFR做為控制的著力點。例如，「電腦化早餐公司」遭遇到的問題是無法將其所開發出來的整合式早餐系統中的大量缺陷清理乾淨。對此系統的一般印象是它就像九頭的海蛇怪，那是希臘神話中的一種怪獸，你砍掉它的一個頭，反而會有兩個新的頭長出來。

經理人員面對這個問題所採取的第一步，是對程式碼的控制系統進行一番考古的工作。他們得到的第一個數字是FFR的平均值是0.36，看起來相當的高。但是，多數的機構用些簡單的方法即可將此數字加以改善。比方說，每次有新的修正要存入此系統前，他們可對之進行一個簡單的技術審查。

當我六週後再次回到電腦化早餐公司進行顧問工作時，該公司對於這個審查的點子並沒有採取任何的動作。我問資訊系統的部門經理為何會如此，他的回答是，該部門的經理人員在討論過這個想法之後，決定此法並不可行，原因是「為程式上這麼一點小小的改變而進行審查，簡直就是浪費時間」。

我鼓勵這些經理人員回去參考他們所做的考古結果，並將FFR對應於每個改變規模（以更改程式碼的行數為單位）繪製成圖表。此項研究的結果產生圖15-5中的圖形，這個圖形讓他們大感意外。他們先前預測出完全不同的結果，如圖中的直線所顯示的。預測圖與實際圖之間的差異讓經理人員深信，即使對只有一行程式的改變也一點都不

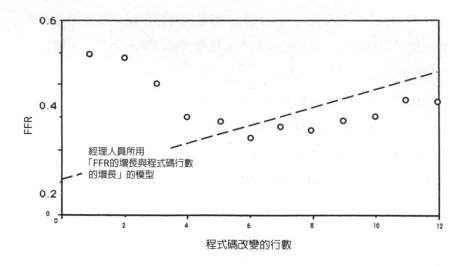

圖15-5 電腦化早餐公司預測FFR會隨著程式碼改變的行數而呈線性的增
加。但在實踐上，非常小量的修正卻會有較大的反饋率。

浪費時間。

經理人員的預測是線性的：每一行的程式碼都會依比例增加做出
正確改變的困難度。因此，他們預測，對程式做大規模的改變會比較
困難，而小規模的改變則「跟切豆腐一樣」。但實際去做時卻發現是
非線性的：做出正確改變的困難度也會受到程式設計師是否謹慎從事
的影響。這種謹慎的態度又會受「感覺中改變的困難度」所影響，這
又受經理人員所用之線性模型的影響——模型告訴我們小的改變理當
比較容易。

15.2.3 自我失效的模型

圖15-6顯示，在實踐上這個模型因何會自我失效的動態學：

若是認為某個改變很容易就可正確地做到，會使得這項改變正確

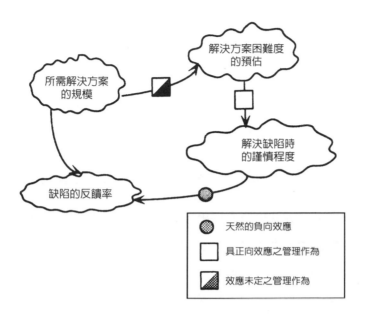

圖 15-6　機構的模型具有「FFR 將隨程式碼改變的行數而呈線性增加」的特性，此特性所創造出來的非線性模型會使得該模型失效。

　　做到的可能性大減。

改變經理人員的信仰體系後會使得他們願意下令要求所有的改變都要經過審查，即使是只有一行的改變。這個做法讓程式設計師的模型從動態學中被移除；最終所產生的 FFR 曲線隨程式碼的行數而變動的情況會變得較趨線性，其平均值在 0.16 之譜，這為專案的表現帶來顯著的改善。

15.3　逐漸變質的動態學

副作用會導致軟體的品質低落，因為缺陷數量的增加有損於軟體所帶

給顧客的價值。程式碼所做的事有可能是錯的。程式碼所做的事有可能是對的，但缺乏效率。更糟的是，副作用造成的傷害不只是在交付品質，還可能包括內部品質——程式碼對開發人員的價值。在一個軟體系統的一生裏，決定其可控制程度的因素中，內部品質要比外部品質重要得多。

15.3.1　可維護性必須加以維護

終究，已開發的程式碼會慢慢出現負面品質，意指開發新程式碼的成本要比不斷去修整舊程式碼便宜得多。許多模式1和模式2的機構手中握有一大堆負面品質的軟體，但通常他們對此事實卻渾然不知。或者，他們當中有察覺到的，卻對自己開發新程式碼的能力毫無把握，以致他們寧可為那永遠難逃可悲又昂貴宿命的系統繼續吃力地在那兒做修修補補的工作。

　　當然，他們知道自己必須不停地去修補，因為他們知道，任何系統都必須讓已有的功能得以維護。然而，他們未曾領悟的是，任何系統也必須讓系統的可維護性得到維護。即使軟體最初的設計及施工都做得很好，在一個不固定投注心力於可維護性的軟體文化中，軟體仍然會開始逐漸變質並失去其可維護性。

　　說到可維護性，有哪些東西是必須加以維護並值得保存的呢？副作用的種類除功能上的缺陷以及工作缺乏效率之外，還包括有程式碼本身大小的增加（或減少）、程式碼的品質受損、設計的整體性喪失、以及技術文件過時等。所有這些問題合在一起就形成可維護性的低落，如圖15-7所示。即使對設計得最好、建造得最好、維護得最好的系統而言，[1]造成其死亡的終極原因很可能就是可維護性的喪失。

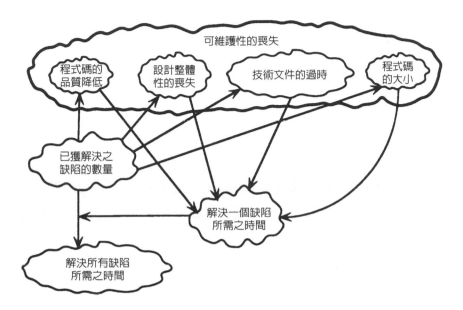

圖 15-7　副作用出現的方式不僅止於功能上的缺陷或工作的無效率，還包括
　　　　　可維護性上的折損，這使得未來要解決缺陷時，會更加困難。

15.3.2 漣漪效應

量度可維護性的方法之一就是漣漪效應，亦即為使某個缺陷的解決方
案生效，計算出在系統的不同區域中有多少個區域其程式碼必須改
變。數年前，有一家硬體製造商研究這類的改變對其作業系統所產生
的漣漪效應為何時，發現每一次的改變會引發的新改變幾乎達三百個
之多。該公司的結論是，在可維護性上些微的降低將使得一次的改變
會引發難以計數的新改變。

　　從數學的觀點來看，作業系統相當於一個核子反應器，處於快要
變成核子炸彈的邊緣。在發生核子爆炸前，該公司結束了大型主機的
生意，終止其作業系統的維護工作。這家公司不是我的客戶，因此我

不知道兩者間是否有關聯。或許這只是一個巧合。

　　漣漪效應很容易就可量度出來，方法是將軟體工具與型態（configuration）控制工具相結合，且管理階層應加以監控，以便對程式碼的內部發生了什麼事能了解個大概。

15.3.3　黑箱設計的整體性受到破壞

可維護性的變質因何而來？典型的原因是設計的整體性因受到模組在邊界上出現病態的連結而逐漸崩解。所謂「黑箱模組」是指某段程式碼只會被一個已知且有限制的介面所影響，此外它只會透過一個已知且有限制的輸出介面去影響其他的程式碼。

　　黑箱模組是一種設計的技巧，目的在進行缺陷的修正時可延緩「規模對應於複雜度的動態學」所造成的影響。圖15-8顯示如何可經由模組動態學做到這一點：你若是讓系統由更多的模組來組成，則你需要考慮的副作用就更少。為達到此一效應你要付出的代價是會製造出模組化的缺陷，也就是各模組間介面上的缺陷。你不可能毫無所失就得到某些東西。

　　知道「模組動態學」是如何運作，你也就能了解如何可讓它停擺。當程式設計師要修正某一缺陷時，可找到通往解決方案的一條捷徑，方法是規避掉那些已知且有限制的介面，如下面的這個例子：傑瑞米正在修改模組WAY中一個與作業系統有關的缺陷，該模組位於呼叫的樹狀結構的底層部分。此缺陷起因於未考慮到狀況X，在高層的模組知道有此狀況，而WAY並不知道，因為在模組的呼叫順序中並未將此狀況傳達給下層的模組。正確的黑箱修正法是去修改所有一路下傳到WAY的呼叫順序，都添加一個可代表狀況X的旗號（flag）。但此一解法需要將凡是用到這類呼叫順序的模組都列入考慮

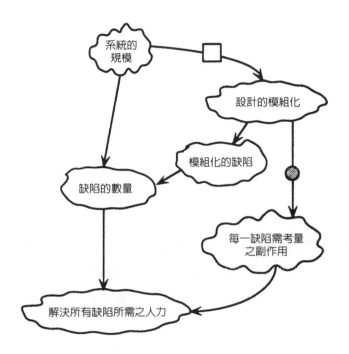

圖 15-8　以黑箱為單元的方式來建造程式碼，可以延緩「規模對應於複雜度的動態學」對解決缺陷工作的影響。如果每個程式碼的單元都真的是一個黑箱，那麼在修正某一缺陷時需考慮之副作用的數量將會大為減少，但要付出的代價是可能會製造出模組化的缺陷或介面上的錯誤。這就是「模組動態學」。

並加以修改。

　　傑瑞米認為去改變多處的地方比只改變一個地方要危險得多。此外，他還有時間上的壓力。他的判斷是，若要修正 WAY 中的缺陷，可以往上跳過好幾層的模組去直接取得代表 X 的旗號。如果必要的話，WAY 也可以回到最高的那一層去改變該旗號的設定值。傑瑞米很快就做好這樣的修正，並未經過任何人的審查。他的上司稱讚他能夠這麼快就完成了任務。

其實，「不當的修補」才是他所作所為的最佳描述。七個月後，
出現了一連串功能失常的現象致使整個專案被迫延後了五個星期。到
最後才發現，在呼叫的樹狀結構中有一個居間的模組被修改成也可去
直接改變代表狀況 X 的旗號。如此一來，WAY 會在該居間模組毫不
知情的狀態下擅自改變了該旗號的設定值，因而製造出一個邏輯不一
致的狀況。

15.3.4 隨時間變化的漣漪效應

任何有一年以上經驗的程式設計師都可舉出至少十個類似傑瑞米的故
事。要注意的是，傑瑞米的「解決方案」是如何讓漣漪效應在專案的
早期還只是一個小漣漪，但到了後來卻變成一個大風波。在一個健康
的專案中，漣漪效應會隨著時間而慢慢減弱，如圖 15-9 所示。

圖 15-10 顯示的是一個不健康的漣漪效應所形成的曲線。這兩條
曲線是來自同一機構的兩個專案。圖 15-9 的專案與原訂的預算和時程

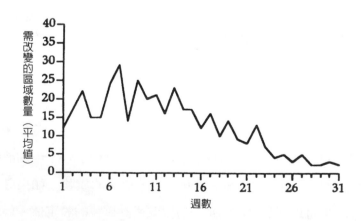

圖 15-9 在一個健康的專案中，漣漪效應會隨時間而遞減，因為影響幅度較
大的改變應該在早期即完成。

接近。圖15-10的專案原訂六個月即交貨，但在超過交期後的十一個月專案喊停，經費也超支達兩倍以上。若在第六個月就把漣漪效應畫出來，尚可挽救此專案，但等到專案結束後的檢討會議上才來做就為時晚矣。或者，管理階層的能力若不足以挽救此專案，也大可在第六個月的時候就讓專案壽終正寢，還可省下一大筆的金錢和一肚子的怨氣。

15.3.5 鐵達尼效應

圖15-10是抄了許多當初看來可加快專案進度的捷徑之後所累積下來的典型結果。或許出現這些抄捷徑的做法最不應該的原因是，造成這些做法的大環境是管理階層以為他們的程式碼是結構化的──或許因為程式碼在設計的當初有很好的結構化。圖15-10專案的經理人員相

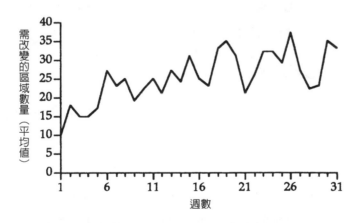

圖15-10　在一個不健康的專案中（漣漪效應會隨時間而遞增）讓我們看到當專案接近既定的完工日期時，改變的範圍會逐漸增大，而不是減小。此一增加的趨勢，或一直降不下來的趨勢，可當作是對管理階層所發出的一種警訊。

信他們不會遭到這類不正常副作用的侵害，故鬆懈了他們的警戒心，
因而在致命的時刻受到加倍的打擊。我稱此為鐵達尼效應[2]：

> 心存災難不可能發生的念頭，經常會導致一發不可收拾的大災
> 難。

> 賭撲克牌的老手都知道，會讓你輸得傾家蕩產的絕不是一副爛
> 牌，反而是一副「絕不可能輸」的牌。鐵達尼號的船東「知道」
> 他們的船不可能沉沒。他們不願浪費時間去繞過冰山，更別提浪
> 費錢去購置永遠用不著的救生艇。[3]

我們就實話實說。若是放任不管，結構會逐漸變質。不論你個人的魅
力有多強，你的運氣有多好，都無法讓大自然停止熱力學的第二定
律。除非設計的整體性受到明確的控制，否則這些抄捷徑的做法會使
設計的整體性逐漸變質。如果凡事聽天由命，同樣的現象也會發生在
程式碼品質或各種技術文件的身上。

15.3.6　可維護性之維護

如果不以明確的手段來維護可維護性，系統隨著時間的流逝會變得益
發難以維護——這是另一種正向反饋迴路。圖15-11顯示這樣的趨勢。

　　此圖形顯示兩個性質相近的專案中解決缺陷的情況，其中之一雖
有某個數量的缺陷反饋（小量的FFR），但對可維護性有善盡維護之
責。另一專案沒有缺陷反饋（FFR＝0），但對可維護性不加以維護。
結果是第二個專案的起步較快，代價是有一條拖得很長的尾巴，缺陷
的清除工作變得愈來愈緩慢。當然，真實世界裏的專案會是這兩種效
應的混合體，影響幅度的大小取決於管理階層的控制過程。

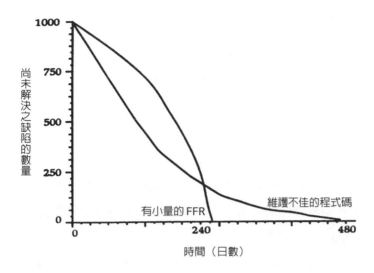

圖15-11　這是一次教學性模擬的結果，在修正其他缺陷時並不會製造出新缺陷，但修正的方式會降低可維護性，使得往後的缺陷會變得更難修正。最後的結果是，最後的那個缺陷停留在榜上的時間似乎比預期的要更久。

15.4　心得與建議

1.　當系統變得愈來愈大且時間上的延誤變得愈來愈久，專案就可能同時要維護同一個系統的多重版本。即使用了最好的工具，多重版本也不容易處理好，而對那些處於危機狀態的機構而言，鮮有使用適當的工具來幫助做好多重版本的維護工作的。對一個旁觀者而言，只要大概看一下版本控制的方式，就可以準確地判斷出該機構軟體文化的模式為何。

　　當然，多重版本會使缺陷解決工作的負擔變成兩倍或三倍，因而會加長了基本解決工作的時間。多重版本也會使每一個缺陷解

決時的困難度加劇，因為程式設計師在進行程式碼的改變時或許不會考慮是否有其他的改變同時正在進行。因此，多重版本使副作用的反饋率變得更大，並增加「核子爆炸」發生的機率。

2. 當一個專案正在進行時，通常你不知道尚有多少的缺陷待清除，因此你不可能畫出像圖15-11那樣的圖形。你雖然可畫出缺陷的清除率或STI的解決率，但這些只能給你實際狀況的錯覺。然而，FFR和漣漪效應能讓我們更清楚地看到系統目前的狀態。此外，技術審查會議可用以推估程式碼的品質好壞以及技術性文件是否堪用。

3. 可維護性有另一個基本的成分：專案成員是否勝任其職務，影響的因素有離職率、訓練、以及管理階層對維護工作所抱持的態度。因為人人天生都是好學習的，專案成員在維護某個系統的能力上往往是隨著時間而增長，這反而會掩蓋了程式碼本身逐漸變質的事實。然而，專案成員勝任其工作的能力也要善加維護，主要的方式是提供他們好的工具、訓練、以及完成任務所需的資源。萬一維護小組的成員突然發生大量離職的情形，管理階層才會驚覺到程式碼已惡化到如何糟糕的程度，這一切皆為人們工作能力不斷成長所掩蓋。

15.5 摘要

✓ 解決缺陷的基本動態學是「規模對應於複雜度的動態學」的一個實例，特點是，每個缺陷所引發的缺陷若是愈多，或複雜度若是愈高，則當系統變得愈大，會導致「解決缺陷所需之時間呈非線性增加」的結果。

✓ 副作用會使得解決缺陷工作中的非線性現象變得更加嚴重。你若是不花更多的時間去考量可能的副作用，就會在進行改變時無意間改變到其他的部分而造成了副作用。

✓ 最明顯的一種副作用就是缺陷的反饋，這可由缺陷的反饋率（FFR）加以量測。缺陷的反饋就是在解決某缺陷時會製造出新缺陷。缺陷可能是功能上的，也可能是系統效能上的。

✓ FFR是專案的控制工作是否有問題的一個敏感指標。對控制良好的專案而言，FFR應該是隨著專案接近尾聲而逐漸下降。

✓ 控制FFR的方法是制定一套審查的辦法，對缺陷的解決方案做詳細的審查，即使只改動了一行程式碼亦然。若是認定小量的改變不會出什麼問題，就會引發比大量的改變還更嚴重的問題。

✓ 除了缺陷數量的增加和系統效能不佳之外，還有別的因素會造成系統逐漸變質，這些因素並不會顯現在專案的一般量測值上。比方說，設計整體性的崩壞、技術文件未保持更新、修改程式碼的方式都是拼湊修補。這些都會導致系統的可維護性降低。

✓ 當一個模組（或黑箱）之設計的整體性開始崩壞，系統在每次對程式碼做改變時都會顯現出愈來愈強的漣漪效應。也就是說，某次程式碼的改變所激起的漣漪會擴及整個系統，造成許多新的改變。

✓ 如果我們想要避免系統逐漸變質，我們不但要做好系統的維護，也要好好維護系統的可維護性。

✓ 經理人員與開發人員在面對維護工作的種種困難時，經常對系統的原始設計表現出過度的自信來保護自己。這樣的自信很容易就導致鐵達尼效應，因為心存程式碼絕對不會出錯的念頭，會讓程式碼曝露在各種錯誤的風險中。

15.6 練習

1. 畫出一個效應圖，將維護小組成員技術日漸成熟的因素也納入可維護性的動態學之中。

2. 身兼顧問與作者的Tom DeMarco認為，那些因為漣漪效應而搞得失去工作或公司破產的故事只是一種「嚇唬人的手段」，並建議大家應該對軟體工程正確的實務做法要有信心，無須借助這類的故事。請討論在「說出這類故事的真實後果以期聽者不敢忽視」與「把故事稍加修飾以期不致壞了聽者的心情」之間要如何拿捏。如果可能的話，請繪製一張效應圖，把讓大家接受或拒絕新想法的各種因素也納入其中。

3. 你的專案是否有類似鐵達尼號的經驗？如果有的話，請討論當時你應該怎麼做才能預防災難的發生。如果沒有的話，你覺得為什麼你會沒有？

4. 對你所參與的那個系統，請估計漣漪效應的幅度有多大。你認為幅度很大嗎？若要在一天之內讓它降下來，你可以做些什麼？在一週之內呢？一個月呢？一年呢？

5. 請回想在你的軟體生涯中，你遇到最怪異的副作用是什麼？讓你損失最慘重的副作用又是什麼？找幾個同事來一同分享這類副作用的故事。看看你們是不是能夠從這些怪異的或損失慘重的副作用中找出什麼共同的元素。

第五部
壓力的模式

　　模式2文化對軟體工程的最大貢獻在於它將軟體的開發工作常規化。只要凡事能按照計畫執行，模式2文化有辦法以合理的價格製造出有價值的軟體。但工作若是不按照計畫執行，此一優點反而會變成缺點。此時模式2的經理人員表現出來的行為，可能會從有輕微偏差變成幾近瘋狂。

　　有些讀者曾經參與過進度幾近全面停擺的專案，對他們而言，為了解軟體思維模式而寫的這套書中，本卷之此部分可能是當中最精采的。他們遇到的經理人員，有的是以命令的方式來管理，有的則是以大聲命令（斥責）的方式來做危機管理。他們總是懷疑一定有更好的管理方式，只怪自己永遠沒那個命遇到這種好老闆。一旦讓他們遇上了，我相信，他們就不再甘於忍受命令式的管理。

　　我想把本書的這個部分用來紀念歐菲爾德（Bruce Oldfield），為他在三十多年前所說的某些話。歐菲爾德是他那個年代裏能力最強的一位軟體經理，但是跟我們大家一樣，他在適切地處理所面臨的壓力上有其侷限。故事是這樣的：水星計畫（Project Mercury）第一次試飛的日子眼看著就要到了，在問題追蹤系統中還有三個嚴重的功能失常問題未獲解決。此專案我們的目標是，若有任何嚴重的功能失常問

題未解決前絕不可進入試飛的階段，但是正常的缺陷解決程序對這三個問題完全束手無策。在每週召開的尋求問題解決之道的會議中，我提出建議，希望能集合最好的程式設計師組成一個專門小組，在公司外找個地方來全力解決這幾個問題。「能夠冷靜地思考，」我說，「是我們目前最需要的。」

　　這個點子似乎得到許多經理人員的支持，唯有歐菲爾德站起身來瞪著我。我仍然記得他對我怒目而視的模樣，那塊寫著「思考」一詞的標語正好就掛在他的頭頂上，好像一輪聖潔的光環。「聽著，」他說，「在這個節骨眼上，思考對我們來說是件很奢侈的事，我們沒有那個美國時間！」

　　這些年來，我聽到類似於這句不朽的名言──正是模式2經理人員在壓力下的標準反應──不下數十次之多。這種話每一次都會讓我不寒而慄，但也讓我重溫水星計畫那段美好的舊時光。在照章行事型的機構裏工作會遇到一些戲劇性的反應，使專案在壓力之下瓦解，這些事會讓你記得一輩子。即使是在把穩方向型的機構裏也會遇到不同類型的戲劇性反應，而我們知道我們不必靠著罵人也可以生產出高品質的軟體。如果以下的章節能夠幫助經理人員改善他們的能力，最終避免讓員工喪氣的故事重演，我就毫無遺憾了。

16
權力、壓力，與工作績效

當你周遭的人都慌了手腳，並把事情都怪到你的頭上，

如果你能氣定神閒；

當所有的人都懷疑你，如果你能相信自己，

而且還體諒他們對你的懷疑；……

　　　　──吉普林（*Rudyard Kipling, 1865-1936, 英國作家、詩人*），「如果」

系統若是具有非線性動態學的特質，很容易就會陷入崩潰的狀態。這是為什麼我們對該如何控制好系統一事會感到如此焦慮。然而，有時事先安排好的控制機制反而會實質上助長系統的崩潰。在下列的情況下，一個控制嚴謹的系統反而會更快發生危機：

1. 控制行動徒勞無功，因為它們至多只是線性的做法，無法應付非線性的動態學

2. 控制行動適得其反，從某方面來說它們實際上反而讓動態學變成非線性，或是更激烈的非線性

在本章中，我們要來看看模式2的經理人員為何經常對潛在危機的反

應是增加對員工施加壓力，以及這樣的壓力將如何製造出一種會使系統陷入崩潰的動態學。我們也要來看看管理風格上的一些不同的做法，像是模式 3 經理人員所用的，這些做法可提供更佳的途徑讓系統有更穩定的表現。

16.1　壓力與工作績效間的關係

一般而言，人們若是在壓力低的情境下工作，其工作績效也相對較低。多數的經理人員都知道，增加壓力可增加工作的績效──在短暫的時間內。因此，增加對員工施加壓力，如果運用得當的話，可以是一個很有效的控制機制。此一壓力與工作績效間的關係可透過幾個模型做最佳的描述。

16.1.1　線性模型

圖 16-1 顯示最不適任的經理人員所體認的天然人因動態學在各種壓力下的反應。正如某個經理對我說的：「如果你要的是績效，你就逼視員工的眼睛，對著他們上下打量，直到你得到他們的承諾。」還有一個經理是這麼說的：「催逼的力量愈大，產量就愈多！」

　　這是管理學的動態學模型，相當於物理學的牛頓模型：

　　力＝質量×加速度

或是

$$加速度 = \frac{力}{質量} \qquad 產量 = \frac{催逼的力量}{抵抗的力量}$$

在物理學中，牛頓模型對許多狀況而言是求取近似值的一個很好的線

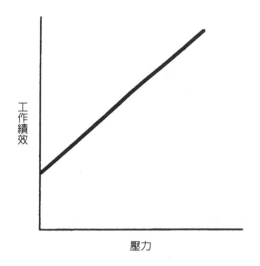

圖 16-1　一個差勁的經理眼中所看到的「壓力與工作績效的天然人因動態學」
　　　　　是純粹線性的。你催逼的力道愈大，你得到的就愈多。

性模型。當戲院失火，或一枚迫擊砲的砲彈對著散兵坑呼嘯而來時，
已沒有時間對每一種可行的行動方針做合理的、完整的參與式討論。
不過，對於是否要把軟體開發工作搞成那麼極端的緊急狀況來處理，
我深表懷疑。

16.1.2　心力交瘁的非線性模型

在物理學上，牛頓模型在相對論的情況下是無效的——也就是說，在
速度慢且改變小的假設條件不再成立的情況下。同樣的道理亦可適用
於人類的關係上。圖 16-2 顯示，較精明的經理他的體認有較廣的適用
範圍。這個經理認識到，壓力能夠提升工作的績效，但是工作績效對
壓力所做的反應很快就變成非線性的。過了某一點之後，曲線的爬升
開始變緩，然後變成完全平坦。這個經理知道該如何去催逼人，同時

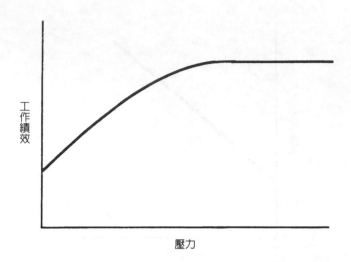

圖16-2　增加壓力剛開始可帶來工作績效的增加。然而，到最後，壓力雖持
　　　　續增加，工作績效卻毫無起色。

也知道該如何去留心徵兆的變化，在何時催逼的力量無法再帶來工作
績效上等量的增加。

　　經理人員稱此曲線中平坦的部分為「心力交瘁」（burnout）。如果
人們得到休息、娛樂、或時間，就可以從心力交瘁的狀態中恢復過
來。某些經理人員隨然確實看到這種心力交瘁的現象，但他們把人看
做是可更換的零件。某人的零件若是出現心力交瘁的現象，就拿另一
個零件來替換。這就是Curtis所說的「把人商品化的觀點」[1]。這種把
人商品化的觀點對搬運沙包或經營香腸製造工廠類的工作可以行得
通；但在軟體工程的專案中，你若損失了一個人，你就損失掉該專案
很大的一部分。

16.1.3　崩潰的非線性模型

壓力與工作績效間的關係在心力交瘁後還有後續的情節。圖16-3顯示

我們所了解人因動態學隨壓力而變化的一般情形。這條曲線是心理學家在研究各種技術人員在壓力下的工作績效時所發現：開飛機的、參加考試的、組裝精密儀器的、當然還有做電腦程式設計的。顯然，其間的關係是極端非線性的。當曲線變成水平之後不久，繼續施加壓力的反應是不可逆的崩潰（collapse），而不再是尚可恢復的心力交瘁。

　　曲線呈水平狀應該是在警告管理階層要減少壓力，但卻經常被解讀為要施加更多壓力的訊號。當壓力的增加超過臨界點之後，工作績效開始下降，然後就是突然崩潰。在軟體專案中，你所看到的崩潰現象有許多種形式：員工辭職、病倒、在工作上呈現腦死狀態。不論症狀為何，這些人對專案的進展不再有任何貢獻，因此他們的工作績效變成零。

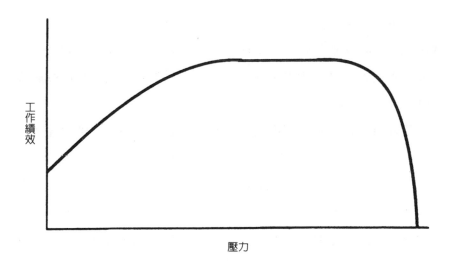

圖 16-3　這條壓力與工作績效的曲線是正常人在面對壓力時的一般反應，可在各種技術性工作的表現上發現，包含程式設計在內。剛開始增加壓力可帶來工作績效的提升。到最後，績效開始呈水平狀態，然後開始下滑，壓力若是繼續增加，系統就開始崩潰。

　　其實，最糟的情況是，他們留在工作崗位上繼續撰寫程式。模式2的經理人員相信，過程都已高度慣例化，即使個人工作績效有起伏也無所謂，而在某種程度上這個想法是對的。不論你所用的軟體過程成為慣例的程度有多深，仍然無法靠腦袋空空的人來執行。這些人繼續撰寫程式，很好，但所寫出來的程式會有一大堆的缺陷。情況若惡化至此，我們甚至可大膽地說，工作績效已經降得比零還低。這些「活死人」留在原職的時間愈久，專案的績效就愈差，不論過程形成慣例的程度有多高。

16.2 找出最後一個缺陷的壓力

讓我們來看看在一般軟體工程的情況中，「壓力與工作績效間關係」所帶來結果的詳細情形。有時，我們若設身處地假想自己的職責是要找出隱藏在最後那些STI背後的缺陷為何（就如同在新版本的發行日之前會發生的情況），找出缺陷所需時間的動態學會被管理階層施加的壓力所扭曲（圖16-4）。

　　當時間一天天過去而還有相當數量的STI尚未解決，壓力就開始累積。可以確定的是，工作績效會有短暫的改善。然後，在無人知曉是怎麼回事的狀況下，工作績效開始急遽下降。花在找出STI起因的時間會變得愈來愈長，如同圖16-5的模型所表示。欲了解此模型，試假想有一個經驗老到的經理，對系統規模、該如何選擇、公文旅行等問題都很熟悉，他為了能趕上原訂的發行日期所做出的決定是讓程式設計師們在稍有額外壓力的狀態下工作。要做到這一點，典型的方法是在計畫中排入對加班支付酬勞的做法。這套增加動機的做法確實有一段時間讓找出STI的工作變得更快。直到第40天，一切看來都很順

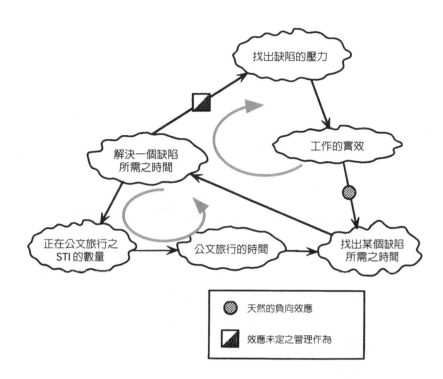

圖 16-4　增加壓力的起因可能是來自渴望解決掉最後那一批 STI，尤其是當
　　　　你需要更多的時間才能找出一個缺陷。在此我們看到，這樣的壓力
　　　　加在公文旅行的動態學之後產生了兩個正向的反饋迴路，由弧狀的
　　　　箭頭來表示。上面的那個迴路是否為正向，取決於管理階層在觀察
　　　　找出缺陷及解決缺陷的績效後會施加多少壓力做為回應。

利，有壓力的那條曲線遠低於沒有壓力的曲線。經理可向上級報告專
案的進展絕佳，甚至能夠保證專案可提前完成。

　　但是，壓力持續的時間若是拖得太久，「壓力與工作績效間關係」
的效應就開始發威。人會因過度疲勞而生病，使得尋找缺陷的速率下
降，人也因此而變得沮喪，且經理開始對員工咆哮，因為答應交貨的
日期就迫在眉睫⋯⋯且一轉眼就過了。

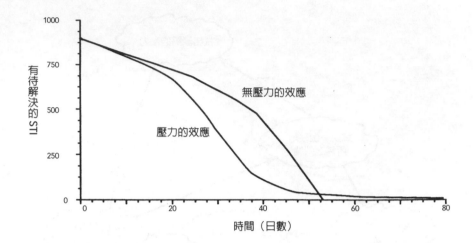

圖 16-5 在試圖找出隱藏於 STI 背後的缺陷時，施加的壓力愈大剛開始可加快找出缺陷的速率。然而，如果讓壓力持續下去，最後的結果是會需要更長的時間來清除殘餘的少數 STI。例如，在這個模型中，持續施壓 80 天後還剩下一個 STI，相反的，若是不施加壓力，則最後一個 STI 可在第 53 天解決。

　　到最後，整個尋找缺陷的作業全面崩潰，這也正是管理階層經常明知還有許多缺陷但仍然如期交貨的主因。從所有非線性動態學的觀點來看，這樣的崩潰現象應該不令人感到意外，但卻總是有人覺得怎麼會有這種事發生。

16.3 壓力與控制的動態學

每個人都有其獨特的「壓力與工作績效的曲線」，雖然所有曲線的基本形狀都相同。此外，對「壓力與工作績效間關係」造成影響的不是所施加的壓力，而是所感受到的壓力。能夠激勵我願意一週工作一百小時的，對你而言或許只會讓你打呵欠。

　　物理學家分得比較清楚，他們稱所施加的壓力為壓力（stress），稱系統的反應為張力（strain）。不幸的是，醫學和心理學方面的文獻並不做這樣的區分，有許多經理人員亦復如此。他們用「壓力」（stress）一詞同時代表所施加的和所感受到的壓力，這往往使他們在了解與壓力有關的動態學時會感到混淆。當你說，「我承受了許多的壓力（stress）」，你的意思是施加了很多的壓力，還是你對所受壓力的反應不良？

　　一旦我們將情境與對於情境的反應區隔開來，就可著手對施加壓力後的各種反應去研究其細節。有一套心理學實驗的結果顯示，壓力的感覺與控制的感覺是密不可分的，如圖16-6與圖16-7中的動態學所示。

　　圖16-6說明少量的壓力一般是如何處理的。你所受的壓力可當作是一種有用的資訊——事情變得稍微有些失控的一個信號。根據這個信號，你採取某些行動讓事情能恢復受到控制的狀態。如果你是一個合格的控制者，你的行動會是有效的；因此，你採取的行動愈多，你愈能讓壓力因子受到控制。你成功的信號就是你所感受到的壓力減輕。例證包括：

睡眠不足 → 頭痛 → 打瞌睡 → 睡眠 → 頭痛減輕

　工作無法完成 → 焦慮 → 更賣力工作 → 工作完成 → 感覺愉快

圖中右方的迴路中添加了一個迴路，這代表壓力不只是由外來的壓力因子所產生，還包括你感覺情況是否受到你的控制。事情受到控制的感覺可減輕壓力，反之，失控的感覺會增加壓力。[2] 因此，你的精神狀態會影響你做一個控制者的能力，反之亦然。如果你知道如何掌握

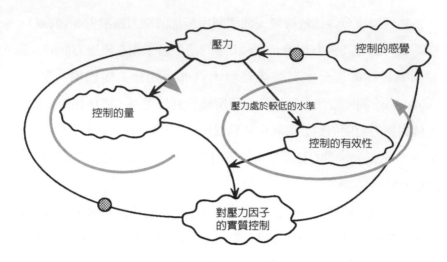

圖16-6　有兩個主要的反饋迴路與壓力和工作績效有關，因為壓力與控制能力之間的關係本身就是非線性的。所感受的壓力若處於較低的水準，那麼兩個反饋迴路都可保持穩定。

你的精神狀態，這會讓你在努力要扮演好一個稱職的控制者時給你一些優勢。你的精神狀態若是失去控制，即使你只是在充滿壓力的狀態下就足以把狀況推入圖16-7的崩潰動態學。

　　在圖16-7中，我們看到與圖16-6唯一不同之處在於從壓力到控制的有效性之間箭號上的人為影響。這代表「壓力與工作績效曲線」中陡降的部分。一旦發生這樣的情況，你——應當是個控制者——開始做出無益的行動。就在這同一時間，控制行動在數量上暴增，因此，讓你顯得無能的機會也大增。這會促使情況更為惡化，也會讓你失控的感覺更為強烈，兩者都會使你感受到更大的壓力。唯一的問題是，最先崩潰的是誰，是你還是你想要控制的系統。

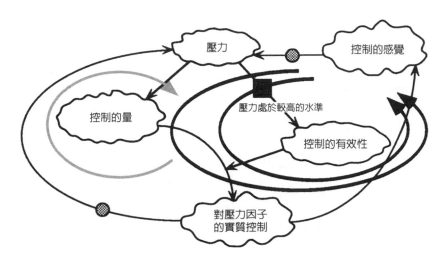

圖 16-7　所感受的壓力若處於較高的水準，那麼右邊的反饋迴路會變得不穩
　　　　　定，這可用以解釋為什麼會有工作績效全面停擺的情況發生。

16.4　在壓力下崩潰的各種形式

機構與個人如何在壓力之下崩潰的詳細情況也大不相同。我們特別感
興趣的是控制者崩潰的前因後果。讓我們來看看在模式 2 的做法中常
見的幾種崩潰的動態學，這些做法的初衷原本是為了想要控制好軟體
專案。

16.4.1　壓力與判斷的動態學

要讓你無法成為一個好的控制者，最簡單的方法就是讓你失去正確觀
察的能力。比方說，你可能會受到專案中其他成員的影響，屈從於他
們所形成的社會壓力，迫使你凡事都跟他們一樣戴著樂觀的眼鏡來看
事情。[3]

當你開始要下判斷時，你會讓自己落入這種「壓力與工作績效崩潰」的困局之中，我稱此為壓力與判斷的動態學：

壓力 → 服從 → 錯估情勢 → 控制不足 → 更大的壓力

一旦這樣的循環開始啟動，經理人員會發現，若想要得到必要的資訊以便能在專案中發揮控制的功效，將是一件不可能的事。典型的互動方式會像這樣：

　　經理：「事情的進展如何？」
　　員工：「沒有什麼事是我處理不來的。」
　　經理：「好極了。繼續努力。」

了解此動態學將有助於把穩方向型（模式3）的經理打敗其所帶來的效應，做法是將資訊的流通從壓力的循環中分離出來。達成的方法之一是不經人為的干涉就自動產生各種的量測值。另一個方法是暗中做調查，不讓任何人知道「專案準時完成的機率是零」這句話是出自誰之口。

16.4.2 員工離職的動態學

經常會讓模式2的控制者崩潰的情況還有一種，那就是控制者喪失採取行動的能力，或至少無法迅速有效地採取行動。「布魯克斯定律」告訴我們為什麼在專案的末期才增加人手會拖垮專案的進度。有人打趣說，如果「布魯克斯定律」是對的，那麼讓專案如期完成的最好辦法就是在專案的末期減少人手。不幸的是，減少人手的做法並無法達到這樣的效果，而其結果實際上甚至比增加人手還要糟。

　　圖16-8說明「在專案末期失去有經驗的員工」所造成之動態學的

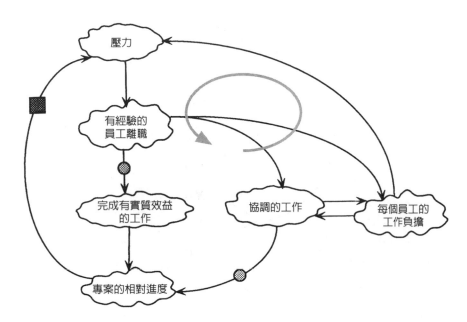

圖16-8　有員工在專案的末期離職會增加其餘員工的壓力，這個因素可能會
　　　　讓他們也離開這個專案。

部分情形。每當有員工離職，淨人力是明顯減少。同時，需要額外花
工夫來協調解決原離職者所擔負的工作。不過，這兩個因素並不會製
造出新的反饋迴路；但是，因為兩者會延緩專案的進度，管理階層對
現有的員工會施加更大的壓力。或者，管理階層會給自己施加更大的
壓力。不論是何者，增加的壓力將導致有更多的員工想離職（肉體上
或精神上），因而完成了整個迴路。

16.4.3　工作堆在同一個人身上的動態學

有員工離職已經不妙，更糟的是，控制者在面對壓力時的反應是開始
做出對系統有危害的行動。每當軟體人員的工作量增加，管理階層反
而會去啟動一個不尋常的反饋迴路，如圖16-9所示。當經理人員要分

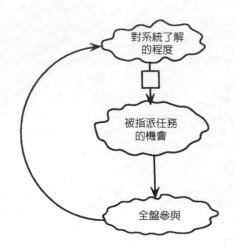

圖16-9　把工作都堆在表現最好的那個人身上是再自然不過的事了，這自然
　　　　會導致當事人的工作負荷過重、心力交瘁、全面崩潰。

派新工作時，他們想到的第一個人選往往是對系統最了解的人。每次
都分派到工作的人當然就有最多的機會得到更多的系統知識，因此他
們也最有機會成為下次新工作的候選人。

　　這樣的迴路造成知識被鎖死的現象，因為任何人分派到頭幾次的
工作機會，就會變成這方面的專家，其他人則完全被排除在外。這個
知識被鎖死現象的另一面是，要完成這些堆在同一個人身上的工作，
經常會造成專案中最關鍵的那幾個人出現心力交瘁或全面崩潰。

　　把穩方向型的經理人員若想避免最重要的員工離職，必須學習認
清自己在「工作堆在同一個人身上的動態學」中所扮演的角色，並控
制自己會採取的行動，如圖16-10所示。在此圖中經理人員有兩個控
制點：

1.　他們可選擇才識稍遜的那些人以收訓練之效。

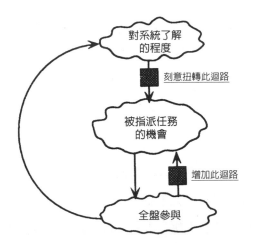

圖16-10 工作堆在同一個人身上的情況可以改善，方法是將無意識的自然傾向刻意反其道而行。

2. 他們可選擇工作最輕鬆的那些人。

當然，這類的干預各有其問題。第一個做法必須盡早開始，而不是等到事態緊急後才匆忙應付。第二個做法會被視為是對工作能力最差者的一種獎勵。然而，工作最輕鬆的那些人也可能是對系統最了解的人，因為他們能對自己的狀況掌握得最好。

16.4.4 恐慌的反應

控制者在壓力下變得做事沒有效率的另一種方式是，當他們所採取的行動就是收不到效果或是收到反效果，即陷入恐慌的狀態。他們要不是呆若木雞完全沒有動作，就是進入瘋狂狀態盡是做些徒勞無益的行動。管理階層一旦陷入恐慌，專案就必死無疑，除非恐慌立刻被抑制或經理人員被撤職——這又會引發其他人的另一種恐慌。

恐慌是一種定義明確的心理狀態，其中的動態學如圖16-11中的說明。[4]當中的循環可從任何地方開始，但經常是從有外來生理或情緒觸發因子的地方開始。在照章行事型（模式2）的軟體文化中，我曾見到經理人員因受到下列非例行事件的刺激而陷入生理的恐慌：

- 接獲的報告顯示有一個模組的進度落後了一週
- 有個程式設計師要請兩天假去結婚
- 高階經理通知要來視察
- 專案小組負責人報告說有兩個小組成員要出外上課
- 有顧問到訪

但是，這類的觸發因子並不致引起恐慌；引起恐慌的是你的身體系統對觸發因子的反應。比方說，如果你開始換氣過度，這種立即的反應是無法避免的，因為你的身體天生就是這麼設計的。如果換氣過度的現象持續一段時間，導致血液中的二氧化碳不足，這會引發下列的症狀出現：

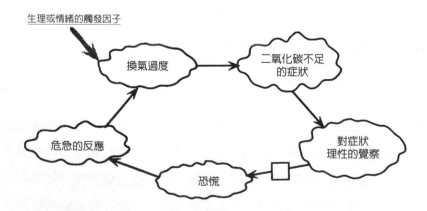

圖16-11　恐慌是一個正向反饋的現象，它根據的是生理和心理對某些外來觸發因子的反應所形成的循環。

- 心臟感覺不適（心悸）
- 心砰砰跳（心跳過快）
- 心口灼熱，胸口疼痛
- 頭暈目眩，注意力無法集中
- 視線模糊
- 手腳和嘴部開始僵硬或顫抖
- 呼吸急促，氣喘，窒息感
- 感覺喉嚨有硬塊，難以吞嚥，胃痛，反胃
- 肌肉疼痛，打寒顫，肌肉痙攣
- 緊張，焦慮，疲勞，虛弱，冒汗
- 睡不安穩，做惡夢

當你發現自己出現一個或多個這樣的症狀，你開始告訴自己解讀這些症狀所代表的訊息；再次強調，重要的不是發生的事件，而是你對事件的反應。通常，你會朝相對良性的方向來解讀這些症狀，像是「哦，我真的是太過疲勞，太過緊張了。」但是，一個容易恐慌的人他的解讀會變成「哦，天啦！可怕的事就要發生了！」這樣的話，危急感會導致更嚴重的換氣過度，而這個循環就會繼續下去。

　　我們每個人偶爾都會陷入恐慌，但是正常人會在想通「有人請兩天假去結婚，並不會威脅到我的生活」之後，很快就恢復過來。不容易從立即性的恐慌反應中恢復過來的那些人最好不要從事專案的工作，更不用說專案管理的工作。不幸的是，這種人會被模式2的管理工作所吸引，因為模式2透過工作的全面慣例化，保證可消滅所有意外。他們不該為了掩飾自己沒有控制自己的能力而試圖去控制所有其他的人，他們應該去尋求專業的幫助——這還有比較高的成功機會。

16.5 壓力管理

有些經理人員對壓力（stress）的反應不只是讓員工的工作負荷過重。他們充分顯示出他們處在持續的恐慌狀態，他們讓專案的工作負荷過重，並以此為基本原則。圖16-12顯示在長期工作負荷過重的專案中的基本動態學。

16.5.1 懂得自我調整的員工

經理人員讓一個專案長期工作負荷過重，他們打的算盤是，要充分利用「壓力與工作績效曲線」中呈線性的那一段，讓每一個人都以最高效率工作。這就是從工作負荷過重到低生產力的直接效應。在同一時間裏，長期工作負荷過重所造成的風險是讓員工疲憊不堪且士氣跌入谷底，兩者皆有損生產力。

　　圖16-13顯示，一個機構對這種工作負荷過重的策略有良好反應

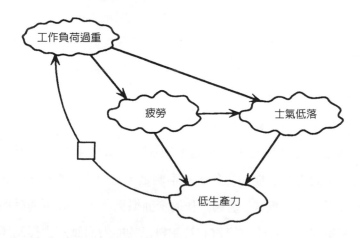

圖16-12　長期工作負荷過重是可永續存在的。相反的，在專案的早期就減輕工作負荷可產生正向的滾雪球效應。

的動態學。該機構與眾不同之處是有懂得自我調整的員工，這些員工
能夠發揮模式1文化中的優點。當他們感到疲憊時，他們知道這是疲
勞並採取一切必要的方法來減少自己的疲勞。當他們的意志消沉時，
他們知道這是士氣低落並採取一切必要的方法來提升自己的士氣。

16.5.2　不知授權的經理

然而，長期工作負荷過重的戰術想要有效，只有懂得自我調整的員工
仍然不夠。還要加上他們的經理願意授權。也就是說，經理人員必須
對員工有充分的信任，願意在員工覺得應該的時候讓他們自我調整。
不幸的是，我很少遇到照章行事型（模式2）的經理既是工作負荷要
過重的信徒也對授權深信不疑。反而，他們對員工試圖要自我調整的
反應是去封鎖所有減輕壓力的可能管道。

　　管理階層持續施加壓力的整體結果是正面還是負面，要看這些效

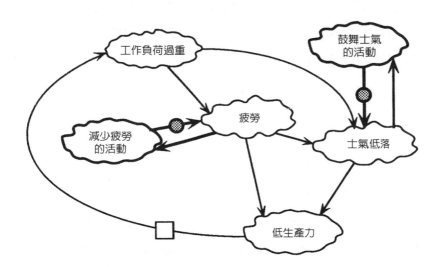

圖16-13　這家機構的工作負荷過重動態學的特徵是有懂得自我調整的員工，
　　　　　他們知道在工作負荷過重時要如何照顧好自己。

應之間是否能達到平衡。模式2的專案通常是保持平衡的狀態，但是等到專案接近排定的交付日期時，工作負荷要過重的反應就出現並破壞了這種平衡。此時，管理階層的典型反應是：

- 這段期間取消休假
- 規定加班的時間表
- 禁止因加班而申請補休假
- 停止所有出差的計畫
- 取消所有課程的報名
- 用顯微鏡來檢查所有病假的假單
- 停辦所有「無聊的活動」，例如辦公室晚會及體育活動
- 監視員工餐廳是否午餐休息「過久」
- 打斷所有走道上的閒聊

簡言之，經理人員拼命杜絕一切可減少疲勞或提高士氣的活動。做為補償，他們會開始發通知，要求員工為「偉大的目標」要付出更多的心力。任何有一點專案經驗的人都知道這些通知能否收效。模式3的經理人員知道它們最有效的地方是：可做為即將崩潰的前兆。

16.5.3　反應鈍化法則

圖16-3中的「壓力與工作績效曲線」有時上升有時下降。為了在效應圖中表現出這種U型曲線，我們不得不加入新的方塊或線條，這會使得圖形不易看懂。不過，我們可以捨棄畫出工作績效曲線的高度，而只畫出它的斜率，如圖16-14所繪的。[5] 也就是說，我們不去量測工作績效對應於壓力的關係，而去量測「隨施加壓力強度的不同，反應的工作績效會是如何」。

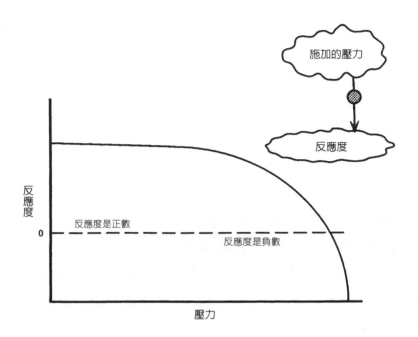

圖16-14　雖然在現實生活中隨壓力的變化工作績效移動的方向不一定，但績效的斜率卻總是朝同一個方向移動──向下。我們有充分的理由稱這條斜率為「反應度」。當來自管理階層的壓力增加，反應度永遠是減少的，雖然在它急速下墜前有一段時間它是相對平坦的。

　　反應度如果是如此定義，將是一個永遠隨壓力的增加而減少的函數。這使得我們可以用圖中右上角的簡單效應圖來代表反應度與壓力之間的關係。此效應圖簡潔有力說明，施加的壓力愈大，則人們對它的反應愈少。其實，它就是一條反應鈍化法則：

　　你施加的壓力愈多，你得到的反而愈少。

16.5.4　做適當反應的經理

把這些動態學都放在一起，可讓我們看出一個把穩方向型（模式3）

的經理是如何思考。與照章行事型（模式2）的經理不同，把穩方向
型的經理能夠把管理階層的壓力有效地運用成控制的干預手段。為了
從員工身上得到最大的生產力，這種經理一定會做兩件事：

1. 容許（也鼓勵）員工調整自己如何去面對管理階層的壓力。
2. 利用反應度，而不是工作績效，做為如何運用管理階層壓力的依
   據。

圖16-15顯示，把穩方向型的經理是如何利用「反應鈍化法則」做為
有效控制干預手段的指引。當你考慮要增加一些壓力時，要監控的主
要變數不是員工的工作績效，而是他們的反應度。他們對現有的壓力
做何反應？當他們聽到有新的「挑戰」時，他們會微微地低下頭囁嚅
著說他們願意接受？他們會變得老大不高興並拿出一百個理由來證明

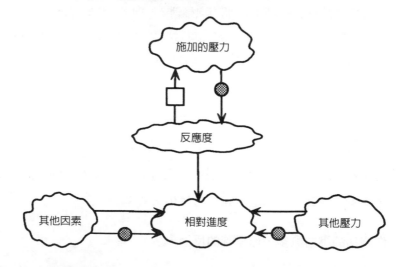

圖16-15　能幹的經理清楚知道，一個人會有其他的壓力在身上，會影響工作
　　　　　績效的還有其他因素。因此，他調整壓力所根據的是觀察到的反應
　　　　　度，而不是工作績效。

這樣是行不通的？他們會表現出一些恐慌的外在徵兆？這些徵兆都顯示，他們已跨過反應度成為負數的那一點，而他們還無法控制自己的反應。

從另一個角度來看，員工願意接受額外的工作之前，他們會有警覺，真的有熱忱，能夠問出該問又一針見血的問題嗎？他們能夠自發性地放棄比較不重要的工作而全力投入優先性較高的任務嗎？有這些徵兆即顯示他們的反應度還在零以上，因此在火上再加點油是可以的；但是不能假設下一次還可以這麼做。

一旦你能夠對別人的反應度做出適當的反應，那麼你就可以拿同樣的方法用在自己的身上。當你自己的上司，或你的顧客，對你施加更多的壓力時，你的反應是什麼？你會微微地低下頭囁嚅的說話嗎？你會舉一百個理由證明為什麼不可以嗎？你會恐慌嗎？如果答案是肯定的，你會做些什麼來調整你自己的工作士氣和疲勞？

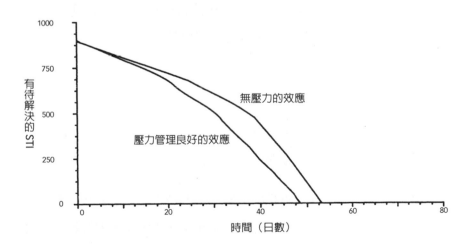

圖16-16　圖16-5中模型的修訂版顯示，做適當反應的經理依據反應度來調整壓力，就能夠加快測試過程的進行。

　　圖16-16顯示的是對圖16-5中模型的修正版，圖中所用的是管理階層施加的壓力與反應度之間的關係，而不是工作績效。清除所有STI用掉的時間從沒有壓力的53天減少為聰明施壓的48天。這顯示，至少在理論上，有適當反應的管理方式其實是可以讓一個「無法管理的」過程加速進行，好比測試的過程。再想想看這種方式對比較好管理的過程會有怎樣的效果。

16.6　心得與建議

1.　要在你自己的身上看出是否有壓力過大的外在徵兆很不容易。從你自己身上得到這類資訊的一個方法是要注意壓力是透過「規模對應於複雜度的動態學」才能發揮功效。在你要做控制工作時，壓力會增加一個或多個新的因素，這使你運用控制力量時會更複雜。判斷你是否承受太多的壓力的方法是，注意在你試圖要降低情況的複雜度時你發給自己多少的訊息——特別是認定那就是「萬靈丹」，可一舉解決所有問題的那類訊息。例如：

- 「我正在設法讓我的經理不開除我。」
- 「我正在找新工作。」
- 「我正在準備我的履歷。」
- 「希望我能有時間找個人幫我洗衣服。」

2.　人們對壓力的反應大不相同，即使我們還不完全了解為什麼。會不同的原因中我們最有把握的就是年齡。年齡比較大的員工也比較老練，因此他們通常比較知道該如何應付過多的壓力。他們有過這樣的經驗。另一方面，年齡比較大的員工往往會有比較大的

外在壓力，比方說家庭上的顧慮以及個人健康上的問題。

　　有一種動態學無人躲得過，那就是每個人每天都會老了一天。剛開始創業的機構經常會經歷到「變老了」的動態學。公司成立之初，大部分程式設計師的年齡是22歲，全身沒有贅肉又充滿渴望（lean and hungry），未婚，沒有任何工作經驗，健康狀態良好。公司連續成功十年後，程式設計師的平均年齡是32歲，體重增加15磅，已婚（也可能離婚了）有1.7個小孩，25年的工作經驗（強行塞到十年真正的歲月裏），身心已相當疲憊。最重要的，對這些年齡比較大的員工必須換一套管理他們的方式，因為他們對於壓力的反應已不再像十年前那樣了。

3.　即使經理人員本身不施加更大的壓力，當完工日期愈來愈近的時候壓力自然就上升。經理人員經常想設法減輕這樣的壓力，但他們很少能成功，通常反而是讓壓力增加。這類干預的例子如：

- 運用「布魯克斯定律」：在專案的晚期增加人手，希望能有助於減輕工作負擔
- 讓時程延後個幾天，這個做法經常有反效果
- 無意中表達出感到失望和丟臉
- 到最後一分鐘要求增加一些有趣的功能以「激勵」員工
- 舉行正式的精神講話以培養士氣

最好的干預方式就是用對的方法來啟動專案，用對的方法來管理專案，然後就放手隨它進行，用最自然的方式走到專案的完工日期──不論是好是壞。如果你兩年都未走出對的方法，你又憑什麼認為你可以在兩週之內做對事而且改正兩年來的錯誤呢？

16.7　摘要

✓　「壓力與工作績效的關係」談到的是，增加壓力可讓工作績效有短暫的提升效果，然後變得沒有反應，再來就走向崩潰。

✓　非要找到最後一個缺陷不可的壓力，很容易就會拉長找到最後一個缺陷的時間，甚至可能是無限期的拉長。

✓　「壓力與控制的動態學」可解釋為什麼我們不止會對外在壓力有反應，如果我們認為自己失去對局勢的控制，我們也會對自己的內在壓力有反應。這個動態學會致使「壓力與工作績效的關係」變得更加非線性。

✓　在壓力下精神崩潰會以許多方式出現。判斷力會第一個受影響，特別是有同儕對某些事有不同看法的壓力更容易出現這種現象。

✓　當有人離開一個專案，不論是肉體上或精神上的離開，都會增加還留著的人的壓力，他們很容易開始變得自暴自棄。

✓　經理人員會創造出「工作堆在同一個人身上的動態學」，只要他們決定會分派到新任務的人只有那些已稱霸一方的專家。這不但增加他們的工作負荷也增加他們的專門知識，長此以往，也會增加他們得到下一個新任務的機會。

✓　有些人對壓力的反應是陷入恐慌，即使實際的情況毫無危及生命的跡象。這樣的人絕不能加入高壓力的專案，不然他們只會造成更多的壓力。

✓　壓力是可以管理的。大有助益的事情如：員工懂得自我調整；經理人員肯授權；用來量測是否還能承受更多壓力的是反應度，而不是工作績效。

16.8 練習

1. 畫一張效應圖，以顯示施加的壓力與由技術人員所執行的專業性開發工作之間的關係。圖中要包括的效應有：明訂的訓練、由團隊工作而達成的私下訓練、以及離職率對平均技術水準的影響。這張效應圖對一個開發機構的長期改善有什麼含義？

2. 畫一張效應圖以顯示一群開發人員的年齡結構與他們在專案中的工作績效之間的關係。

3. 回想你某一次陷入恐慌的情形。你發覺自己在自言自語嗎？你告訴自己的訊息是什麼？寫下這些訊息，並找一群同事來分享他們的訊息。檢查每　條訊息，你用了什麼反面的訊息？如果你不知道，可能是你的某位同事已經解決了這個問題。為什麼你會這麼認為？

4. 你有沒有成為「工作堆在同一個人身上的動態學」受害者的經驗？你如何脫身？下次有機會的話，你要怎麼做才能在一開始就避免惡夢再度發生？

5. 你有沒有好的任務都堆在別人的身上，你只有在一旁納涼的經驗？下次有機會的話，你要怎麼做才能保證你也分到一杯羹？

6. 你遇到心力交瘁的典型反應是什麼？當這個症狀變得很明顯的時候，你希望你的上司怎麼做？有什麼原因會讓你在下一次陷入心力交瘁狀態前不敢告訴你的上司？有什麼原因會讓你不去問你的屬下你應該注意他們的哪些地方，以及他們希望你做的是什麼？

17
如何處理停擺的壓力

時間會磨損所有人的腳跟。

——佚名

壓力若是管理不當可能會導致系統的崩潰，但即使系統真的全面停擺了，我們還不一定能弄清楚為什麼。在軟體專案中，時間的壓力幾乎是無所不在的，而時間的確會磨損所有人的腳跟。不論是哪一種文化，時間的壓力都會找到它的阿奇里斯腳跟（Achilles Heels，意指全身最脆弱的地方）。就模式2的文化而言，在時間的壓力下最先崩潰的通常是「經理做出有益的控制性干預之能力」。

17.1 工作分派的重新洗牌

一個經理在壓力過重時會出現一種很獨特的行為，那就是儀式性地把工作的分派重新洗牌，希望新的安排能夠在不付出任何代價的情況下即收到某些效果。這樣的行為是想要去模仿一種管理行為，如果能在事態尚未開始陷入崩潰前即施展，有時這種管理行為是有意義的。

17.1.1 工作的分割

在一個時間緊迫的危機當中，大多數人就像一次要耍五六個球的把戲一般，手上同時得應付好幾件工作。實際上，工作負荷過重的徵兆就是去看有多少人他一半的時間被分派給專案 A，七分之一的時間被分派給專案 B，二十三分之一的時間被分派給專案 C，等等。會不斷有新的工作冒出來，而管理階層就把這些工作分配給專案現有的成員，或許這是因為管理階層聽說過「布魯克斯定律」，所以不願在專案的晚期增加人手。

　　然而，工作的分割也有一個與「布魯克斯定律」非常相似的動態學（參看圖 17-1）。如「布魯克斯定律」一樣，新工作會使工作負荷已然過重的成員還得撥出時間來學習。要在這些工作之間決定一個優

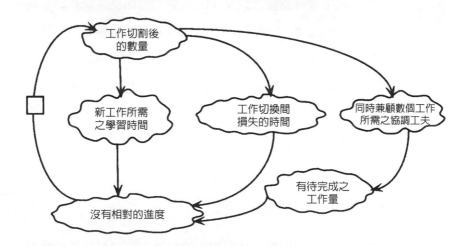

圖 17-1　打敗「布魯克斯定律」之道就是把新工作交給有經驗的人以避免增加人手。不過，工作分割也有它自己的一套動態學，會在現實的生活中產生與「布魯克斯定律」一樣的效應，那就是會讓專案的進展受到拖累。

先順序還得付出與人協調的時間，而每一次要從某個工作切換到另一個工作，又會造成時間上的損失。那些分配到三項工作以上的人，至少會損失掉一半的工作時間在切換的準備上。壓力若是不斷升高，模式2的管理階層似乎就會忘記這條基本法則的存在。此時管理階層眼中所見不再是一個個活生生的人，而只是過程圖中的一個個方塊。有了自動化工具的幫助後，經理舉手之勞即可將某人的名字放到兩個方塊上去，這樣的戰術會有什麼問題嗎？

要使這個戰術不致釀成最壞結果的唯一條件就是，對那些工作負荷已然過重的人來說，若是又被分派到新的工作，要能夠完全不去理會新工作。或是，完全不去理會舊工作。或是兩者都不去理會。唯一會造成額外工作負擔的人只有經理人員，他們得花時間把待分派的任務在專案管理的軟體上搬過來又搬過去，可忙得很呢。

17.1.2 *每一件事都是第一優先*

完全不去理會新工作也是一種決定優先順序的方法，因為有許多的工作都等著人去做，這些工作必得照著某個順序來一一完成。當危機如火如荼之際，通常來自管理階層的唯一指示是「每一件事都是第一優先」。在這裏舉個實例來說明，在上述的情況下會有怎樣的結果：我在選擇南方軟體（Select Southern Software）公司奮鬥了三個月，終於說服該公司的總經理，讓他同意接受「電腦的反應速度太慢是延誤該公司某重要專案進度的最主要原因」。在多付了一些錢之後，我要求所訂購的新CPU要在短短的兩週內優先交貨。我認為這麼一來即可減輕大家的工作負擔，但是兩個月後我再度回到該公司卻發現，CPU仍然沒安裝上去。「為什麼還不趕快安裝呢？」我問。

「我們正在等一條連接的電纜線，」這是總經理的回答。

「在你們公司的樓下不就有你們自己的電纜線部門嗎？」

「話雖如此，但那裏的人說他們有優先順序更高的事要做。」

「但是，這就是你們最高優先的事啊。」

「是啊，我也是這麼跟他們說的，不過，他們還是不肯開始做。」

　　我跟總經理一起下樓到電纜線部門。我們發現他們把CPU電纜線的事壓著，因為部門經理告訴他們有另外一張工作單是「第一優先」。我介紹總經理給他們認識，電纜線部門裏沒有一個人見過他。然後，我們兩人就站在那兒聊了25分鐘，同時，電纜線部門的員工就當場開始做起CPU的纜線來。

　　許多優先順序系統無法發揮功效的原因都是「每一件事都是第一優先」。其中的原委只要去看看圖17-2中的優先順序動態圖，很容易就可理解。如果沒有太大的壓力，或許這類系統還可以發揮功效。然而，如果沒有太大壓力的話，你又何必要用到優先順序的系統呢？

　　要讓一個優先順序系統能夠發揮其功效，必得有某種負向的反饋控制機制，可以將工作賦予不同的優先等級。這件事是經理的責任，因為唯有他才掌握哪件工作應優先處理的資訊，也唯有他才坐在比較高的位置，可以化解為求取最大利益而遇到的衝突。當然，這位經理也必須在有時間壓力的情況下做出能關照全局的行動，而不只是躲在辦公室裏，把分派好的工作搬來搬去而已。

　　凡使用者都要付費，這是防止「公有地」被濫用的好方法，而任何有限資源的利用都可準此原則進行。你把有限的資源與優先順序系統綁在一起，如此一來每個人只有一定數量的優先權可使用。如果資源真的是非常珍貴，那麼此法可打破他們的反饋迴路，或者使之更穩定，而不再是「每一件事都是第一優先」。

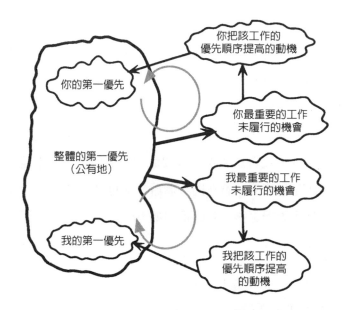

圖 17-2　優先順序的訂定如果不加限制，則每一件事的優先順序都會往最高
　　　　的等級移動，這是因為受到一種正向反饋迴路的驅使。這個現象在
　　　　生態學上很有名，就是「公有地的悲劇」，它可以解釋為什麼公有地
　　　　往往會因無限制的放牧而被破壞，或是遭到濫砍濫伐。

17.1.3 訂出你自己的優先順序

「每一件事都是第一優先」其實就等於是沒有優先順序，這是模式 2 另
一個常見的管理做法。假若並沒有明確的指示告知，什麼才是最優先
要做的事，人們就可隨自己的喜好做選擇。通常他們並不知道機構的
整體目標是什麼，因此他們往往只能做到局部的最佳化，而去選擇當
時在他們看來還算恰當的任何東西。

　　我曾經在一家機構與負責處理 STI 的一群程式設計師對談。當我
問到一位程式設計師為什麼選擇某件特別的工作先做，她的解釋是：
「這個顧客的態度惡劣透了。我若早點把這個問題解決，他就不會再

打電話來煩我。」

　　同一家機構的另一個程式設計師則說：「我先解決這個問題，是因為這個顧客對我很有禮貌。那些會在電話上口出惡言的顧客就被我排到待辦事項中的最尾巴。此外，他的電話是長途的。」

　　第三個程式設計師的理由是：「顧客的事我都擺到最後才做。與開發人員有關的事我會最先做，次要原因是這類的工作才是比較重要的，主要原因是他們的人就在同一個辦公室的另一頭。」

　　在跟三個人談過之後，我歸納出如下的「優先順序」規則：

- 態度惡劣的人優先順序最高。
- 態度惡劣的人優先順序最低。
- 距離最遠的人優先順序最高。
- 距離最近的人優先順序最高。
- 我覺得最重要的事優先順序最高。

這樣的「優先排序法」就等於是以隨機的順序來完成所有的工作——這是照章行事型的機構在處理例外事件時無效率的典型代表。

17.1.4 *最容易的事最先做*

你信不信，其實還有比隨機決定優先順序的制度更壞的戰術。人們對於該優先做哪件事有選擇權的話，經常他們最優先的選擇就是最容易做的事，以便證明自己「在做事」，或是為了得到一種成就感。這樣的決策過程短期可讓你感到放心；但長期而言，它會讓問題變得更難處理。

　　如我們先前所看到的，所有的缺陷不是生而平等的。「功能失常的偵測曲線」顯示，找出最後一個缺陷比找出第一個缺陷要困難許

多，而那還只是一種無意識的選擇。當機構有危機的壓迫感時，我們還可以在這個效應中再加上一個有意識的選擇過程，以此為藉口，人們在遇到他們認為是難解決的問題時即可捨棄或躲開這個過程。

　　我們若是想要模擬將系統中所有的缺陷都清除乾淨需要多少的時間，就必須添加一個元件以便將這個扭曲的現象亦納入考量。圖17-3顯示某個教學性模擬的結果，可說明這種選擇的效應會如何增加從一個有90,000行程式碼的系統中找到最後那個STI的起源所需之時間。其中的一條曲線顯示，如果所有的STI都是以公平的方式來對待，會以多快的速度找出這些STI。另一條曲線則顯示，若加上選擇效應後的情況發展──亦即容易的STI處理完畢後才去應付棘手的STI。當然啦，如果我們把找出缺陷解決方案的時間也加入模擬之中，此效應會更為惡化。

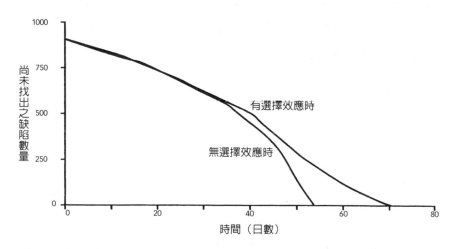

圖17-3　我們最先找到的問題也是最容易找到的問題，因此會留到最後的問題都是比較困難的問題。這樣的選擇效應會拉長找出最後一個功能失常現象所需的時間。根據找出問題的速率所得到的早期預估值是無法區分這兩條曲線有何不同。

　　請注意時間是如何從53延長到72個工作天的，即使在第25天時兩條曲線間的差別基本上是無法察覺的。因此，管理階層看不出任何警訊，除非他們對此一「最壞的留到最後」的選擇過程之特性有充分的了解。

　　有時，管理階層會制定出一套開發人員的獎勵系統，去獎勵解決顧客問題數量最多的人員。無疑地，此法會鼓勵程式設計師優先處理最容易解決的問題；而在有危機的情況下，管理階層則完全不知道這麼做會引發怎樣的後果。因此，進度的預估永遠都是過度樂觀。

　　我們發現在測試部門也有類似的過度樂觀傾向。某些測試案例執行起來比別的測試案例要困難許多。某些測試案例可能無法執行，要等到因其他測試案例偵測到的缺陷所造成的障礙被清除後，才能繼續執行測試。最容易的測試案例優先處理，如此一來會把最難的測試案例都留到最後。如果管理階層所要的測試「進度」報告是以「測試案例完成的數量」來衡量，那麼縱使有80%的測試案例已完成，或許還有95%的測試工作在後面等著也不無可能。

17.1.5　把燙手山芋丟來丟去

一個人要減輕自己工作負荷過重的問題，另一個方法就是把問題丟給別人。在有品質危機的狀況下，此法所造成的結果是，問題未能獲得解決，問題只是傳來傳去。在討論如何處理STI時我們已見過這個問題。

　　有一個客戶他STI公文旅行的平均時間是7.5個月。我還見過一個STI的公文旅行時間長達三年。造成公文旅行的原因，小部分原因是行政管理的疏失，大部分原因則是大家皆已養成一種工作習慣，會把STI從自己的辦公桌轉到別人的辦公桌上去，以便能在管理報告上顯

示有「進度」。

　　有一種心血來潮式的管理風格是，經理人員一時興起就去懲罰問題剛好傳到他手上的那個人，公文旅行的現象通常就是因這樣的管理風格所造成。這樣的動態學不折不扣就像小孩子在玩的燙手山芋的遊戲，因此我沒有去模擬它的必要。當然，在燙手山芋式的管理之下，不只是 STI 會出現公文旅行的現象。對於任何沒有立即、明顯解決方法的問題，如果管理階層去懲罰在鈴聲響起那一刻剛巧手上正拿著這個問題的人，就會顯現出同樣的動態學。

17.2　一事無成之道

把問題快速的傳來傳去是一事無成的有效方法，但還有許多有效的方法皆會造成一事無成的結果。要評估一個專案工作人員的工作負荷狀況，去觀察有多少人處於無所事事的狀態，會是一個好方法。讓我們來看看幾個常用的技巧。

17.2.1　接受品質不良的產品

展現工作負荷過重的第一個明顯事實是：所開發出來的產品品質不良。如果評量數字是記錄在進行中之工作的品質狀況，那麼經理人員就會得到危機即將發生的早期警訊。不幸的是，正處於品質危機當中的模式2機構，很少會有一套可靠的品質評量系統。如果他們真的擁有一套這樣的系統，當壓力不斷升高時，它也會第一個就被放棄。

　　不做評量可以保護不良的管理階層。正在進行中的工作若不對它的品質取得評量值，將有利於否認有品質不良的情況存在。然而，產品終究要交到顧客的手上。一旦產品到了顧客的手上，再想要否認品

質不良就困難多了——但還不是不可能。

　　模式2的文化通常都擅長於否認有品質不良的存在。有一家硬體製造公司還真的發過50,000元的獎金給開發編譯器的專案小組，因為在出貨後的頭一年內只收到了一張STI。我仔細檢查那張STI後發現，該缺陷使得整個編譯器無法安裝到作業系統上。因此，沒有STI的原因是編譯器的品質已經糟到沒有一個人在使用它！

　　想要知道你產品出貨後的品質，唯一真正可靠的方法是直接去問正在使用產品的那些人——不是採購部門的人，也不是老闆，而是真正的使用者。即使如此，還是有人會陷在危機心態之中，對品質不良的現象一概否認。

　　比方說，在一場砲聲隆隆的使用者團體交流會後，有一個經理對我說：「你看，只有經常愛抱怨的人才會出席這類的使用者大會。滿意的使用者都會留在家裏使用我們的系統。」幾個月後，他自己也留在家裏，靠支領失業救濟金度日。

17.2.2　不接受時程的延誤

關於產品的品質若是沒有直接又可靠的評量數據，一個用心的調查者仍然可以看出某些不那麼直接的徵兆。值得去看的一件事是時程是否有延誤，這經常是品質不良較委婉的一種說法。

　　在一個管理良好的專案中，系統某個元件的時程有延誤，可能意味著只有輕微的品質不良。驗收測試時若是不盡滿意，該元件會被擋下來。此時，經理比較好的做法是，找出到底是哪一個測試案例不能通過，或許還會找人去做獨立的評鑑，看看問題到底有多嚴重。測試人員和開發人員本身總是難免會對情況太過樂觀。

　　在一個管理不佳的專案中，對於各元件甚至連一個明確的、預先

設計好的驗收測試可能都沒有。此時，你大可預測，品質永遠不會好，若再加上時程出現延誤，則表示品質是極度不良。為什麼？因為若是沒有明確的測試案例，元件的功能測試只是虛晃一招就進入系統測試。即使該元件只達到沒有編譯（compile）上的錯誤以及執行時沒有出現當機，開發人員都會讓它進入下一個開發階段。因此，開發人員若是連這一點都做不到，你可以百分之九十九確定，整個元件的品質是糟透了。

在一個管理不佳的專案中，「符合時程」並不代表品質良好。如果甚至連一個像樣的元件交付時程都沒有的話，你唯一可發現有延誤產生的時機，就是整個產品到了預定的出貨日期。此時若是有人對管理階層報告說系統還是不能使用，管理階層會說：「我們仍然要正式出貨給顧客，只是換個名稱叫維護好了。」一個不容許時程上有延誤的經理是沒有品質標準的，其結果是真正地做到了一事無成。

17.2.3 接受資源超限使用

當然，品質一定會有某種的標準，即使那只是藏在開發人員個人的內心。任何程式設計師，無論他的專業能力多麼差，對於把一個毫無用處的廢物正式發行出去還是會有所保留。因此，開發人員如果覺得他們所開發的元件還不夠好，他們會想辦法不要交付出去。

然而，有些經理人員對「布魯克斯定律」並不了解。他們為了不讓時程有延誤，會答應任何再多加資源的要求，因為「時程是不能妥協的」。如果是這樣的管理風格，額外資源的投入將變成品質不良的一個最可靠的徵兆，你可以打包票該機構必然會經歷到「布魯克斯定律」最完整的非線性動態學。

當然，爛透了的（也可怕極了的）經理人員為了避免時程有延誤

不會給你什麼資源上的保證，而是採用威脅的手段。在這種情況下，資源不會增加，而時程也「能夠符合」。因此，如果管理階層太爛（或可怕）的話，從專案如時完成且預算不超支的事實，我們並不能推論品質會是如何。這就是「溫伯格的軟體第零法則」：

> 如果不必保證軟體一定可以使用，那麼不論是什麼需求你都能夠符合。

17.2.4　經理人員沒空

有一種資源上的消耗經常可做為品質是否出現危機的可靠指標。經理人員若是出現工作負荷過重的現象，我們可推知控制系統已超過負荷。控制系統為什麼會超過負荷呢？如圖17-4所示，控制者的活動數量本身即受到不受控制的系統行為所控制。當系統出現不正常的跡象，控制者隨即會採取行動。如果所採取的行動有效，系統不受控制

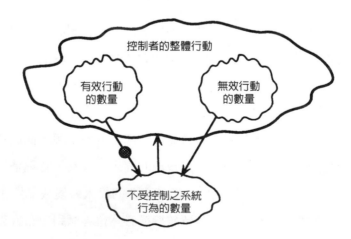

圖17-4　好的控制者偶爾會忙碌一陣子，但老是忙碌個不停的控制者必定是不好的控制者。

的行為將逐漸減少，而控制者的活動也因而逐漸減少。

換句話說，我們所說的並非短期的超過負荷。危機持續個一或二週在一般的專案是常有的事。然而，長時間的危機是不會發生的，因為一個有效的控制系統會迅速將危機化解。因此，若有經理人員超過一或二週都不見蹤影，那一定是因為他們所嘗試的控制干預行動沒有發揮作用，或是有反效果。

經理人員通常會說，他們這麼忙都不是他們的錯，而這個說法通常是對的。外在因素的確會讓人方寸大亂而難以管制，不過，通常這是因為更高階的經理人員並沒有對外在因素做有效的管制。高階經理人員若只是把壓力直接往下丟，專案就會陷入如圖17-5所示的動態學之中。用做家務的話來說，這個動態學就好像是拿一個熔焊用的噴燈對著自動調溫機加熱來讓房間變暖一樣。

這種高階的愚蠢行為的確會使得低階的控制者無法做出有效的事。然而，不論問題出在哪個層級，結論都一樣：經理人員的某個層級未能採取有效的行動，或是：

經理人員很忙碌意味著管理方法不對。

當然，缺乏自信的經理人員老是會用他們很忙來當藉口。一個模式2的經理會認為，有清閒的時間是不當的。你可以約談員工，看看他們若臨時要找他們的經理談事情得等上多久的時間，來測試管理的品質如何。同時也去注意有多少的員工會告訴你說，若是沒有及早約好時間，他們是不會浪費力氣去找他們的經理的。

有些員工會利用電子郵件。有的電子郵件系統會幫你把得到簡短的回信需要多久的時間製成表格。如果有兩三個禮拜你寄信和收到回信之間的時間都超過二十四小時，就表示危機正在產生。

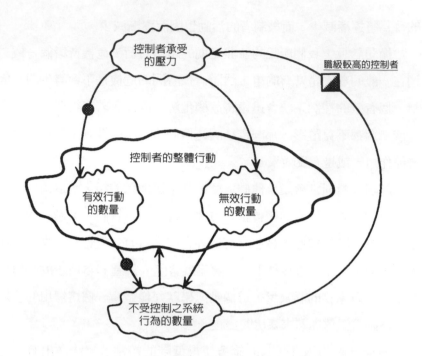

圖 17-5 　較高層級的控制對低階控制者所施加的壓力若是超過讓績效改善的
　　　　程度，就會對較低層級的控制造成妨礙。低階控制者的無效行動因
　　　　此會使不受控制之行為的數量有擴大的效果。

　　我提出這些測試管理階層有多少清閒時間的方法，並不表示我是
在提倡「反應式管理」。相反的，我提倡的是「主動式管理」。然而，
要做到主動，一個經理必須有時間去：

- 蒐集正常管道之外的資訊
- 消化來自正常管道的資訊
- 說服別人接受你的行動計畫
- 因應日常的現實而調整計畫

因此，經理人員若是沒有餘裕的時間，他們就無法做好管理工作。在

一個管理得法的專案中，雖然離危機很遠，管理人員會抽出一整天的時間在危機尚未成形前即將之化解於無形，而他們有很多的時間可做這件事。

17.2.5 *沒時間用對的方法做事*

「我們沒有時間用對的方法做事」似乎是陷入危機中的機構的座右銘。我在一家剛成立的軟體公司總經理的辦公室裏看到這樣的警語：

> 為什麼我們永遠找不出時間用對的方法來做事，但卻總是有時間把它重做一遍？

很不幸，事實證明這個警語嫌太過樂觀。他們繼續用錯的方法做事，而在他們有時間把事情重做一遍之前，公司先倒閉了。

其實，這位總經理要說的是，他知道開發軟體的正確方法是什麼，而該公司做事的方法是錯的，但是他對這樣的現象無能為力。不知道你在做什麼已經很不好了，而明知道卻還要去抄捷徑那就更糟糕。最糟的是，你還理所當然是該機構的領導人，每個人都要仰望你的引導。這個總經理為公司的文化定調，但通常是在無意間做這件事。這是為什麼克勞斯比會堅持品質的改善要從上層開始，這一點我很贊同。這個總經理永遠握有如圖17-5那樣的控制權──會在不知不覺間損害到機構中所有下層控制者的控制權。

17.3 抄程序捷徑的迴力棒效應

準時完成如果是最重要的目標，而員工個個都工作超過負荷，則每個人都會想盡辦法去找出可減輕壓力的辦法。如果危機是短期的，一個

很有用的戰術就是找出標準程序中可以抄的捷徑。一家機構的程序或
許沒有多少，但人們藉著抄這些程序中可能有的捷徑或許可以節省一
些時間。在一家照章行事型（模式 2）的機構中，數量龐大的程序本
身很容易就會成為工作負荷過重的代罪羔羊；因此，抄這些程序的捷
徑就會成為每個人紓解壓力的竅門。

　　然而，在一個長期的危機中，抄捷徑的戰術已行之久遠，以致它
變成了標準作業程序。人們會習慣性地簽署說他們已完成一件他們根
本還沒有開始去做的工作。在專案時程的框框裏打個大勾，而每個人
都知道不論怎麼說那都是在自欺欺人——所謂的每個人指的是除了照
章行事型的專案經理之外的每個人。

　　在一個歷時甚久的危機的早期階段，你會聽到對程序的連聲抱
怨。過了一陣子，抱怨聲停息下來，經理人員就以為事情已經過去
了。但是，不再有抱怨聲那是因為大家都學會了如何避開許多的程
序。藉著停止抱怨，他們可讓人不去注意他們在做什麼——更正確的
說法應該是，他們不做什麼。

17.3.1　迴力棒效應

品質問題的數量呈指數增加所造成的壓力會導致二度的增加。不斷升
高的壓力會使得機構中各層級的人都難逃抄捷徑的誘惑，以期待品質
會「因不知名的原因而有一個完滿的結局」。但事情不會如此發展。
抄捷徑的最終結果是得到一種迴力棒效應。工作會花費更多的時間，
而不是更少。

　　想要在品質上抄捷徑總是會讓問題變得更嚴重。

為什麼無法避免落入這種迴力棒的命運呢？圖 17-6 說明一種常見的效

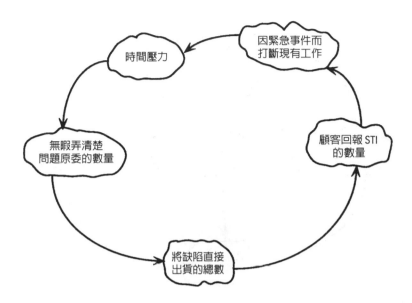

圖17-6　抄品質捷徑所造成的迴力棒效應，很容易變成自我強化的狀態。

應循環。這個循環可從任何一點開始，因此若想找出何者「最先」發生是沒有意義的。或許，是問題要求上或顧客要求上的難度增加，使得顧客無法完全接受正式推出的產品，以致機構裏充斥著STI。或許，是經理對時程所做的預估有太大的誤差，為了維護顏面不得不如期推出產品。

　　圖17-6還未能完整說出這個可怕的故事。圖17-6的循環無法自行減弱。如果不採取一套有效的管理行動來加以抑制，這個循環會開始內化為機構文化的一部分。不久，開發過程本身會以不可逆的方式開始惡化，如圖17-7所示。我們只要看看部分隱含在此圖中的效應，就會發現其中大多數的效應我們已在以他們為名的動態學中探討過。

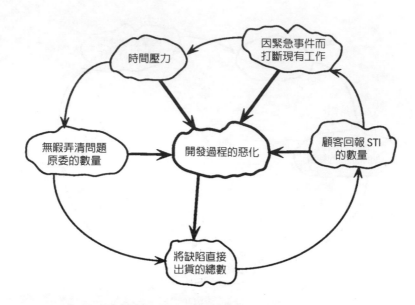

圖 17-7　抄品質捷徑所造成的迴力棒效應持續一段時間後，這些效應會逐漸
　　　　侵蝕到過程的品質，而後更進一步會使得直接送到顧客手上的缺陷
　　　　數量開始增加。此時機構將進入向下沉淪的惡性循環。

17.3.2　品質不良仍照常出貨的決定

到了承諾要交貨的日子，照章行事型的經理人員會羞愧地承認對於交
貨後的結果會是如何，自己既無法預測，亦無法控制。對於眼前不斷
的催逼聲，他們應付的方法是「有什麼就交出什麼」。這樣的戰術並
無法為他們在催逼聲中帶來立即的短期解脫，因為要管道中填滿功能
失常的回饋資訊是要花上一段時間的（如此方能完成完整的回覆循
環）。然而，管道沒多久就被塞爆了。想要以品質不良仍照常出貨的
方式來符合時程，後果是最終的時程會有更慘不忍睹的表現——這是
一個標準的迴力棒（自食惡果）的實例。然而，如果原先的經理人員
夠幸運的話，他們僥倖在迴力棒飛回來之前就升官了，因為他們「成

功的」讓產品出貨,而會被飛回來的迴力棒打到的人則是接任他們職務的倒楣鬼。

17.3.3 規避品質保證

有一個方法可以縮短交貨的時間,那就是規避品質保證的措施,或至少是大肆刪減與品質保證有關的工作。你若是這麼做不但可節省過程中的步驟,還可因品質保證做得比較少,而使得能找到的功能失常也比較少。你找到的功能失常愈少,你就比較容易相信品質是沒問題的,因而才敢於做出讓產品出貨的決定。

在這樣的情況下,照章行事型的經理人員會很有自信地說:「產品若是不夠成熟,我們是不會出貨的。」但是,若是省略了品質保證的工作,他們就斷絕「可以讓他們知道產品是否到了可以出貨的時間」的資訊。

就是這種「沒幾個缺陷」的自欺欺人的幻覺,導致會有更多的缺陷送到顧客的手上。稍後這些缺陷會以功能失常的形式飛回來,在一個工作紀律鬆散的環境裏,這將導致更多缺陷的產生 —— 這又是另一個不折不扣的迴力棒。

17.3.4 警急狀況與中斷

當功能失常的現象回報到開發小組時,為滿足系統使用者而出現緊急狀況的次數以及現有工作被打斷的次數都會相對應的增加。最後的結果是工作環境變得惡劣,這又會使時間的壓力增加,並且使正在開發中之軟體項目的開發過程被打斷。這些新專案會遇到許多缺陷因而造成進度上的落後,就如同之前的專案一般。於是,這一切會造成更多的緊急事件和工作被打斷,結果是迴力棒又飛回來了。

17.3.5　工作士氣效應

或許讓產品還不到時候就出貨的最驚人效應即是——技術人員會視這樣的決定為管理階層的一種背信行為。或許，高階的管理人員在評斷管理階層的好壞時是以成本和時程為標準，但技術人員在評斷自己時則是以工作成果的品質為標準。而他們都是嚴苛的審判官，逼他們即使是垃圾也要出貨的想法會讓他們產生很大的挫折感。在此狀態下，他們失去要把過程維護好的動機，更別說要去改善它了（圖17-8）。

　　即使品質不良仍做出照常出貨的決定，這在技術人員看來可以有幾種解釋：

1.　經理人員都是笨蛋；他們對品質沒有足夠的知識。
2.　經理人員都不講誠信；他們明知品質不好，卻還要欺騙顧客。

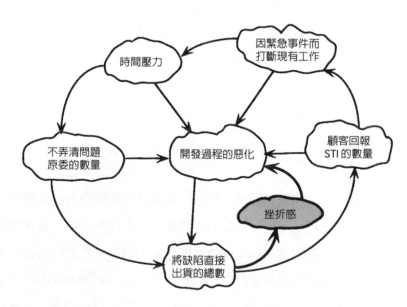

圖17-8　明知產品的品質不良仍然照常出貨的決定，會讓開發人員深感挫折，這對於日後過程的品質具有毀滅性的傷害。

3. 經理人員都沒有骨氣；他們明知欺騙不了顧客，卻為了怕受到上司的責罵而不敢為該做的事挺身辯護。

4. 經理人員都很貪婪；他們大可向上司說不，但是他們一心只想升官晉職，為了個人的私利而推卸應負的責任。

你可以任選一個你認為最合適的解釋，因為不管是哪一個都會打擊技術人員的工作士氣；而最後會受到明顯傷害的一定是開發工作的品質。

17.3.6 經理也只是普通人

技術團隊的成員總是會把管理階層要讓一個品質不良的產品照常出貨的決定解釋成是對信任的一種背叛行為。這種事一旦發生，他們會覺得自己永遠都不能再對自己的上司有任何期待。很不幸，幾乎沒有技術人員會做第五種的解釋：

5. 經理人員想要做一個對事情有幫助的人；但經理人員也只是普通人，就像技術人員一樣。

如果能在機構落入迴力棒的循環之前即建立起這樣的信任關係，就更有機會在情況惡化到向下沉淪的循環之前即脫離這樣的循環。然而，一旦迴力棒現象開始出現，經理人員就無法再藉著告訴員工「要相信我！」來培養這種信任的關係。

17.4 顧客對迴力棒現象的影響

啟動迴力棒循環的或許是顧客的要求，對以販售軟體給許多顧客的機

構尤然。一套軟體系統在正式發行後使用的人若是愈多，則此種效應就會愈強烈。讓我們來看看為什麼會如此。

17.4.1　愈多的功能失常報告

或許，問題的開始是你屈服於顧客的壓力而決定讓產品出貨，但是一旦顧客開始使用你的產品後，他們就會急著開出一大堆的STI。當然，若是有愈多的顧客，你收到的STI也就愈多，因此，發生緊急事件和工作被打斷的情況也就愈多，這會使得開發過程陷入一片混亂。

17.4.2　正式發行後成本倍增

因為每個系統都是以一式多份的方式送到顧客手上，正式出貨的產品中的一個錯誤會使得找出該錯誤並予以修正的成本皆出現倍增的現象。在軟體開發部門的人無法看到這些成本的全貌，因為有部分的成本是由現場的使用者來承擔，而多數的成本是以STI和工作被打斷的方式對軟體開發人員造成影響。我們知道工作半途被打斷和錯誤修正工作的沉重負擔對開發過程會有怎樣不良的影響。工作的負荷會加重，且工作上出錯的可能也會增加──這是另外兩個迴力棒。

17.4.3　誘惑也更多

弔詭的是，軟體產品的顧客若是愈多，則「無論如何都要出貨」的戰術也愈加吸引人。要出貨的壓力如果是來自數量龐大的顧客，且產品售出後對公司的收入有很大的助益，那麼這個壓力會變得更大。對軟體的一個新的「錯誤修正」版來說，這樣的壓力更是大到無以復加的程度，將嚴重縮短正式發行週期的時間，更會加大開發機構所承受的壓力。

　　另一方面，第一次的正式發行版會承受到較大的壓力，因為產品若是上市得太晚恐怕會「失去市場占有率」。而一旦顧客購買了這個產品，則更容易再賣給他們「修正版」。如此還可帶來更多的收益。

　　對只有單一顧客的個人用系統而言，在它的開發人員到顧客到開發人員的循環中通常不會有一連串的長時間延遲。這類系統已經學到，即使是從短期來看，把缺陷送到顧客的手上所能爭取到的時間非常有限（如果還有一些的話）。此外，他們的顧客或許也已經學到，施壓去要求系統盡早交貨，結果卻是系統不能正常運作，這是一件愚不可及的事。

17.4.4 最終的解決方案

當然，有一種動態學是穩定的，但是卻會讓人高興不起來。如果正式發行版爛到了某個程度，顧客的數量會開始下降，如此可減輕一些壓力。而顧客會告訴其他的顧客，且其中的某些人會告訴媒體。

　　這個效應的影響有多大呢？在一個有關口耳相傳效應的權威性研究中，1980年的可口可樂公司對來自顧客的抱怨做過分析：

> 會抱怨且對公司的回應不表滿意的顧客，一般會把他們的經驗說給8到10個朋友或同事聽，而且，有12%的案例會說給超過20個以上的人聽。抱怨者不僅是發發牢騷而已：有30%的人說他們將從此不再購買任何可口可樂的產品，另外有45%的人說他們日後會減少購買的數量。如果化解抱怨的方式令他們感到滿意的話（有85%的人是如此），這類的消費者平均會告訴4到5個人事情的經過，他們當中有10%往後會購買該公司更多的產品。[1]

如果你參加過消費者團體的會議，有一件事你可以確定，那就是一般

而言軟體使用者的挑剔程度絕不亞於可口可樂的飲用者。從許多失敗的個人電腦軟體產品所得到的經驗顯示，當第一次的新鮮感消失後，購買者會分辨什麼是好的什麼是壞的，而不會去購買那些讓人感覺品質不好的產品。

　　換句話說，這件事或許不太公平，但是口耳相傳所用的算數對品質不良產品的供應者是極端不利的。努力去了解這份充斥著偏見的報告之下的動態學後，你將看出為什麼品質不良所帶給你的傷害要遠大於品質良好所帶給你的好處。要不了多久，新顧客的數量開始下降，而情況變得更糟的話，連忠實的顧客也將不再使用你的產品。

　　然而，一旦機構真的開始失去它的顧客，其他的壓力對這個效應的助長之勢將大於抵銷之勢。讓品質不良的產品照常出貨的最終結果是，安裝受延誤、商譽受損、以及訂單被取消等因素會造成公司營收上的損失。在許多機構中，最後的結果不外是因未履行合約而吃上官司，或是關門大吉。毫無疑問，管理階層未能做好「品質不良循環」的控制工作，是今日許多軟體機構倒閉的最主要原因。

17.5　心得與建議

1.　要估計將時間分割給多項工作的效應為何，經驗法則會很有幫助。我個人所用的是如下的這張表：

工作的數量	每項工作可用的時間 %
1	100
2	40
3	20

4	10
5	5
超過5項工作	數值不定

有時有些人在短時間內可以做到比這張表還要好的程度，但是如果你在擬定計畫時就打算要做到比這張表還好，那麼你的計畫將注定會失敗。

2. 當「優先順序動態學」跟錢綁在一起時會產生「供需定律」，因為更高的優先順序（更高的價格）會導致更大的容量（更大的供給）。如果你不想讓價格升高，你可以利用某種人為設限的資源來控制這個優先順序系統。然而，如此一來，對資源設限的那個人要能夠抗拒「僅此一次」法外施恩的誘惑。

17.6 摘要

✓ 軟體專案一般開始出現撐不下去的時機，就是當時間的現實終於迫使專案覺悟到自己真實的處境。然而，當專案實在撐不下去時，所出現的徵兆每個專案或個人都大不相同。

✓ 出現的徵兆諸如把工作分派重新洗一次牌（大搬風）、一事無成、（或更糟的是）讓專案出現實質的倒退。有一種會使專案倒退的動態學，就是想要經由把一件工作細分給數位現有員工的方式來打敗「布魯克斯定律」。

✓ 使優先順序的排定毫無效果是導致一事無成最常見的方法。這類的做法諸如把每一件事都設定為第一優先、只顧自己的優先順序而不管專案的優先順序、或是只選最容易做的事先做。

✓ 一事無成的最後一招就是大玩把問題當作燙手山芋丟來丟去的遊戲，到了要做評量的時刻，如果問題還留在你的辦公桌上，管理階層就拿你開刀。

✓ 要觀察經理人員是否在實質上一事無成的方法有很多。例如，看看他們是否會：

- 品質不良的產品也接受
- 不允許時程上有任何延誤
- 資源超量使用也沒有關係
- 員工要找他都推說沒空
- 聲稱自己時間不夠，連用對的方法來做專案的時間都抽不出來

✓ 專案在時間的壓力下撐不下去的明確徵兆，就是經理人員和員工開始抄程序的捷徑。這麼做無疑會造成迴力棒的效應，其結果是經理想要加以改善的品質卻因偷工減料而變得更差。

✓ 為了節省時間和資源而決定品質不良仍照常出貨，總是會造成迴力棒的效應。規避品質保證的做法也與此相類似。這兩種戰術都會導致開發過程被摧毀、有更多緊急事件或工作被打斷的情況會發生、工作士氣瓦解。

✓ 當士氣低落到整個專案的成員都是意志消沉，過程品質就無法維持，更別說要改善了。在危機發生前即培養好信任的關係，能夠幫助機構從危機中復原，但是若等到危機已然發生才想要培養信任則有適得其反的可能 —— 尤其是培養信任的方式是要求對方「要相信我！」

✓ 顧客的數量眾多會增加對迴力棒循環所施加的壓力，致使產品的品質惡劣到會嚇跑顧客的程度，如此方能讓機構達到一個新的穩

定狀態——或是讓機構倒閉。

17.7 練習

1.　畫一張效應圖以顯示金錢或其他定量的配給可使排定優先順序的系統趨於穩定。請舉出三個行動的實例，該行動會致使這類系統趨於崩潰，並說明這些行動對你的效應圖會產生怎樣的影響。

2.　有哪些管理階層的行動可做為信任關係的緩衝墊，以幫助機構安全脫離迴力棒的循環？又有哪些行動會摧毀信任關係？

3.　繪製一張效應圖以顯示顧客的數量對迴力棒效應的影響。圖中要包括有偏見的功能失常報告所造成的影響，並說明為什麼品質不良所造成的傷害要遠大於品質良好所帶來的好處。

18
我們努力得來的成就

從錯誤中要比從混亂中更容易讓真相浮現。

——培根

我們回顧本書，浮現出來的似乎是一個在軟體產業中由錯誤與混亂所編織而成的悲慘故事。你必然是犯了選擇的謬誤才會這麼想，因為這雖然是一個由錯誤與混亂交織而成的故事，但絕對不是一個悲慘的故事。你若想從軟體業找到悲慘事例的資料，那可說是唾手可得，話雖如此，但是就整體而言，在過去的四十年間軟體業還是完成了不少非凡的成就。因此，我們不會拿一個錯誤的註解來做為結束，相反的，這是一個最好的時機讓我們來好好想一想，就本書及就軟體業而言，如今我們走到了哪裏，我們又將走向何處。

18.1 為什麼要有系統化的思考？

我這一生中最大的夢魘就是一大早起床後發現，自己從一個優秀的程式設計師突然變成了一個無能的專管程式設計師的經理。只要輕鬆的

441

動動筆就可以改變我的頭銜，但是，要讓我變成一個像我當程式設計師一般優秀的經理，那我就不知道得花上多少的時間。當然這不是一夜之間就能做到的事。

　　多年來，我學到了一件事，做為一個程式設計師所儲備的能力，相較於做為一個經理所需的條件，其相去實不可以道里計，原因如下：

1.　一個優秀的經理需要有極佳的觀察技巧。程式設計師都是單兵作戰，成天只要盯著電腦螢幕，這對培養觀察技巧來說是最差的一種訓練。

2.　一個優秀的經理必須在人際互動的艱難情況下，還有能力做出綜觀全局的行動。與一個沒有情緒起伏的機器互動，這對學習如何處理人的情緒來說毫無訓練的效果。

事情的另一面是，對如何管理好程式設計的工作而言，程式設計的工作至少可培養出一種能力：

3.　一個優秀的控制者必須知道受控制系統的模型是什麼。為了解有哪些條件可維繫軟體過程動態學模型之所需，程式設計師的工作可提供我們一些基本資料。此外，程式設計工作所用的思考過程是邏輯性的，這樣的思考過程給我們的訓練正是我們在製作有用的模型時所需的思考方式。

只要是有點經驗的程式設計師都會知道計畫的重要性。好的程式設計師要等到弄清楚專案的目標是什麼之後才會開始一個專案。他們也清楚知道哪些部分還沒弄清楚 —— 這些部分最遲要在專案結束前弄清楚。這也正是好的經理人員所必須做到的事。當我醒來後發現自己是

一個經理，而我卻仍缺乏系統化思考的能力，那麼我這個經理也會做得亂七八糟。具備系統化思考的能力，我才能夠時時都弄清楚：

- 哪些事要加以觀察
- 對於觀察所得要如何加以解釋
- 為達成目標，要採取怎樣的行動

換句話說，對我而言，去研究該如何做系統化思考自然是先於去研究該如何觀察和行動。在我努力成為一個優秀的經理的過程中，我的思考能力經常讓我安然度過錯誤和混亂的難關，這是為什麼我相信思考方式的改善將有助於其他與我有相同需要的人 —— 想要讓自己成為一個優秀的經理。

18.2　為什麼要去管理？

在讀過本書中這些可怕的故事後，怎麼還會有人想要從事軟體業的管理工作呢？答案絕對不是為了錢。如果你對錢比較有興趣，那麼奉勸你把時間投資在如何成為一個頂尖的開發人員上或許會有比較好的收穫，而不必冒著成為一個二流經理的風險。答案也絕對不是為了要帶領你的同事，因為他們或許會因為你有向管理階層「出賣」他們之虞而看不起你。

　　這些年來，我很少看到有程式設計師為了名或利的緣故而加入管理的行列。反之，我遇到過數以千計的程式設計師，為了與許多受虐兒最後成為精神治療師相同的理由而加入管理的行列。這個現象叫做「受過創傷的治療者」症候群：你從事治療的工作是因為你自己有受創傷的經驗。程式設計師加入管理的行列是因為他們有一個正當的理

由：他們認為自己能夠讓軟體業比現在做得更好。

我就是一個例子。我在做程式設計師的時候，我與經理人員有一段令我難以容忍的經驗，使得我認為若是我做經理絕對可以做得比他們更好。我完全錯了。就像許多的程式設計師一樣，我這種人是完全不適合從事管理的工作。我害怕人群。我甚至很不喜歡人群，除非他們像我一樣是專搞技術的人。當我與人交談時，我不敢直視他們的眼睛，除非我是為了責備他們而對他們大吼大叫。我毫無概念要如何讓別人了解我，也完全不知道該如何去了解別人，即使我很想如此。我不懂社交的技巧；我不懂得如何穿著、在正式場合用餐的禮儀、或是進行一場禮貌性的交談。簡言之，我是一個令人極端生厭的人。

至今我仍然不知要如何穿著、在正式場合用餐的禮儀、或是進行一場禮貌性的交談；但四十年來，我學會了一些別的東西，大都是從痛苦中學來，也有一些是潛心研究而來。我認為如今我可以做到一個相當不錯的經理，但是我們的軟體經理當中又有多少人能有四十年的光陰來學習自己所從事行業的必要技巧呢？跟我一樣，他們當中絕大多數都要在他們從程式設計師被「提拔」起來當經理的那一夜的睡夢中就得全部學會。

我們這個行業還嫌太年輕，成長得太快。我們沒有條件像建築業、製造業、金融業、或其他大家所熟悉的行業一般，用一套成熟的方法培養出一群能夠勝任職務的經理人員。我們既沒有數個世紀的經驗，也沒有條件搞慢慢養成的學徒制。

我們有的只是致力於目標達成的決心，就是這股決心讓我們即使知道自己的管理不善或是受到不善的管理而仍然努力不懈。在我們的內心我們深知，電腦可以使這個世界大大的不同──是朝好的方向發展的那種不同。這是為什麼我們願意犧牲程式設計工作所帶來的樂趣

與讚賞，而換得的是管理工作中的痛苦與嘲笑；願意幫助別人充分發揮他們在程式設計上的天分來讓這個世界有所不同。

這是我為什麼會放棄當程式設計師而來嘗試管理的工作。這是我為什麼要花費過去二十多年的光陰在訓練其他的程式設計師，讓他們成為更好的經理人員。這是我為什麼要寫這本書，而當然我也希望這是你為什麼會來閱讀這本書。

18.3 預測我們未來的成就

因此，我們讓這個世界變得不同了嗎？或者說，我們為了一碗紅豆湯而賣掉長子的名分（喻因小失大）了嗎？如果你經常看報紙，你或許會認為這一切都只是一碗紅豆湯，因為報上滿滿都是我們做得有多爛的故事。不過，回想起自己這四十年來在軟體這個行業的生涯，我不得不承認我們有了長足的進步。

18.3.1 生產力增加

數年前，根據我的經驗我估計了模式 1 將會有的進展：

> 在1956年……我第一次有機會去寫一個真正的應用程式。我與一位叫侯格（Lyle Hoag）的年輕土木工程師共事，我負責寫一個程式來分析水力的網路——這是一個提供都市供水需求的系統。
>
> 〔在1979年，〕利用 APL 的程式語言在我那台〔IBM〕5110的電腦上，我把從前的那個舊應用程式重新複製一遍，為的是要看看做為程式設計師的我生產力是否增加。在1956年，我們共兩個人一起工作了四個多星期，專職工作且拼命加班來寫程式及測

試我們的系統。到了 1979 年，我在大約兩個半小時內就完成這個
程式的第二版，生產力的增加高達了 200 倍。這相當於每年有
25% 的成長。[1]

生產力的增加到了這樣的水準，對我們的產業而言是一項驚人的成
就，與媒體上悲嘆不已之聲可說是完全不搭調。根據人類已掌握的智
慧來看，程式設計生產力的提升接近每年高達3%，雖然至今我尚未
看到有人能證明這個經常被引用的數字。此外，我聽說近年來生產力
提升的速度已開始趨緩，不過這類的說法我每年都會聽到且至少已聽
了三十年。讓人好奇的是，我總是從那些想要賣新的生產力工具給你
的人口中聽到這樣的數字。

圖18-1複製了我在軟體工程的研討會上多次見到的一張圖表。沒
有說明它的出處；大家用起這張圖表來好像每個人都知道它就是「真
理」。雖然從來沒有人給「生產力」下個定義，Y軸也從來沒有標上
尺度的單位，文字間要傳達的訊息意思大概是：

✓　「在過去的這二十五到三十年來，差不多每四年就會有新的科技
　　出現。這些科技保證可為你帶來生產力的大幅提升，但是，從這
　　張圖表中你會發現，如果你改用物件導向（object-oriented）的程
　　式設計法，生產力將真的會一飛沖天。這一次，與前幾次都不
　　同，新科技所帶來的承諾一定會實現。為什麼？因為是我這麼說
　　的。」

如果綜觀軟體業過去的四十年有一丁點意義的話，那就是它讓我不必
浪費時間在看著這張圖老半天後才驚呼：「哦，我的天啦！」

有時，這張圖會伴隨另一張投影片，上面有「新科技被消化利用」

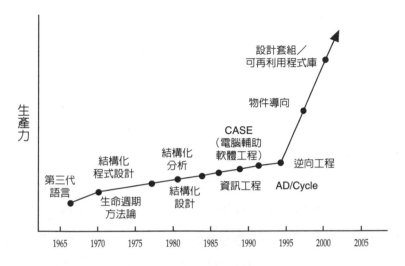

圖 18-1　這是在過去這二十五年間，經常出現在許多研討會上的一種與軟體
　　　　　生產力有關且為一般所認可的智慧，卻沒有任何證據或證明。只有
　　　　　圖中的一些標示會有些微的改變。

的「真實數字」。在此提供一些典型的範例：

- 只有10%的軟體機構願意接受並使用軟體生命週期的方法論
- 只有15%在使用結構化的程式設計
- 只有12%在做結構化的分析
- 只有15%在使用某種形式的CASE工具

重複使用「只有」這個詞的意思是，匿名的作者覺得應該有更多的人
在使用這類的工具。文字接著又說：

✓　「雖然絕大多數的機構從未使用前述的工具（這是為什麼我這些
　　工具對生產力沒有太大的幫助），我所提供的新工具則完全不
　　同。每個人都會來使用它，」因此，生產力會像沖天炮一樣一飛

沖天。」（熱烈掌聲！）

18.3.2　為什麼我們會受到魔力子彈的蠱惑

為什麼我們會長達三十餘年都受到蠱惑認為世上有一種魔力子彈
（magic bullets）具有持久的效力，可在一瞬間讓生產力提升？或許這
跟我們當初選擇進入這個行業的原因有關。我們每一個人都希望自己
能夠因為提出一個偉大的創新幫助了這個世界而受到讚譽，而在早期
的日子裏，我們所做的每一件事都是創新——倒不是我們這些先驅個
個都是聰明絕頂，而只是因為在我們出現之前還沒有人有使用電腦的
機會。我們實在不配得到這創新的名聲，而我們卻被這樣的名聲給沖
昏了頭。

　　我們也會在報告上動手腳。1950年《時代雜誌》一篇文章的引言
中有段話是這麼說的：

> 未來會有這麼一天是電腦在控制人類——或許在表面上看來不是
> 電腦在控制人類——就好像有一種神祕的「群體精神」在控制每
> 一隻螞蟻一般？
>
> 　對於這類令人毛骨悚然的省思，艾肯教授的實驗室中的年輕工
> 程師們很輕鬆地回答說：「電腦做的事若是問題百出，我們會把
> 電腦看成是一個要對自己行為負責的人，並責怪它怎麼會這麼愚
> 蠢。電腦做得若是很好，我們就會說它只不過是一個工具而已，
> 把它打造出來的是我們聰明的人類。」[2]

即使是在四十年前，我們就把所有失敗的責任都推到電腦的身上，而
把所有成功的功勞都攬到自己的身上。如今，有更多的系統面臨失敗
的命運，而輕易即可達成的創新機會則愈來愈少。每個人仍然搶破頭

想要去當做到某件事的第一人,然而,絕大多數的「創新」都只是複製而已,或只是稍加變化的一種複製,就好像我們在大自然的天擇中所見到的一般。但我們若從數十年所累積的效果來看,這種演化的過程卻是令人驚訝不已的:個人的生產力每年有25%的增加。不過,我們不認為這有什麼了不起的地方,因為它並沒有帶給我們所渴望得到的掌聲。

18.3.3　模式1的生產力;模式2的野心

我們不認為這每年25%的增加有什麼了不起的另一個原因是,它還只是在模式1時的生產力。當我們的生產力不斷成長,我們的野心也跟著變大。很快的,我們試圖要建造的系統規模已大到憑一人之力是無法完成的,同時我們還想要也建立起模式2的軟體文化。

　　在將程式設計工作常規化的過程中,我們會損失那每年25%的提升中的一部分,如果我們有提升那麼多的話。由於在本書中所提到的種種系統上的原因,再加上其他的原因,我們會在生產力上有所損失。比方說,我們會持續將最有經驗的程式設計師轉調職務,讓他們變成經理人員。因此,我們的成就趕不上我們的野心,但是對許多的顧客來說,這麼去做還是值得的。

18.4　每一種模式所帶來的貢獻

我們要如何來正確地看待我們自己的成就呢?或許我們應當讓自己不再不時落入掙扎的困境,對每一個模式已有的成就做一次快速的回顧,不再別有用心,像是想把軟體工具推銷給別人之類的。讓我們現在就來試試。

18.4.1 模式0：渾然不知

即使是隨便回顧一下也可看出模式0有哪些成就。今天，實質上有數百萬人不必求助於電腦專家就能夠解決大多數自己手上的問題。我們已經把軟體業大大地平民化了，並削弱「年輕工程師」所代表的種姓制度。我相信這個轉變的功勞應歸給我們大家。部分的功勞則要歸於硬體價格變得更加便宜；但若是沒有好的由個人所開發的軟體，在過去那種軟體開發屬於貴族階級的觀念的影響下，徒有便宜的硬體也起不了什麼作用。

幾年前，我在收音機聽到了一則新聞，評論我們模式0的進步要優於任何其他的量測數字。一艘太空梭的發射受到延誤，問題出在「電腦的功能失常」，新聞播報員的說法是：「為了一個如此普通又如此常見的東西如電腦者有些微的功能失常，就會讓整個的太空任務受到延誤，這不是太不可思議了嗎！」

模式0的成就就在於「讓電腦變成一件很普通的東西」──讓電腦變成一件我們真正能夠渾然不覺其存在的東西。

18.4.2 模式1：變化無常

我已經表示過我個人對模式1成就的量測值──每個程式設計師的生產力每年有大約25%的提升。模式1是大多數重大創新發生的場所，但我們尚未學會如何在有人提出要求時就能隨即創新。你不會命令某個人走出門後隨即創作出一個像試算表（spreadsheet）那樣的革命性產品，但我不認為那是對我們在改善模式1上作為的一種吹毛求疵。

當然，模式1因為所有程式設計師都想要做出革命性的創新而會吃點苦頭。最近我讀到一篇綜合報告，主題是針對市場上可用於IBM

個人電腦的兩百多個CASE工具。每一個「創新發明人」都認為這是真正有用的東西嗎？在生產力有25%提升的前提下，我猜想我們願意付出些許模式1的固定開銷，為的是要滿足在MIT的牆上那段塗鴉中所表達的那種虛榮心：

「我寧可寫出可以寫程式的程式，而不要只是寫程式。」

18.4.3　模式2：照章行事

模式2的成就比較難以察覺，原因是模式2的主要任務是讓軟體工作能夠常規化。此外，正面意義的成就往往會因為少數重大的失敗而在我們的心中被磨滅。因為這些原因，我總是會向模式2的機構建議要將他們的成就製作成一份清單，以免失敗的陰影在他們的心中老是揮之不去。

我們往往低估模式2的成就還有另一個原因，軟體業老是把注意的焦點放在工具上，而不放在人的身上。比方說，克勞斯比對任何品質方案最重視的一件事就是「管理階層的領悟與態度」[3]。在此氛圍下，當IBM那篇極富原創性的文章[4]想要把軟體業與克勞斯比的理論做連結時，作者卻把克勞斯比對經理人員的評論給全數漏掉了，這不是一件很奇怪的事嗎？

如果你只是透過IBM的這幾篇文章來了解克勞斯比，你將永遠無法想像他是一個把管理階層當作是品質改善工作中最重要因素的人。你得到的印象會是，品質能獲得改善主要靠的是「堅守過程與方法論、工具、變更管制、資料收集、溝通與資料的利用、目標設定、品質焦點、顧客焦點、以及技術的掌握」——這些存在於IBM過程座標方格（Process Grid）中的事項。

　　這些事項對軟體管理而言個個都很重要，但是還漏掉了管理工作的思考法、觀察法、以及行動法，這就是典型模式2的盲點。對模式2的經理人員來說，這些事項只是管理工作的一環，是他們在變成模式2經理人員的過程中必須加以克服的問題。這些事項不是管理工作的全部。在管理工作上有這樣的疏漏並不是只有IBM才有的成見。在過去的四十年間整個軟體業都是如此。

　　請別誤會我的意思，模式2的主要貢獻就是對管理工作上的貢獻。模式2的經理人員對異常狀況的處理或許做得不是很好，但他們在讓正常的事物趨於正常一事上卻非常成功。或許這項貢獻看起來不是很有戲劇效果，但我認為如果我們想要對這個世界有一番實實在在的貢獻，那麼我們並不需要有那麼多戲劇化的事件。

18.4.4 模式 3, 4, 5

到目前為止，模式3、4和5對世界的福祉並沒有多少偉大的貢獻，只有極少數的軟體文化達到模式3、4或5。我們的確有例子可證明，模式3透過把穩方向的做法知道該如何讓異常的事物也能趨於正常，因而修正了模式2的一些缺陷。或許本書對於實現模式3所帶給我們的盼望能有些許的貢獻。

　　我們對模式4可帶給我們多少的盼望也有充分的認識，因此相信它有助於讓工作能夠更有效率。雖然模式5還是以夢想的成分居多，但我們相信它有助於將文化中那些好的實務做法能夠移植過來，並且一代接一代地散播出去。

18.5　超模式

總而言之，我們有充分的理由可期望這條生產力曲線在未來的四十年間會持續上升，不論你是如何去量測。因為，這是其他工程領域既有的經驗。也因為，我們不但在過去有很好的表現，而且有跡象顯示我們在讓工作做得更好一事上會做得更好。這些跡象就是我所謂的超模式（meta-patterns）。

超模式是一種模式，它不只適用於一個機構，且適用於整個的軟體業。超模式不只是月復一月或年復一年慢慢的改善，而是一代接一代累積許多的小步驟來達到品質改善的目標。

雖然我們的產業還很年輕，我們已能見到每一個模式對超模式所做的貢獻。模式0已經去除了對電腦的恐懼。模式1已經培養了個人一身的本事。模式2已經為無秩序的狀態建立起秩序，並盡可能讓工作自動化，但留下來的問題都是最難解決的問題，有待更好的管理法來解決。模式3為軟體帶來更好的管理法，讓災難消除於無形，這樣的結果可望讓我們在媒體上獲得好評（雖然我懷疑記者們有朝一日會喪失他們語不驚人死不休的能力）。

所有這些模式的成功都會激起我們心中的渴望，但同時製造了新的問題，不過這也提供我們一個新的契機能夠讓這個世界變得更好。模式4帶給我們的盼望是它能夠改善我們這個行業，使之更井然有序、從模式2累積而來的工作慣例有許多都能夠自動化、並且讓這些慣例能夠變得更有效率以利於廣泛使用。我們希望模式5能夠為軟體的進步創造出一個最好的環境，並且為每一個人在面對下一次希望、掙扎、與改善的輪迴時，能立下良好的基礎。

就是這樣的夢想讓我們在面對我們所犯的一些愚蠢的錯誤時，能

夠不畏艱難堅持下去。我們必得堅持下去，是因為：

> 一個人陷入困境後必然會遭逢許多難以逆料的困難，但其實不論
> 這些困難讓你有多麼的苦惱，也唯有此時你才有再進步的機會，
> 而工程界多數的進步其實都是在將失敗扭轉為成功後方能得到。[5]

換句話說，事件本身並不重要，重要的是你面對事件時的反應為何。
我們不可能永遠都是贏家，而我們也不會永遠都是輸家。但我們可以
永遠都是一個學習者。這是為什麼我們過去要克服萬難而有了今日這
麼多的成就，這也是為什麼我們會繼續追求更多的成就。

18.6　心得與建議

1.　軟體工程在工程領域中並非僅此一家別無分號，但它卻是最年輕
　　的一個。我們若是去研究其他工程領域的歷史可以學到很多東
　　西。或許我們無法避免重蹈其他領域所犯的錯誤，但我們至少可
　　以從我們自己所犯的錯誤中更快地學習到趨吉避凶之道。

2.　我們也可以從我們自己的經驗中學習，但這些經驗尚未如其他領
　　域般有很完善的紀錄。縱然如此，我們彼此可做為對方最有價值
　　的活生生的歷史教材，從某方面來看，這要比一本死的書還更
　　好。花點時間與其他人分享你的經驗。

18.7　摘要

✓　即使我們從研究自己的失敗中所得到的印象都不很愉快，但我們
　　在軟體業的過去這四十年間還是歷盡千辛萬苦得到了很大的成

就。

✓　我們過去能夠有很大的成就，最大功臣就是靠我們有高品質的思考方式，這是我們多數人所擁有的最大資產，如果我們願意去利用它。

✓　我們這個產業會吃這麼多苦頭，或許問題出在我們選擇經理人員的過程。選擇做程式設計工作的人可能並不是做管理工作的「最佳人選」。然而，如果他們能夠得到訓練的機會，他們就可學會如何做好管理的工作。但是如果我們不重視管理工作，則經理人員受到的訓練連必須的十分之一都達不到。

✓　軟體業的成就比我們想像中的要大得多，因為我們誤信硬軟體工具供應商的話。這些供應商為了賺錢，要我們相信我們做的並不好，而他們所賣的工具正是我們所需要的魔力子彈。

✓　我們輕易就會受魔力子彈所蠱惑，那是因為我們一心想要成就偉大的事業。但偉大的事業通常都是由一連串的小步驟所累積而成，這與一般人的印象完全相反。

✓　我們對我們的生產力提升了多少沒有清楚的認識，那是因為我們的野心太大。我們一旦成功地做好某件事，我們立刻就想要去做更大的事，而不會暫時停下來清點一下已有的成就。

✓　每一個模式對我們這個產業的發展都有貢獻。模式0使得一般大眾不再那麼懼怕電腦。模式1的許多創新對我們的生產力有相當的貢獻。模式2則將這些創新的做法串在一起成為方法論，讓許多大型的專案可以用常規化的方式來完成。模式3教導我們需具備哪些條件方能保持專案在控制之中，即使是大型的專案亦然。模式4和5的貢獻還具有濃厚的夢想色彩，一切只是紙上談兵，但是這對促成進步的重要性絕不亞於實際上的成就。

✓ 超模式是將產業文化中的所有開發模式集合成為一個整體。每一個模式對超模式的開發工作都有貢獻，而我們不只要去學習如何做好軟體的開發，還要去學習如何學會做好軟體的開發。

18.8 練習

1. 如果你在模式2的機構工作，找個機會與同事對過去一年來的正面成就做一番盤點。有多少次會有人偏離主題，開始討論到過去的失敗？在這番盤點後，你是否對事情有更深入的看法？

2. 如果你是一個程式設計師，請對你個人的生產力做最嚴謹的評估，在你的職業生涯中你的生產力有多大的改善？將促成你有所改善的事物列成一份清單。哪些事物會造成下一輪的改善？

3. 你為什麼會成為程式設計師？你為什麼會成為經理？你成為一位程式設計師的原因中，有哪些原因也讓你有資格成為一位經理？又有哪些原因卻往往會讓你沒有資格成為一位經理？

4. 回想一下你曾參與過的某次失敗的經驗。你損失了什麼？你學到了什麼？得失之間值得嗎？你若想學習到更多的東西，你會怎麼做？

5. 與你的同事分享你自己失敗的經驗。從你失敗的經驗中你可以歸納出哪些共通之處？你對失敗所做的反應又有哪些共通之處？然後，再來分享一次成功的經驗，並問自己相同的問題。從失敗或成功之中，你是否學到更多的東西？為什麼？

註解

前言

1. B.W. Boehm. *Software Engineering Economics* (Englewood Cliffs, N.J.: Prentice-Hall, 1981). p. 486.

2. 佚名，〈The Thinking Machine〉，《時代雜誌》，1950年1月23日，54至60頁。

3. 同上，第55頁。

第1章

1. T. Ziporyn, *Disease in the Popular American Press, Contributions in Medical Studies*, No. 24 (New York: Greenwood Press, 1988).

2. Philip B. Crosby, *Quality is Free* (New York: McGraw-Hill, 1979), p. 15. 已有修訂版 *Quality is Still Free*（1995），中譯本《熱愛品質》由華人戴明學院出版。

3. 想找此一過程的範例，請參看 D.C. Gause 與 G.M. Weinberg 合著之 *Exploring Requirements: Quality Before Design*（New York: Dorset House Publishing, 1989）。

4. 對於會玩 Cribbage 的讀者，再此提供一可證明錯誤的線索：一副牌不可能得分剛好是 19 分。(非但如此，「19」在 Cribbage 的術語代表得到 0 分。) 因此，Precision Cribbage 的計分規則若是會得出 19 分的結果，即可證明它一定是錯的。只要看到有某副牌得到 19 分即為明證。

457

5. Crosby, op. cit., p. 15.

第 2 章

1. Philip B. Crosby, *Quality is Free* (New York: McGraw-Hill, 1979), p. 43. Reprinted by permission of the publisher.

2. 同上，p. 15.

3. D.C. Gause and G.M. Weinberg, *Exploring Requirements: Quality before Design* (New York: Dorset House Publishing, 1989).

4. See, for example, H.D. Mills, M. Dyer, and R.C. Linger, "Cleanroom Software Engineering," *IEEE Software*, Vol. 4, No. 5 (September 1987), pp. 19-25.

5. Crosby, op. cit., p.16.

6. G. Orwell, *Animal Farm* (London: Secker & Warburg, 1945).

7. Crosby, op. cit., p.34.

8. G.M. Weinberg, *The Secrets of Consulting* (New York: Dorset House Publishing, 1986，中譯本《顧問成功的祕密》經濟新潮社出版), p.58.

9. R.A. Radice, P.E. Harding, and R.W. Phillips, "A Programming Process Study", *IBM Systems Journal*, Vol. 24, No. 2 (1985), pp.91-101.

10. W.S. Humphrey, *Managing the Software Process* (Reading, Mass.: Addison-Wesley, 1989). See also Humphrey's "Characterizing the Software Process: A Maturity Framework," *IEEE Software*, Vol. 5, No. 2 (March 1988), pp. 73-79. Reprinted in T. DeMarco and T. Lister, eds., *Software State-of-the-Art: Selected Papers* (New York: Dorset House Publishing, 1990), pp. 62-74.

11. B. Curtis, "The Human Element in Software Quality," *Proceedings of the Monterey Conference on Software Quality* (Cambridge, Mass.: Software Productivity Research, 1990).

12. J.P. Spradley, *Participant Observation* (New York: Holt, Reinhart and Winston, 1980).

13. H.D. Mills, *Software Productivity* (New York: Dorset House Publishing, 1988).

14. T. Kidder. *The Soul of a New Machine* (Boston: Little, Brown, 1981，中譯本《打造天鷹》遠流出版).

15. B. Curtis, 在上述引用的書中。

16. G. James, *The Tao of Programming* (Santa Monica, Calif.: Infobooks, 1987), p.93. Reprinted by permission of the publisher.

17. F.P. Brooks, Jr. "No Silver Bullet: Essence and Accidents of Software Engineering," *Computer*, Vol. 20, No. 4 (April 1987), pp. 10-19. Reprinted in T. DeMarco and T. Lister, eds., *Software State-of-the-Art: Selected Papers* (New York: Dorset House Publishing, 1990). pp. 14-29.

18. 佚名，"State of the Practice," *Bridge* (1989), p. 6.

19. 佚名，*Annual Report* (New York: American Express, 1989).

第3章

1. G. James, *The Zen of Programming* (Santa Monica, Calif.: Infobooks, 1988), pp. 59-60. Reprinted by permission of the publisher.

2. 我很慚愧要坦承此事，因為這顯示出當新的期刊出來時我不再閱讀。偷懶的辦法是，我會等待某人的研究結果在多數期刊上造成超越正常水準的學術性討論。在這件事上，我要感謝 Tom DeMarco 為我從雜亂的討論中摘錄出 Abdel-Hamid 的理論，並在他極力推薦下我去聽了 Abdel-Hamid 所做的簡報。

3. T. Abdel-Hamid and S.E. Madnick. *Software Project Dynamics: An Integrated Approach* (Englewood Cliffs, N.J.: Prentice-Hall, 1991). 你要是想要知道所有這些模型化的方法在遙遠的未來會如何帶領你的機構，本書可提供你一個願景。對他們這項傑出的研究成果想要有較簡要的了解，可參閱 T. Abdel-Hamid and S.E. Madnick, "Lessons Learned From Modeling the Dynamics of Software Development," *Communications of the ACM*, Vol. 32, No. 12

(December 1989), pp. 273-85.

4. E.B. Daly, "Organization for Successful Software Development" (December 1979), pp. 107-16. This article was reprinted in D.J. Reifer, ed., *Tutorial: Software Management* (Piscataway, N.J.: IEEE Computer Society Press, 1986).

5. B.W. Boehm, *Software Engineering Economics* (Englewood Cliffs, N.J.: Prentice-Hall, 1981), p. 487.

第4章

1. E. Kübler-Ross, *On Death and Dying* (New York: Macmillan, 1969).

2. G.M. Weinberg and D. Weinberg, *General Principles of Systems Design* (New York: Dorset House Publishing, 1988).

3. 可參考的書籍如：M.M. Lehman and L.A. Belady, *Program Evolution: Processes of Software Change* (Orlando, Fla.: Academic Press, 1985).

4. O. Mayr, *The Origins of Feedback Control* (Cambridge, Mass.: MIT Press, 1970).

5. N. Wiener, *Cybernetics, or Control and Communication in the Animal and the Machine*, 2nd ed. (Cambeidge, Mass.: MIT Press, 1948, 1961).

6. W.R. Ashby, *An Introduction to Cybernetics* (London: Chapman and Hall, 1964).

7. D.C. Gause and G.M. Weinberg, *Exploring Requirements: Quality before Design* (New York: Dorset House Publishing, 1989).

8. G.M. Weinberg, *The Psychology of Computer Programming* (New York: Van Nostrand-Reinhold, 1971，後由 Dorset House Publishing 出版).

9. B. Shneiderman, *Software Psychology* (Boston: Little-Brown, 1980).

10. D.P. Freedman and G.M. Weinberg, *Handbook of Walkthroughs, Inspections, and Technical Reviews*, 3rd ed. (New York: Dorset House Publishing, 1990).

11. 可參閱 G.M. Weinberg 所著 *Becoming a Technical Leader* (New York: Dorset

House Publishing, 1986，中譯本《領導的技術》經濟新潮社出版）以獲取更多如何成為一個技術負責人的相關觀念，以及自我養成的書目，也涵蓋如何去領導產品開發的工作。

第5章

1. F.E. Brooks, Jr., *The Mythical Man-Month* (Reading, Mass.: Addison-Wesley, 1982), p. 14. Reprinted by permission of the publisher. 中譯本《人月神話》經濟新潮社出版，第35頁。

2. 若想要有更詳細的說明，且所使用的符號稍微簡單一些，請參考G.M. Weinberg與D. Weinberg合著之 *General Principles of Systems Design*（New York: Dorset House Publishing, 1988）。你可在該書中找到，比方說，效應圖與微分方程式間之關連，這是利用實際的量測值來將系統模型轉換成可計算模型的一種方法，此法與T. Abdel-Hamid與S.E. Madnick在 *Software Project Dynamics: An Integrated Approach*（Englewood Cliffs, N.J.: Prentice-Hall, 1991）一書中的做法相同。

3. B.W. Boehm, *Software Engineering Economics* (Englewood Cliffs, N.J.: Pretice-Hall, 1981). 該書以原始的數據以及各種的建議性評量法提供給讀者最真實的結果。這些數據是由許多已完成的軟體專案中蒐集而得。

第6章

1. Lewis Carroll, "Through the Looking Glass,", ed. M. Gardner, *The Annotated Alice* (New York: Clarkson N. Potter, Inc., 1960). 這本書是我從1961年開始，在紐約的IBM系統研發中心教授軟體工程的課程時所用的第一本教科書。在型塑現實的真貌時，能夠理解現實的模型所扮演的角色者（Lewis Carroll本人即是），本書仍然會帶給他們極大的效益。

2. 凡是受過數學訓練的讀者可將這些文字的敘述轉換成不同形式的微分方程式，以增強其找到解決方案所需的知識。

3. 很不幸，某些社會科學的領域已將「負向反饋」這個名詞賦予了不同的意義。大致上，「負向」一詞等同於「不好」，因此「負向反饋」的意思是「你告訴某人說他有哪些地方不好」。如果你希望在你說話的時候不致造成這類的混淆，你可以用笨拙一點的方式來說，「減少偏差的反饋」。有時這一類的反饋是好的，而有時則會不太好。

第7章

1. W.S. Humphrey, "Behind the SEI Process-Maturity Assessment," *IEEE Software*, Vol. 6, No. 5 (September 1989), p. 92.

2. W.S Humphrey, *Managing the Software Process* (Reading, Mass.: Addison-Wesley, 1989), p. 8.

3. 同上，p. 257. Reprinted by permission of the publisher.

4. T. Gilb, *Principles of Software Engineering Management* (Reading, Mass.: Addison-Wesley, 1988), p. 88. Reprinted by permission of the publisher.

5. W.E. Deming, *Out of the Crisis* (Cambridge, Mass.: MIT Center for Advanced Engineering Study, 1986，中譯本《轉危為安》天下文化出版).

6. 此圖改寫自R.B. Grady and D.L. Caswell, *Software Metrics: Establishing a Company-Wide Program* (Englewood Cliffs, N.J.: Prentice-Hall, 1987), p. 9. Copyright © 1987. Reprinted by permission of the publisher.

7. G.M. Weinberg, *The Secrets of Consulting* (New York: Dorset House Publishing, 1986，中譯本《顧問成功的祕密》經濟新潮社出版).

第9章

1. R.D. Gilbreath, *Winning at Project Management: What Works, What Fails, and Why* (New York: John Wiley & Sons, 1986).

第10章

1. 一般認為，即使在「軟體工程」這個名詞發明之前，此種關係即應用於軟體工程上。有關這個效應之早期報告包括 B. Nanus and L. Farr, "Some Cost Contributors to Large-Scale Programs," *AFIPS Proceedings*, SJCC, Vol. 25 (1964), pp. 239-48；以及 G.F. Weinwurm, *Research in the Management of Computer Programming* (Santa Monica, Calif.: System Development Corp., 1964).

2. E. Harel and E.R. McLean, "The effects of Using a Nonprocedural Language on Programmer Productivity," UCLA Graduate School of Management, 1982.

第11章

1. T. DeMarco and T. Lister, *Peopleware: Productive Projects and Teams* (New York: Dorset House Publishing, 1987), p. 66. Reprinted by permission of the publisher.

2. 同上，p. 63. Reprinted by the permission of the publisher.

3. G. McCue, "IBM's Santa Teresa Laboratory—Architectural Design for Program Development," *IBM Systems Journal*, Vol. 17 No. 1 (1978), pp. 4-25. Reprinted in T. DeMarco and T. Lister, eds., *Software State-of-the-Art: Selected Papers* (New York: Dorset House Publishing, 1990), pp. 389-406.

4. F.P. Brooks, Jr., *The Mythical Man-Month* (Reading, Mass.: Addison-Wesley, 1982).

第四部

1. S. Freud, *A General Introduction to Psychoanalysis* (Garden City, N.Y.: Doubleday, 1953).

2. J.D. Watson, *The Double Helix* (New York: W.W. Norton, 1980，中譯本《雙螺旋》時報出版).

3. J. von Neumann, *Collected Works*, ed. A.H. Taub, Vol. V (New York: Macmillan, 1961-1963).

第12章

1. J.D. Musa, A. Iannino, and K. Okumoto, *Software Reliability: Measurement, Prediction, Application* (New York: McGraw-Hill, 1987).

2. 「波頓定律」要如何應用，請參考 G.M. Weinberg, *The Secrets of Consulting* (New York: Dorset House Publishing, 1986，中譯本《顧問成功的祕密》經濟新潮社出版).

3. 無菌室是為了達到極低缺陷密度的程式設計而提出的一套方法。請參考，例如，H.D. Mills, M. Dyer, and R.C. Linger, "Cleanroom Software Engineering," *IEEE Software*, Vol. 4, No, 5 (September 1987), pp. 19-25.

4. W.R. Ashby. *An Introduction to Cybernetics* (London: Chapman and Hall, 1964).

第13章

1. D.H. Root and L.J. Drew, "The Pattern of Petroleum Discovery Rates," *American Scientist*, Vol. 67 (November-December 1979), pp. 648-52.

2. 或許你會想拿你的偵測順序與本章最後附錄中的「標準」順序相比較。

3. J.D. Musa, A. Iannino, and K. Okumoto, *Software Reliability: Measurement, Prediction, Application* (New York: McGraw-Hill, 1987).

4. W. Hetzel, *The Complete Guide to Software Testing* (Wellesley, Mass.: QED Information Science, 1984).

第14章

1. H.A. Simon, *The Sciences of the Artificial* (Cambridge, Mass.: MIT Press, 1969).

2. 對於這個題目想要找到說理清晰、表達良好的論據，請參考同上 Simon 的著作。

3. 本書中的此一模擬及其他模擬都是在STELLA模型模擬程式開發出來的，
   且可順利運作：B. Richmond, S. Peterson, and P. Vescuso, STELLA, 2.1 ed.
   (Lyme, N.H.: High Performance Systems, 1987).

第15章

1. 例如可參考G.M. Weinberg所著 "Natural Selection as Applied to Computer
   and Programs" 中摘錄自以下書中談論有關程式如何隨時間而演進的最完
   整正確且最可靠的研究結果：M.M. Lehman and L.A. Belady, *Program
   Evolution: Processes of Software Change* (Orlando, Fla.: Academic Press,
   1985).

2. G.M. Weinberg, *The Secrets of Consulting* (New York: Dorset House Publishing,
   1986), p.94.

3. 同上，p. 94. Reprinted by the permission of the publisher.

第16章

1. B. Curtis, "The Human Element in Software Quality," *Proceedings of the
   Monterey Conference on Software Quality* (Cambridge, Mass.: Software
   Productivity Research, 1990).

2. S. Miller, "Why Having Control Reduces Stress," *Human Helplessness*, eds. J.
   Garber and E. Seligman (New York: Academic Press, 1980).

3. 此效應是由S.E. Asch第一次做詳細的說明。請參看S.E. Asch, *Social
   Psychology* (Englewood Cliffs, N.J.: Prentice-Hall, 1952). 想得知此效應在軟
   體開發上更詳盡的討論，請參看G.M. Weinberg, *The Psychology of
   Computer Programming* (New York: Van Nostrand-Reinhold, 1971).

4. R.R. Wilson, *Don't Panic: Taking Control of Anxiety Attacks* (New York: Harper
   and Row, 1986).

5. 學微積分的學生會認為這是導函數（derivative）曲線。

第17章

1. *Wall Street Journal*, October 22, 1981, p.29.

第18章

1. G.M. Weinberg, *Understanding the Professional Programmer* (New York: Dorset House Publishing, 1988), p. 68. Reprinted by permission of the publisher.

2. Anonymous, "The Thinking Machine," *Time*, January 23, 1950, p. 60.

3. P.B. Crosby, *Quality Is Free* (New York: McGraw-Hill, 1979).

4. R.A. Radice et al., "A Programming Process Architecture," *IBM Systems Journal*, Vol. 24, No. 2, (1985), pp. 79-90. R.A. Radice, P.E. Harding, and R.W. Phillips, "A Programming Process Study," *IBM Systems Journal*, Vol. 24, No. 2 (1985), pp. 91-101.

5. R.R. Whyte, ed., *Engineering Process Through Trouble* (London: Institution of Mechanical Engineers, 1975), introduction.

法則、定律、與原理
一覽表

克勞斯比對品質的定義：品質即「符合需求」。（頁36）

品質聲明：每一種對品質所做的聲明，都是對某（個／些）人的聲明。（頁37）

政治上的兩難：對某人而言具有較高品質的，對其他人而言卻可能意味著較低的品質。（頁39）

品質上的決定：在做決定的那一刻，哪些人對品質所持的意見才算數？（頁39）

品質的政治面向或情緒面向：品質即在某人心目中的價值。（頁40）

對品質的不當定義：品質即沒有任何的錯誤。（頁43）

克勞斯比的品質經濟學：能夠在第一次就用正確的方法來做事，總是比較便宜的。（頁57）

追求完美：追求不必要的完美並不是成熟，而是幼稚。（頁60）

波定的反向基本原理：事物會演變成今日的樣貌，乃日積月累的結

果。（頁61）

超級程式設計師的形象：管理階層完全不知該如何化管理為一有助於
開發工作的工具。（頁66）

利用模型來改變思維模式：當思考的方式改變，機構也會改變，反之
亦然。（頁82）

系統行為的公式：行為是由狀態與輸入兩大條件所決定。（頁114）

不良管理第一定律：當某個做法行不通的時候，更要堅持非這麼做不
可。（頁118）

布魯克斯模型（改寫版）：「日曆上所排的日期不足」會迫使正走向
失敗的軟體專案去面對終將失敗的現實，其力道比所有其他原因的總
和還要大。（頁138）

改寫版之布魯克斯模型（再改寫版）：「日曆上所排的日期不足」會
迫使正走向失敗的軟體專案去面對他們所使用之模型的謬誤，其力道
比所有其他原因的總和還要大。（頁138）

軟體專案的進展為什麼會不順利：軟體專案的進展若不順利，起因於
「品質不足」的機會要比所有其他原因的總和還要大，而「品質不足」
也正是許多具破壞性之動態學的組成要素。（頁140）

軟體專案的進展為什麼會不順利（續篇）：軟體專案的進展若不順
利，起因於「管理階層基於不正確的系統模型而採取行動」的機會要
比所有其他原因的總和還要大。（頁141）

等比例放大的謬誤：大型系統跟小型系統沒什麼不同，只是大那麼一點而已。（頁144）

可逆的謬誤：不管你做過了什麼，總是可恢復原狀。（頁161）

因果的謬誤：每一個結果自有其成因……而我們可分辨出誰是誰。（頁162）

由人所做的決定：系統中每當遇到人為決定的時點時，能夠決定下一事件會如何發展的不是事件本身，而是某人對該事件所做的反應。（頁190）

計算的平方定律：除非我們可以做到某種的簡化，否則，要解出一組等式所需的計算數量其增加的速度至少會像等式總數的平方一樣快。（頁217）

存在於自然界的軟體動態學：人類大腦的容量差不多是固定的，但軟體複雜度增加的速度至少不亞於問題大小的平方。（頁224）

規模對應於複雜度的動態學：對於需求貪得無饜的心理很容易就會超過軟體開發人員的心智容量，即使是世上最聰明的亦然。（頁237）

對數—對數定律：任何一組數據如果以點來表示，並將之繪製在對數—對數的格紙上都會成為一條直線。（頁240）

對事情有幫助的模型：不論表面上看來如何，其實每個人都想成為一個對事情有幫助的人。（頁251）

加法原則：減少無效行為最好的方法就是添加更多的有效行為。（頁

252）

一個添加的模型：決定人們行為的，不是現實的狀況，而是他們在模擬現實時所採用的模型。（頁253）

程式設計第一定律：對付錯誤的上上策是在一開始就不要製造錯誤。（頁292）

沒有錯誤出現的謬誤：如果錯誤的數量龐大，可保證該東西毫無價值，雖然如此，如果錯誤的數量為零，也完全不能保證軟體的價值為何。（頁294）

控制者的窘境：一個調控良好之系統的控制者或許在表面看來工作不很勤奮。（頁312）

控制者的謬誤：如果控制者不忙碌，那麼他就沒有把工作做好。如果控制者很忙碌，那麼他必定是一個好的控制者。（頁312）

差異偵測的動態學：首先，少數易於解決的問題只需花極少量的測試時間；其次，大多數易於解決的問題都在測試週期的早期即已被找到。（頁321）

功能失常的偵測曲線（壞消息）：沒有任何的測試技術可以線性的速度來偵測功能失常的現象。（頁324）

功能失常的偵測曲線（好消息）：把兩種不同的偵測技術結合起來可產生一種新的改良技術。（頁324）

美國陸軍準則：沒有不好的士兵；只有不好的軍官。（頁335）

美國陸軍準則（修正版）：沒有不好的程式設計師；只有不知功能失常動態學為何物的經理人員。（頁335）

自我失效的模型：若是認為某個改變很容易就可正確地做到，會使得這項改變正確做到的可能性大減。（頁370）

漣漪效應：此效應涉及為使某個缺陷的解決方案生效，在系統的不同區域中多少個區域其程式碼必須改變。（頁373）

模組動態學：你讓系統由更多的模組來組成，則你需要考慮的副作用就更少。（頁374）

鐵達尼效應：心存災難不可能發生的念頭，經常會導致一發不可收拾的大災難。（頁378）

壓力與判斷的動態學：壓力導致服從，服從導致錯估情勢，錯估情勢導致控制不足，控制不足導致更大的壓力。（頁396）

反應鈍化法則：你施加的壓力愈多，你得到的反而愈少。（頁405）

溫伯格的軟體第零法則：如果不必保證軟體一定可以使用，那麼不論是什麼需求你都能夠符合。（頁424）

經理人員沒空：經理人員很忙碌意味著管理方法不對。（頁425）

沒有時間用對的方法做事：為什麼我們永遠找不出時間用對的方法來做事，但卻總是有時間把它重做一遍？（頁427）

迴力棒效應：想要在品質上抄捷徑總是會讓問題變得更嚴重。（頁428）

索引

國家圖書館出版品預行編目資料

溫伯格的軟體管理學：系統化思考（第1卷）／傑
拉爾德‧溫伯格（Gerald M. Weinberg）著；曾
昭屏譯. -- 初版. -- 臺北市：經濟新潮社出版：
家庭傳媒城邦分公司發行, 2006 [民95]
　　面；　公分. --（經營管理；42）
譯自：Quality Software Management, Volume 1:
Systems Thinking
ISBN 978-986-7889-48-5（平裝）

1. 軟體研發－品質管理

312.92　　　　　　　　　　　　　　95015544

cité城邦 **讀者回函卡**

謝謝您購買我們出版的書。請將讀者回函卡填好寄回，我們將不定期寄上城邦集團最新的出版資訊。

姓名：_____ 電子信箱：_____

聯絡地址：□□□_____

電話：(公)_____ (宅)_____

身分證字號：_____（此即您的讀者編號）

生日：____ 年 ____ 月 ____ 日　性別：□男 □女

職業：□軍警 □公教 □學生 □傳播業 □製造業 □金融業 □資訊業
　　　□銷售業 □其他_____

教育程度：□碩士及以上 □大學 □專科 □高中 □國中及以下

本書優點：（可複選）□內容符合期待 □文筆流暢 □具實用性
　　　　　　　　　□版面、圖片、字體安排適當 □其他_____

本書缺點：（可複選）□內容不符合期待 □文筆欠佳 □內容保守
　　　　　　　　　□版面、圖片、字體安排不易閱讀 □價格偏高 □其他

關於溫伯格的著作，以及相關的軟體管理書籍，歡迎您提供意見供我們參考：

書名	已買	想買	備註
人月神話			
與熊共舞			
最後期限			
你想通了嗎？（以下為溫伯格著作）			
領導的技術			
顧問成功的祕密			
溫伯格的軟體管理學：系統化思考			
溫伯格的軟體管理學：第一級評量			
溫伯格的軟體管理學：關照全局的管理作為			
溫伯格的軟體管理學：擁抱變革			
探索需求（Exploring Requirements）			
程式設計的心理學（Psychology of Computer Programming）			

您對我們的建議：_____
_____
_____